数字超声成像原理和架构体系设计

何 为 王 平 罗晓华 著

科学出版社
北 京

内 容 简 介

本书在超声成像的硬件和体系构架设计基础上,以 B 型超声成像系统为主要分析对象,详细介绍了数字超声成像中宽频带传感器、高速前端 AD 转换、数字波束合成、回波信号的处理技术、图像显示处理、可控波形编码发射、线性调频波、Golay 互补码和 Barker 码等编码技术的设计要点,以及合成孔径成像等方面的研究内容,重点介绍了数字声束合成技术。针对超声传播的独特性,本书还涉及声传播的基础理论和超声弹性成像方面的内容。

本书可供从事超声仪器开发的工程技术人员、超声设备的检修与操作人员以及使用技术人员参考,也可作为高等院校、研究所超声学相关专业的研究生和本科生的教学参考书。

图书在版编目(CIP)数据

数字超声成像原理和架构体系设计/何为,王平,罗晓华著. —北京:科学出版社,2014.3

ISBN 978-7-03-040163-2

Ⅰ.①数⋯ Ⅱ.①何⋯②王⋯③罗⋯ Ⅲ.①数字技术-应用-超声成像 Ⅳ.①TB553- 39

中国版本图书馆 CIP 数据核字(2014)第 047306 号

责任编辑:张海娜 / 责任校对:张凤琴
责任印制:吴兆东 / 封面设计:蓝正设计

科 学 出 版 社 出版
北京东黄城根北街 16 号
邮政编码:100717
http://www.sciencep.com

北京厚诚则铭印刷科技有限公司 印刷
科学出版社发行 各地新华书店经销
*
2014 年 3 月第 一 版 开本:720×1000 1/16
2022 年 1 月第八次印刷 印张:17 1/2
字数:352 000
定价:128.00元
(如有印装质量问题,我社负责调换)

前　言

医学超声成像技术与 X 射线诊断技术、磁共振成像及核医学成像一起被公认为现代四大医学影像技术，目前已成为现代医学影像技术中不可替代的支柱，而且超声成像成本低，设备简单，普及率高。医学超声成像和其他成像技术相比，具有实时性好、无创、无电离辐射等优势，广泛应用于临床检查和诊断，受到广大医务工作者和患者的欢迎。

超声成像虽然具有很多优势，但由于其工作模式、成像理论未有大的突破，还有很多问题有待深入研究。例如，超声成像帧率低，现今的超声成像系统约为 30 帧/s，这对运动器官的实时诊断存在不利的影响；空间分辨率不够高，成像分辨率不如 CT、核磁共振；另外，超声成像是从大量背景噪声中提取有用的信息，图像质量受噪声干扰严重。我国是全世界最大的超声仪器生产国，产量高居世界第一，但对超声成像领域的基础研究不够，国产超声成像仪器的质量并不理想，仍有待进一步在成像方法上改进和在技术水平上提高。

本书在作者多年对数字超声成像技术较为全面的研究基础上，总结了作者在宽频带传感器、高速前端 AD 转换、数字波束合成、回波信号的处理技术、图像显示处理、可控波形编码发射、线性调频波、Golay 互补码和 Barker 码等编码技术的应用，以及对组织弹性成像、合成孔径成像、波束形成技术等方面的研究内容，力求全面描述发展迅速的数字超声成像的理论与实际设计方法。本书还提供了大量实例和电路供读者参考。

B 型超声在临床中的应用最为广泛，因此，本书主要对 B 型超声成像系统进行分析。数字声束合成是超声成像的核心技术，对超声成像起着决定性的作用，是本书着墨最多的章节，也是本书最希望向读者呈现的专门技术和学术内容。

另外，针对超声传播的特点，作者在声传播的基础理论和超声弹性成像方面进行了一定的研究，方便读者对超声与电磁、光学的传播特性进行对比理解，也为超声弹性成像研究奠定理论基础。

由于作者对超声的研究主要集中在硬件和体系构架设计上，难免在某些方面的研究不够深入，也没有涵盖超声成像的全部内容，特别是对超声弹性成像只是初步涉猎，内容较少，仅供读者参考。

本书参加编写人员还有博士生李哲明和硕士生高阳等，此处一并致谢。

作　者

重庆市医疗电子工程技术研究中心

重庆大学输变电装备与系统安全及新技术国家重点实验室

目　　录

第1章 绪 论

1.1 超声成像的背景与意义

　　医学超声成像技术与 X 射线诊断技术、磁共振成像(MRI)及核医学成像一起被公认为现代四大医学超声影像技术,成为现代医学影像技术中不可替代的支柱。与其他成像技术相比,医学超声成像具有实时性好、无创、无电离辐射、无痛苦以及低成本等优势,广泛应用于临床检查和诊断,备受医务工作者和患者的欢迎。

　　超声成像虽然具有很多优势,但由于其工作模式、成像理论多年来都未有大的突破,因此当前的超声成像系统还有很多问题值得深入研究。例如,超声成像帧率低,现今的超声成像系统约为 30 帧/s,这对运动器官的实时诊断存在不利的影响;空间分辨率不够高,成像分辨率不如 CT、核磁共振;超声成像是从大量背景噪声中提取有用的信息,图像质量受到噪声干扰严重[1]。因此,目前的超声成像质量并不理想,有待进一步改进。

　　波束形成技术是超声成像系统中最关键与最基本的一项核心技术,直接决定了超声诊断设备的整体质量。波束形成一般分为模拟波束形成和数字波束形成。模拟波束形成一般采用模拟延迟线来完成每个阵元接收信号的延时控制。因为模拟波束形成的精度差,不灵活,受环境和元器件老化的影响较大,部分较为先进的算法难以实现等,所以模拟超声成像系统的图像质量难以大幅度的提高。随着近年来数字电子技术的快速发展,数字波束形成技术得到了迅速发展,即对各个阵元的超声回波进行 AD 采样数字化[2],然后在数字域中进行波束合成和其他后处理。由于数字波束形成具有延时精度高、稳定、设计灵活等优点,能够有效提高图像的分辨率,增加动态范围,降低随机噪声,从而获得较佳的超声图像质量,提高超声诊断的准确性,因此随着数字超声成像技术的迅速发展,数字波束形成算法成为医学超声成像的研究热点。

1.2 超声成像方法的现状

1. 超声成像的发展历史与现状

20 世纪 70 年代以来,医学超声工程技术的不断革新,推动了医学超声图像诊断广泛而深入地发展。数字化成像(digital technique imaging)、谐波成像(harmonic imaging, HI)、超声体成像(ultrasonic volume imaging)、组织弹性成像(tissue elasticity imaging)、合成孔径成像(synthetic aperture imaging)、Fourier 成像(Fourier imaging)等新技术的应用推动了超声成像诊断技术的迅猛发展。现代医学超声诊断仪是结合了最新医学超声理论基础研究、新型压电材料和超声传感器、计算机处理、声成像技术与信息传输技术的产物,当今医学超声诊断新技术发展的特点主要体现在宽频带化、数字化、多功能化、多维化及信息化等五个方面的综合应用[3],这一发展引导着未来先进医学超声诊断设备研制的创新思维。

2. 数字化成像

全数字化技术在目前超声诊断系统中广泛使用,相比模拟超声诊断仪,不但提高了图像质量,而且改善了系统的可靠性和稳定性。其核心是:

(1)宽频带传感器:解决了分辨力和穿透力的矛盾,能够同时获得丰富的组织结构反射信息。

(2)高速前端 AD 转换、传感器接收到的回波信号,直接进入 AD 转换,数字波束形成可以采用比模拟延迟线精度高的数字延迟,从而更加精确地进行聚焦。

(3)数字波束合成:全数字化技术中最为关键的技术,同时实现难度最大,包括聚焦技术、幅度变迹技术和可变孔径技术三个技术环节,成功地完成这三个环节的设计,即可显著提高系统的图像分辨率,增加动态范围,降低随机噪声,获得几乎完全没有失真的超声图像。

(4)回波信号的后处理:对数字波束合成后的回波信号进行处理,包括动态滤波技术、正交解调技术、对数压缩技术。

(5)图像显示处理:主要通过数字变换扫描技术实现超声图像的显示,包括数据存储技术、坐标变换技术以及线性插值技术。

(6)可控波形编码发射、线性调频波、Golay 互补码和 Barker 码等编码技术的应用,对于提高成像的深度和信噪比,有显著效果[4]。

3. 谐波成像

通常超声传感器中的压电振子以固有频率谐振发射基频超声波。若产生为基频 n 倍的超声波则称为 n 次谐波。谐波的成像质量是明显高于基波的,不过由于声衰减量与频率的平方成比例,通常二次谐波信号是微弱的。目前二次谐波成像技术主要用于自然组织和造影剂二次谐波成像。前者来自于检测组织所产生的非线性声学效应,后者来自于造影剂微气泡突然破裂所产生的激励信号。另外,分谐波(subharmonic)成像技术也在发展,它利用 1/2 或 1/3 基频探测人体组织,可以减少衰减,提高横向分辨率。

4. 超声体成像

虽然多种技术有力地促进了医学超声二维图像技术的飞跃发展,但在深入应用中也发现其中的不足:诊断的准确性较高地依赖于诊断医师掌握仪器的能力与医学知识;成像面间隙区域信号丢失;受检体空间结构是在诊断医师大脑中瞬间合成的印象;介入性治疗明显受到平面声像制约。1961 年,Baun 和 Greewood 提出了超声体成像概念。超声体成像就是三维成像,其关键问题包括:三维重建与显示方式的算法、精确而方便使用的定位系统等。目前,三维超声成像技术主要应用在心脏、胎儿形体检查及血管内三维重建。

5. 组织弹性成像

软组织弹性的改变通常与物理病变有关,因此触诊在现实疾病诊断中仍然广泛使用。触诊的基本原理就是对组织施加一个低频压力,利用手指的触觉定性地测量组织的响应,从而得到组织的定性估计。但触诊的有效性受限于病灶距体表的位置和医生的主观经验。组织弹性成像反映组织弹性特征,它利用特制的超声源对被测组织进行辐射激振,测量其动态位移,由应变与辐射力计算出响应的弹性系数显示组织的弹性及老化状态。

6. 合成孔径成像

与传统的超声成像方法不同,合成孔径聚焦成像可以通过低的工作频率和较小的传感器孔径获得较好的分辨率。合成孔径聚焦(synthetic aperture focusing technique,SAFT)技术要求采样和存储每一个孔径点和整个回波信号,其全波采样与重建理论复杂,无论对硬件或软件都要求较高,后来人们又提出了各种改进方案,如多阵元合成孔径聚焦(multielement synthetic aperture focusing,M-SAF)、合成聚焦(synthetic focusing,SF)、合成发射孔径(synthetic transmit focusing,STA)、合成接收孔径(synthetic receive focusing,SRA)[5]。

7. Fourier 成像

为了提高成像质量,探索新的成像理论和算法,Lu 在 1997 年提出了一种 Fourier 超声成像系统。在这种方法中,首先发射脉冲平面波或阵列波束(array beam)到要成像的物体上,然后用参数不同的阵列波束对接收到的回波信号进行加权处理,其结果经插值后就得到图像的空间频谱,最后通过 Fourier 逆变换就可得二维或三维超声图像。这种成像算法的核心是 Fourier 变换,所以系统又称为 Fourier 成像系统。一次发射就可以重构一帧图像,从而可以到达高帧率(high frame rate,HFR)的成像输出,因此人们又称该成像为高帧率成像。

1.3　波束形成技术

在超声成像发展初期,绝大多数的 B 超和彩超仪采用模拟波束形成方式,即各个阵元的超声回波信号先前置放大,再通过模拟延迟线进行调整,最后经过求和处理模块进行波束合成。由于电子聚焦、幅度变迹等都是在模拟信号方式下完成的,因此这种方式的精度差,易受环境和元器件老化的影响,并且模拟延时线的使用也使超声成像系统的设计变得非常不灵活,先进的算法难以实现,从而使模拟超声的成像质量难以有大幅度的提升。

直到 20 世纪 90 年代,美国 ATL 公司研制出了世界第一台前端全数字化超声诊断仪,将超声的数字化技术进一步前推到波束形成的则是美国 GE 公司,他们在 2000 年将数字编码技术应用于超声脉冲的编码与解码,这一处理放大了有用的微弱信号,抑制了不需要的回波信号,多方面改善了图像的质量。

在数字波束形成中,各个阵元的回波信号经过放大后,经 AD 采样数字化,在数字域进行延时叠加、变迹和合成孔径处理。采用数字波束形成技术存在以下优势:实现跟踪式动态聚集,大大改善了图像的横向分辨率;实时动态变迹;幅度信息(获得 B 型图像)与相应信息(获得多普勒血流图像)可以在基本相同的硬件通道上得到;有效降低电路系统中噪声对波束形成的影响;先进的算法在数字系统中易于实现。这些技术优势使得数字超声系统的成像质量明显优于模拟超声,并在临床应用中逐步取代模拟超声成像系统[6]。

数字波束形成技术作为超声成像的关键核心技术,直接决定着超声成像系统的图像质量。在近十几年,数字波束形成技术得到进一步的发展,相继出现了空间复合成像、自适应波束形成技术以及数字多声束形成技术。

空间复合成像的原理早在 20 世纪 80 年代初就已被提出,但受当时计算机技术和电子技术的限制,一直停留在理论阶段。近几年来随着计算机处理能力和大型集成电路的发展,实时复合成像又被提起,并逐步进入实用阶段[2]。

自适应波束形成已广泛用于无线通信、语音信号处理、雷达、声纳等阵列信号处理领域。近年来,自适应波束形成也被应用到超声领域。自适应波束形成技术是指利用接收的回波数据计算出动态的加权系数。该技术充分利用回波数据本身的特点,实现了真正的动态变迹,从而达到提高图像空间分辨率的目的。其中,最小方差波束形成(minimum variance beamforming)是一种最常用的自适应波束形成方法。该方法最早由 Capon 在 1969 年提出,基本思想是在无失真约束条件下在指定方位或频率上获得最小方差,进而推导出最优权向量。但这种波束形成方法仅适用于远场、窄带非相关信号,而超声数据具有近场、宽带和强相关性等特点,限制了 MV 算法在医学超声成像中的应用。针对这些问题,Synnevag 等采用前向空间平滑法,去除了回波信号的相关性。Asl 等采用前后向(FB)空间平滑法,进一步提高了去除回波信号相关性的能力。Li 等利用对角加载技术提高 MV 算法的稳健性。MV 算法虽然能够有效地提高成像空间分辨率,但对成像的对比度却没有改善。Asl 等分别提出了 MV 与相干系数(CF)结合的算法及基于特征空间的 MV(EIBMV)算法来提高成像分辨率、对比度,以及降低旁瓣等级。基于以上阐述,如何进一步提高图像的分辨率、对比度以及成像算法的稳健性是数字波束形成技术中重要的研究课题[7]。

　　数字多波束形成技术是由数字波束形成技术与多波束形成技术结合而成。数字多波束形成技术只需发射一次脉冲信号,然后利用多个阵元接收到的回波信号形成多条接收声束。关于多波束形成技术的讨论在文献中极少见,但近几年已开始有产品问世。数字多波束形成技术具有很大的技术意义,不仅提高了图像的纵向分辨率、横向分辨率、时间分辨率及对比分辨率,而且也提高了成像速度。从而使得数字超声成像能够更好地应用于血流成像系统以及高速度的三维成像。

　　目前 B 型超声在临床中的应用最为广泛,因此,本书重点以 B 型超声成像系统进行分析。数字声束合成是超声成像的关键核心技术,对超声成像起着决定性的作用,也是本书要重点分析的内容。

参 考 文 献

[1] 彭虎. 超声成像算法导论. 合肥:中国科学技术大学出版社,2008.

[2] 彭龙飞. 数字超声成像关键技术的优化设计与实现[硕士学位论文]. 成都:电子科技大学,2010.

[3] Thomenius K E. Evolution of ultrasound beamformers. IEEE Ultrasonics Symposium,1996, 2:1615—1622.

[4] Park S,Karpiouk A B,Aglyamov S R,et al. Adaptive beamforming for photoacoustic imaging using linear array transducer. IEEE Ultrasonics Symposium,2008:1088—1091.

[5] Chang J H,Song T K. A new synthetic aperture focusing method to suppress the diffraction of ultrasound. IEEE Transactions on Ultrasonics, Ferroelectrics and Frequency Control, 2011,58(2):327—337.

[6] 许琴. 超声成像中波束形成算法研究[硕士学位论文]. 重庆:重庆大学,2012.

[7] Wang S L,Li P C. High frame rate adaptive imaging using coherence factor weighting and the MVDR method. IEEE Ultrasonics Symposium,2008:1175—1178.

第 2 章　数字超声的基础理论与成像原理

本章将重点分析研究数字 B 型超声成像系统的原理和超声成像的基础理论，包括系统成像流程，超声信号的波形，传播过程中的反射、折射、衰减和声场特性。让读者逐渐掌握超声信号的基本特征，大致了解数字 B 型超声系统的成像过程。

2.1　数字 B 型超声成像系统原理

目前所使用的数字 B 型超声成像系统，通常是应用超声脉冲回波技术，即利用超声波照射人体，超声波在人体中反射、折射和散射，然后通过接收和处理载有信息的回波，从而得到人体组织结构的灰阶图像，其原理如图 2.1 所示。

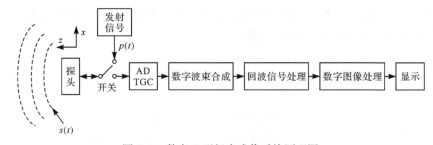

图 2.1　数字 B 型超声成像系统原理图

首先将开关阵列导通至发射模式，然后发射的脉冲激励信号 $p(t)$，一旦探头阵元完全接收到信号 $p(t)$ 后，即把开关阵列转向接收模式，阵元对激励信号 $p(t)$ 产生响应，得到超声波信号 $s(t)$，超声波信号 $s(t)$ 在人体内传播时，对人体的组织结构会发生反射、折射、散射和衰减现象，得到载有人体组织信息的回波信号，探头阵元接收到超声回波信号之后，通过压电阵元转化为电信号，此时的信号还是模拟连续的，通过前置放大，时间增益（time gain control，TGC）[1]放大后，再经高速 AD 采样转化为数字离散信号，即可进行数字波束合成与后续的相关数字信号处理。

回波信号的数字信号处理，包括数字波束合成、回波信号处理、数字图像处理三个部分，一次发射接收到的回波信号经过数字信号处理之后，得到的仅是一条回波扫描线信息，为了构建一帧图像，需要进行多次发射，得到多条回波扫描线。最后，将多条扫描线拼接为一帧图像，在显示器上进行显像，图像反映的是 XZ 平面上人体某一断层的信息。X 轴表示探头阵元宽度方向，Z 轴表示探测人体的深度方向。

2.2 超声成像基础理论

超声成像理论基础着重研究了超声波产生与接收原理及波形特性、超声波反射和折射特性、超声波声场特性、超声波衰减特性,这些知识对于开展的后续研究具有非常重要的作用。

2.2.1 超声波产生与接收原理

超声波产生与接收是通过压电效应实现的,压力与电荷相互转化的物理现象称为压电效应。超声信号的产生就是利用了压电效应的逆过程,如图 2.2 中逆过程所示。超声探头的阵元是由具有特殊性能的天然或人工晶体制成,当对阵元施加电信号时,阵元将会产生形变(压缩或舒张),形变的程度和方向由电信号的幅度和方向决定。

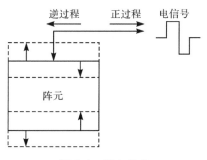

图 2.2 压电效应

当在阵元上施加的电信号的频率大于 20kHz 时,即阵元的振动频率大于 20kHz,通过自身的形变推动周围的介质,使之振动,从而产生超声波,并在介质中传播,医用超声波信号的频率通常在 2MHz 以上。超声波的接收过程利用了正压电效应,如图 2.2 所示的正过程。当其在人体组织中传播时,遇到声阻抗不同的组织结构将产生反射。反射的超声回波到达阵元后,对阵元产生力作用(压力或张力),使之形变,并在阵元两端产生电荷,从而接收到超声波转化的电信号。同理,电信号的幅度和方向由形变决定[2]。

2.2.2 超声波信号的特性

超声发射脉冲信号激励超声探头阵元产生超声波波形,主要是利用了线性模型的脉冲响应特性。其特性如下:假设发射脉冲信号为 $p(t)$,探头阵元脉冲响应函数为 $h(t)$,那么阵元上产生的超声波信号 $s(t)$ 为

$$s(t) = h(t) * p(t) = \int_{-\infty}^{+\infty} h(\tau) p(t - \tau) d\tau \tag{2.1}$$

转换到频域下进行研究,对式(2.1)进行 Fourier 变换得到

$$S(\omega) = H(\omega) \cdot P(\omega) \tag{2.2}$$

对于任何一个超声探头,其频率响应特性曲线 $H(\omega)$ 在生产出厂时就会标定。因此任意波形的激励脉冲信号 $p(t)$,将其 Fourier 变换得到 $P(\omega)$ 形式后,再与 $H(\omega)$ 相乘,即可得到频域响应的超声波信号 $S(\omega)$,最后将 $S(\omega)$ 做反 Fourier 变换,即可得到时域下的超声波信号 $s(t)$[3]。

假设超声的中心频率 $f_c = 3.5 \mathrm{MHz}$,带宽因子 $W = 1.4 \mathrm{MHz}$ 的超声凸阵探头,其频率响应特性曲线可以模拟为高斯模型,$H(f) = \mathrm{e}^{-\pi((f - f_c)/W)^2}$,如图 2.3 所示。

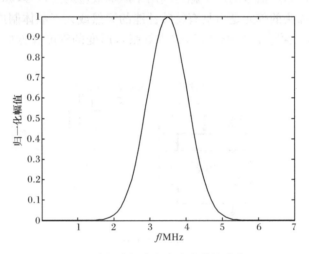

图 2.3 超声探头频率响应特性曲线

工程上通常使用的激励脉冲信号 $p(t)$ 为矩形短脉冲信号。极性上可分为单极性和双极性;周期包括一个周期和两个周期的。图 2.4 给出了以上四种频率为 3.5MHz 的矩形短脉冲激励信号 $p(t)$:(a)为单极性一周期;(b)为单极性两周期;(c)为双极性一周期;(d)为双极性两周期[4]。

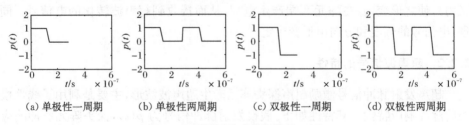

(a) 单极性一周期   (b) 单极性两周期   (c) 双极性一周期   (d) 双极性两周期

图 2.4 矩形短脉冲激励信号 $p(t)$

对于已知的超声探头频率响应特性,如图 2.3 所示,以及工程中几种常见的激励信号,如图 2.4 所示,即可通过前文介绍的 Fourier 变换、相乘、反 Fourier 变换三个步骤之后,得到时域下的超声波信号 $s(t)$。图 2.5 中几种常见的超声波信号 $s(t)$ 与图 2.4 中的激励信号 $p(t)$ 是一一对应的。

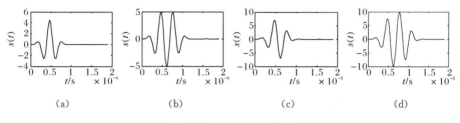

图 2.5　超声波信号 $s(t)$

对于图 2.5 中的四种超声波信号 $s(t)$,我们不能简单地评价它们的好坏。(a)、(c)图的超声波信号持续时间短,得到的超声图像纵向分辨率高,但是其信号幅值小,传播过程中的衰减使得其传播的距离有限。(b)、(d)图分析得到的结论正好与(a)、(c)图相反。在工程实际中,需要根据具体的应用,选择发射脉冲信号的种类,以得到相对较好的超声波信号,获得最佳的超声图像。根据作者的了解,(d)图的波形目前相对应用较为普遍[5]。

2.2.3　超声波的反射、折射和散射

当超声波在同一组织的均匀介质中传播时,基本上按照直线传播,当从一种组织进入到另一种不同组织时,波阻抗不再连续,此时超声波会在两者的分界面发生反射和折射现象。B 型超声成像系统,就是通过显示人体内组织界面的不同反射率来进行超声成像的,而折射率的运用并不多。因此,下面主要研究了反射率计算。

首先通过声学欧姆定律,定义声阻抗的大小:$Z = P/v$,P 是声压,v 是质点速度;然后,参照图 2.6,假设入射角与反射角为 0°,折射角为 0°,同时,有两个边界条件需要注意:

(1)边界上的质点在两个界面上的速度相同:

$$v_i - v_r = v_t \rightarrow P_i/Z_1 - P_r/Z_1 = P_t/Z_1 \tag{2.3}$$

(2)边界上的声压在两个界面上相同:

$$P_r + P_i = P_t \tag{2.4}$$

最后,通过式(2.3)、式(2.4)即可计算出反射率:

$$R = \frac{P_r}{P_i} = \frac{Z_2 - Z_1}{Z_2 + Z_1} \tag{2.5}$$

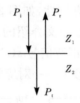

图 2.6　超声波在分界面上的反射和折射

$R\in[-1,1]$，$R<0$ 表明反射信号的相位翻转，$R>0$ 表明反射信号的相位不变。通常来说，人体的反射率(除了组织/骨骼、组织/空气界面)都小于 5%，表 2.1 为部分人体组织界面反射率[6]。

表 2.1　部分人体组织界面反射率

Z_1 \ Z_2	水	脑	血液	肌肉	肝	皮肤	脂肪	颅骨
水	0.0	0.007	0.007	0.02	0.035	0.039	0.047	0.57
脑		0.0	0.0	0.013	0.028	0.022	0.054	0.57
血液			0.0	0.02	0.028	0.029	0.047	0.57
肌肉				0.0	0.015	0.009	0.067	0.56
肝					0.0	0.061	0.049	0.55
皮肤						0.0	0.076	0.56
脂肪							0.0	0.61
颅骨								0.0

在微小的尺寸等级上($<\lambda=c/f$)，组织的非均匀性将导致超声波的散射。定义 η 为体积反向散射系数，反向散射的特点是：①微弱性，比界面反射率还要小 20dB；②各向性，向所有方向散射。由于散射的微弱性，而且引入散射会导致复杂的计算，因此，本书后续的研究都没有考虑超声波的散射。

2.2.4　超声波的衰减

一般来说，超声波在人体内介质中传播，能量是逐渐衰减的，衰减的原因是人体软组织对超声波的吸收消耗，衰减的幅度由超声波传播的深度与自身的频率决定。一般认为，有病变的组织比正常组织对超声波的衰减更大。

通常定义衰减形式为 $e^{-\alpha l}$，α 是衰减系数，与频率成正比关系，$\alpha=\beta f$，单位 cm^{-1}，l 是传播路径长度，单位 cm。1MHz 频率的衰减典型值为：人体软组织 $0.7\sim0.8\text{dB/cm}$($\alpha\approx0.1\text{cm}^{-1}$)，体液小于 0.2dB/cm。

那么，对于一个已知的探头，产生的超声波在人体内传播时，起始超声波 $s(t,0)$ 与阵元接收的回波 $s(t,z)$，将两者转化到频域后，存在如下关系式：

$$S_z(f) = R(z)e^{-2z\beta f}S(f) \tag{2.6}$$

其中，$S_z(f)$为频域回波；$S(f)$为频域始波；z为传播深度；$R(z)$为深度 z 处的反射率。然而

$$S(f) = P(f)H(f) \tag{2.7}$$

这里研究一种最简单的情况，假设激励信号为冲击信号 $p(t) = \delta(t)$，即 $P(f) = 1$，且 $R(z) = 1$，探头频率特性已知，$H(f) = e^{-\pi(\frac{f-f_c}{W})^2}$，那么由式(2.6)、式(2.7)可得

$$\begin{aligned}
S_z(f) &= e^{-2z\beta f} \cdot e^{-\pi(\frac{f-f_c}{W})^2} \\
&= e^{-2z\beta f + \frac{(Wz\beta)^2}{\pi}} \cdot e^{-\pi\{[f-(f_c-\frac{W^2z\beta}{\pi})]/W\}^2}
\end{aligned} \tag{2.8}$$

从式(2.8)可以看出超声波信号传播过程中，随着 z 的增加，其幅度逐渐衰减，且中心频率向下偏移。

2.2.5　超声波声场特性

探头阵元发射超声波，其声束在一定的传播距离内基本保持平行，随后才开始扩散，如图 2.7 所示。声束保持平行的未扩散区域叫做近场，扩散区域称为远场[7]。分界条件：$p = \dfrac{l^2}{\lambda}$，l 为探头阵元的最大尺寸，λ 为超声波波长。

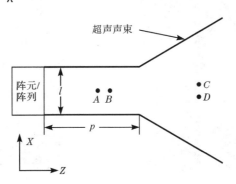

图 2.7　超声声束的近场与远场

$|AB|$ 为在纵向 Z 轴能够刚好同时分辨 A、B 两点的最小距离，此时该长度 $|AB|$ 称为超声成像系统的纵向分辨率，其理论最小值为 $\lambda/2$，λ 为超声波波长。$|CD|$ 为在横向 X 轴刚好能够同时分辨 C、D 两点的最小距离，此时该长度称为超声成像系统的横向分辨率。横向分辨率由超声波合成波束宽度决定，合成波束宽度通过数字波束合成技术控制[8]。该技术是本书的重点研究内容，将在后面的章节具体分析。

从目前常用的 128 阵元探头为例，其阵元宽度为 $l = 0.48$mm，超声波在人体

内传播的平均波速 $c=1540\mathrm{m/s}$，超声波持续时间约为 $T=10\mathrm{\mu s}$，超声波波长为 $\lambda=cT=1.54\mathrm{mm}$，那么其纵向分辨率的理论最小值为 $\lambda/2=0.77\mathrm{mm}$，通过边界条件计算得到，$p=0.15\mathrm{mm}$，对于 B 型超声实际运用中的探测深度一般要求 $Z\geqslant20\mathrm{cm}$。因此，可以近似认为，该探头阵元发射的超声波在全程都是扩散的。

2.3　高速采样的 AD 转换

我们已知超声探头阵元接收到反射回来的超声信号是连续的模拟信号，需要通过 AD 转换为离散的数字信号之后才能进行后续处理。对于本书使用的高斯特性探头而言，从图 2.3 中可以看出，超声信号中 7MHz 频率的信号幅度已经非常小，近似认为该探头的超声信号最大频率为 $f_{\mathrm{m}}=7\mathrm{MHz}$，那么采样频率应该满足奈奎斯特-香农采样定理，理论上采样频率应该为至少为 $f_{\mathrm{s}}=14\mathrm{MHz}$，在这里以及后续的研究一致使用了 $f_{\mathrm{s}}=50\mathrm{MHz}$ 的采样频率。虽然使用高速的 AD 采样芯片，会直接导致成本和功耗的增加，但是高采样率对超声图像质量效果的提升将更加明显。图 2.8(a)、(b) 分别为其他条件相同、采样频率不同的超声图像。

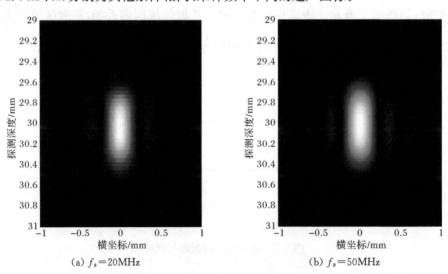

(a) $f_{\mathrm{s}}=20\mathrm{MHz}$　　　　　　　　　(b) $f_{\mathrm{s}}=50\mathrm{MHz}$

图 2.8　不同采样频率下的超声图像

图 2.8 中，(a) 图的采样频率为 $f_{\mathrm{s}}=20\mathrm{MHz}$，(b) 图的采样频率为 $f_{\mathrm{s}}=50\mathrm{MHz}$，都是对 $z=30\mathrm{mm}$ 深度的反射点进行成像。可以明显看出，(b) 图的图像更细腻，质量效果更佳。但需要注意的是，提高采样频率不能改善图像的纵向分辨率。

2.4　时间增益控制

在前面,已经介绍了超声波在人体内传播时,信号强度会随着传播深度的增加而衰减变小,而我们希望得到的信号是非衰减的,仅携带表征反射率的回波信号。因此,就需要对回波信号进行补偿放大,放大的倍数由超声信号传播的深度(时间)决定,也就是通常所说的时间增益控制(TGC)。

本书使用的超声探头,具有高斯频率特性,其时间增益控制的曲线设计参考式(2.8)。由式(2.8)很容易得到,为得到无衰减的回波信号,对于传播深度为 z 的超声回波,其下移的中心频率衰减补偿放大的倍数应为

$$k = e^{2z\beta f_c - \frac{(Wz\beta)^2}{\pi}} \tag{2.9}$$

通常使用分贝值来表示放大的倍数,即

$$k = \left[2z\beta f_c - \frac{(Wz\beta)^2}{\pi} \right] 20 \lg e \tag{2.10}$$

那么,在人体组织内,平均衰减系数 $\beta = 0.1 (\text{cm} \cdot \text{MHz})^{-1}$,已知超声波信号中心频率 $f_c = 3.5\text{MHz}$,因此可以求得所需要的时间增益控制曲线为 $k = -0.054z^2 + 6.08z$,单位 dB,如图 2.9 所示。

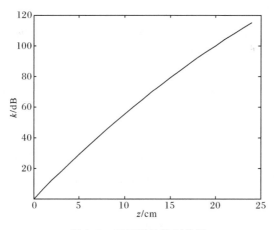

图 2.9　时间增益控制曲线

需要指出的是,图 2.9 所示的时间增益控制曲线只是理论计算上得到的一条理想参考曲线,该曲线实际应用中不一定能够得到最佳效果超声图像,还需要针对具体的运用进行局部的灵活变动。例如,在某些情况下,富有诊断价值的信息可能处于某个弱回声区域,此时必须将此区域的增益加大才能看清;相反,富有诊断价值的信息可能处于某个强回声区域,此时必须将该区域的增益减小一些才能

看到一些细节,虽然人为地使图像失真,但却更便于诊断。

2.5　超声成像质量的评价标准

2.5.1　轴向分辨率

轴向分辨率(axis resolution)也称纵向分辨率,是指沿超声波轴线方向上可识别的两个靶点或界面的最小距离,用 ΔR 来表示。

对于连续超声波,轴向分辨率的理想值为半个波长。显然,提高超声频率可以提高分辨率,但提高频率导致超声信号的衰减增强,穿透深度减小。所以实际上达不到理论分辨率数值,而是相当于 $2\sim3$ 个波长的数值。

对于超声脉冲回波系统,在声束轴线上可以识别的最小距离 ΔR 将与超声脉冲的有效脉宽有关,即轴向分辨率 r_a 为

$$r_a = \Delta a = c\,\frac{\tau_p}{2} = \frac{c}{2B_w} \tag{2.11}$$

其中,c 为声速;τ_p 为脉冲有效时间;B_w 为脉冲频带宽度。轴向分辨率越高越能分辨轴向上靠得越近的两个物体。要改善纵向分辨率,就必须减小脉冲的波长或者脉冲周期。提高发射脉冲的频率可以减小脉冲的波长,但人体组织对超声波传播时的衰减也会随着频率的增大而增加,这样势必会减小超声成像的深度。

理论与实践证明:决定系统距离分辨率的更本质因素是所用信号波形的带宽。因此,如果能设计一个脉冲信号,其持续时间可以相当长,但只要所占频谱很宽,仍然可以得到很高的距离分辨率,这就是后面要分析的超声编码技术。

2.5.2　横向分辨率

横向分辨率(lateral resolution)也称侧向分辨率,它是在超声扫查平面内沿着与超声波束垂直方向上可区分两个靶点或界面之间的最小宽度,如图 2.10 所示,可按下式计算:

$$r_1 = 2R\sin\frac{\theta_{ml}}{2} \tag{2.12}$$

横向分辨率与超声波束的有效宽度成正比,因此,采用动态聚焦可以有效提高横向分辨率。

2.5.3　对比度

对比度(contrast resolution)即反差,它是超声图像中相邻两个结构能够加以区别的量度,也就是画面上最大亮度与最小亮度之比。影响对比度的主要因素

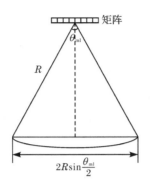

图 2.10　横向分辨率

有:空间分辨率、系统动态范围、旁瓣电平和噪声电平。提高对比度的主要途径在于电路技术、成像方法及数字信号处理技术等方面的改进。

2.5.4　时间分辨率

时间分辨率(temporal resolution)反映实时成像能力,通常用帧率来表示:

$$帧率 = \frac{1}{MT_b} = \frac{1}{2MR/c} \tag{2.13}$$

其中,c 表示声速;R 表示扫描深度;T_b 表示一条扫描声束的传播时间;M 表示扫描声束总数。当 c 为定值时,扫描深度越深,波束越密,则帧率越低。

提高时间分辨率的最有效方法就是采用多波束形成技术,即发射一次超声脉冲,能够同时形成多条扫描线,从而提高图像帧率。

2.5.5　动态范围

主要包括回波信号的动态范围和超声诊断仪的动态范围。受生物组织的声界面特性、吸收衰减以及探测深度的影响,回波信号的动态范围一般为 40～120dB。但是超声诊断仪的动态范围一般比较小,为 10～60dB,所以在超声成像系统中,为了要接收到回波信号的所有信息,系统必须具有大的输入动态范围。另外为了能更清晰地显示断层图像,又必须使接收通道具有小的动态范围。基于以上两种说法,系统一般采用增益补偿和对数压缩来分别实现两种功能[9]。

参 考 文 献

[1] 王伟明. 数字 B 超成像技术及其优化方法的研究[硕士学位论文]. 重庆:重庆大学,2010.

[2] Azar L,Shi Y,Wooh S C. Beam focusing behavior of linear phased arrays. NDT & E International,2000,33(3):189－198.

[3] Omid M,Kami Y,Hayakawa M. Field coupling to nonuniform and uniform transmission lines. IEEE Transactions on Electromagnetic Compatibility,1997,39(3):201—211.

[4] 卢昊.应用于超声成像的数据采集与卷积处理硬件系统[硕士学位论文].合肥:中国科学技术大学,2011.

[5] 彭虎.超声成像算法导论.合肥:中国科学技术大学出版社,2008.

[6] Widrow B,Duvall K M,Gooch R P. Signal cancellation phenomena in adaptive antenna:Cause and cures. IEEE Transactions on Antennas and Propagation,1982,30(3):469—478.

[7] 左月萍,孙肖子,黄宇星.超声波声场的计算方法.西安电子科技大学学报,2000,27(4):419—423.

[8] Luebbers R J,Kunz K S,Schneider M,et al. A finite-difference time-domain near zone to far zone transformation. IEEE Transactions on Antennas and Propagation, 1991, 39 (4):429—433.

[9] 冯若.超声手册.南京:南京大学出版社,1999.

第3章 数字超声硬件系统的设计与研究

微电子技术和计算机技术的迅速发展,促进了超声医学诊断技术的革新。其中多功能数字 B 型超声诊断仪是医学超声成像中的杰出代表,并在临床上得到了广泛应用。从技术层面上讲,B 型超声系统是超声成像中相对较复杂的成像设备,因此本章重点介绍数字 B 型超声硬件系统的设计。

3.1 数字 B 型超声系统的原理

本章结合美国 TI 公司的技术方案,给出了常见数字 B 型超声诊断仪的硬件系统结构框图,如图 3.1 所示。

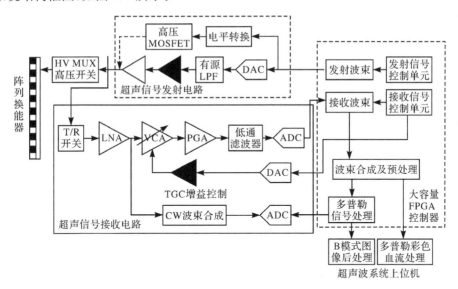

图 3.1 数字 B 型超声诊断仪原理框图

从图 3.1 可以看出,数字超声系统主要由阵列换能器、超声信号发射电路、超声信号接收电路、FPGA 控制器与超声系统上位机软件组成。其中 FPGA 控制器在整个超声影像系统中起着核心作用,FPGA 主要负责三项工作:

(1) 通过 FPGA 内部的超声信号发射控制单元,产生超声激励信号。如果是普通的脉冲回波系统,则 FPGA 产生数字脉冲,经过电平转换后,控制高压 MOS-FET 产生高压脉冲激励信号,然后经过高压选通开关(HV MUX)后,对阵列换能器进行激励,从而发射脉冲超声波。对于一些要求很高的应用场合,可以在FPGA内部通过 DDS 方式产生激励信号,然后经 DAC 转换成模拟信号,通过低通滤波器和高压放大器放大后,经过高压选通开关对阵列换能器进行激励,发射脉冲超声波。通过 DDS 方式,理论上可以产生任意的发射波形,这在超声信号编码等领域,以及高端的多普勒血流成像领域有着广泛应用。

（2）通过 FPGA 内部的超声回波接收信号控制单元,对超声的模拟前端进行控制,主要完成超声回波信号的预放处理（TGC 控制）和 AD 转换器数据的接收。

（3）通过对各个通道 AD 转换的回波数据进行整序处理、波束合成及信号预处理等工作,最后将处理结果传给超声系统的上位机进行后处理与图像显示[1]。

3.2　超声发射电路

超声波发射电路是脉冲回波法超声诊断设备的关键部分。超声发射脉冲是通过压电阵元（换能器）的振荡来实现,而要实现压电阵元的振荡就必须产生高压脉冲,图 3.2 给出了典型的超声发射脉冲产生原理框图。

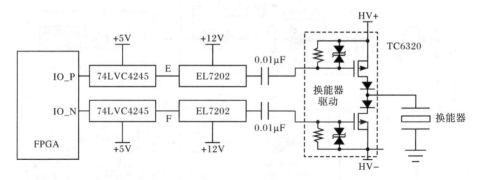

(a) 高压脉冲的发生原理框图

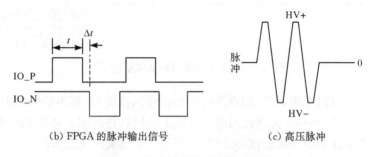

(b) FPGA 的脉冲输出信号　　　　(c) 高压脉冲

图 3.2　超声发射脉冲产生示意图

从图 3.2(a)可以看出,FPGA 负责产生脉冲信号,该脉冲信号经过 74LVC

4245 进行 3.3V 到 5V 的电平转换与隔离,然后经过高速同相驱动器 EL7202 产生＋12V 的驱动脉冲,该脉冲信号经过 0.01μF 的隔离电容,驱动 TC6320 产生高压脉冲作用于压电阵元,从而实现脉冲超声波的发射[2]。

图 3.2(b)给出了 FPGA 的 IO_P 与 IO_N 管脚的输出脉冲,为了实现脉冲的可编程控制,脉宽 t 一般设计为可调,从而实现变频脉冲的发射,为了避免 TC6320 的上下管同时导通,IO_P 与 IO_N 管脚的输出脉冲应当互锁,并且留有一定的死区时间 Δt。图 3.2(c)是产生的高压脉冲示意图。

图 3.2(a)仅给出了高压脉冲产生的一般电路,目前随着数字技术的发展,许多集成芯片已经推出,典型的有日立公司的 HDL6V5582 和 TI 公司的 TX734 等。这些芯片内部大多集成了电平转换器、驱动器、高压 MOSFET 等,能够满足高密度系统对三级高压脉冲模式的要求。日立公司的 HDL6V5582 也集成了 8 通道的超声信号发射电路,大幅度简化了数字超声发射电路的设计。TI 公司的 TX734 内部还集成了有源阻尼电路,也称快速对地箝位,可实现无干扰三级归零(RTZ)波形。这不仅可提高脉冲对称性,而且还能实现－40dB 的极低二阶失真。TX734 的有源阻尼特性可防止噪声干扰,将信号灵敏度提高至少 5dB,从而为高质量的图像提供保障。

3.3　超声扫描线的生成

3.3.1　超声扫查的原理

在工程实际中,单个阵元发射时的能量较小,一般大都采用多个阵元组合发射,图 3.3 给出了相控阵超声阵元同时激励与等时差激励合成波束的示意图。

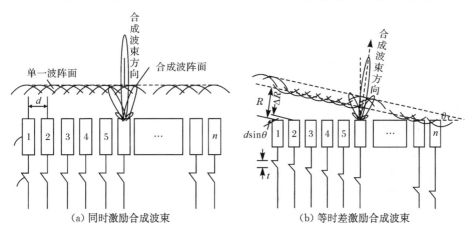

(a) 同时激励合成波束　　　　　　(b) 等时差激励合成波束

图 3.3　相控阵超声扫描原理图

为了实现顺序扫描成像,以 64 阵元 8 通道的平阵探头为例来说明数字超声影像系统扫描线生成的原理,如图 3.4 所示。

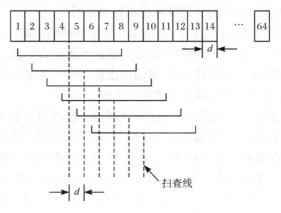

图 3.4　顺序扫描方式示意图

在扫描线生成的过程中,首先把 1～8 阵元作为第 1 子阵,2～9 阵元作为第 2 子阵,3～10 阵元作为第 3 子阵,…,最后一个子阵为 57～64 阵元。在整个超声扫查中周期中,先由第 1 子阵实现超声信号的发射与接收,这时声场的指向处于第 4 和第 5 个阵元之间,在第 4、5 阵元之间形成一条扫描线;第 2 子阵实现超声信号的发射与接收,这时声场的指向处于第 5 和第 6 个阵元之间,在第 5、6 阵元之间形成第 2 条扫描线。按此方式继续下去,使每个子阵依次轮流发射与接收,直到第 57 个子阵完成发射与接收,即完成了一个超声扫描周期,总共生成 57 条扫描线。

3.3.2　间隔扫查方法

在图 3.4 中的扫查方法可以生成 57 条扫描线,对于一幅超声图像来说,成像效果显然不理想。在阵元数据保持不变的情况下,为了进一步增加扫描线数,可以采用间隔扫查方法,如图 3.5 所示。

首先是第 1 子阵 1～7 进行收发,随后第 2 子阵 1～8 进行收发,接下去是第 3 子阵 2～8,第 4 子阵 2～9,…,直到第 113 子阵 57～63,第 114 子阵 57～64。从图 3.5 可以看出,当第 1 子阵工作时,波束位于第 4 阵元的中心,第 2 子阵工作时,波束位于第 4 与第 5 阵元中间,第 3 子阵工作时,波束位于第 5 个阵元的中心。因此采用这种间隔扫查方法,扫描线的间距为 $d/2$,64 个阵元可以得到 114 条扫描线,比顺序扫查方式增加了 1 倍,超声图像质量将得到显著提高。

3.3.3　收发交叉扫查方法

收发交叉扫查方法的原理如图 3.6 所示。这种方式的发射子阵为 8 个阵元,

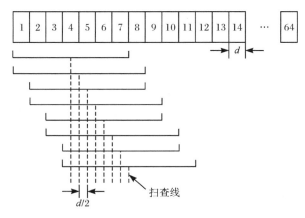

图 3.5　间隔扫查方法

而接收子阵为 7 个阵元。同一组的 8 个阵元连续发射 2 次。先用前面 7 个阵元接收第一次回波信号,再用后 7 个阵元接收第二次回波信号,对于 8 个阵元的子阵,其发射声场的波峰中心处于第 4 与第 5 阵元中间,而两次接收时的子阵方向图的主瓣分别指向第 4 和第 5 阵元的中心位置。因此,从最终的接收效果(即合成声场)看,扫查线分别处于第 4 阵元中心向第 5 阵元移动 $d/4$ 及第 5 阵元中心向第 4 阵元移动 $d/4$ 的地方,两条扫查线的间隔为 $d/2$。因此,采用收发交叉扫描方式也能使扫查线增加 1 倍。

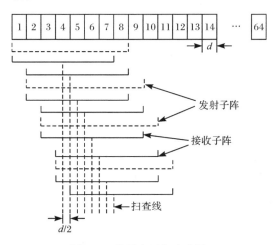

图 3.6　收发交叉扫查方法

　　需要注意的是采用这种扫查方法时,如果收发聚焦束相同,则上述方法获得的声束符合实际情况;如果发射为单点聚焦,而接收为动态聚焦,则收发所合成的声束方向不符合上面所分析的情况,将导致超声图像横向失真。

3.3.4　收发间隔交叉扫查方法

从上面分析的收发间隔扫查和收发交叉扫查两种方法可以看出,它们的扫查线密度都比顺序扫查方法增加 1 倍,而且它们的扫查线互相错开 $d/4$。因此,可以将这两种扫查方法组合成一种收发间隔交叉扫查方法,其原理如图 3.7 所示。使用这种扫查方法时,相邻扫查线的间隔为 $d/4$,用 64 阵元的换能器可以产生 228 条超声扫查线。

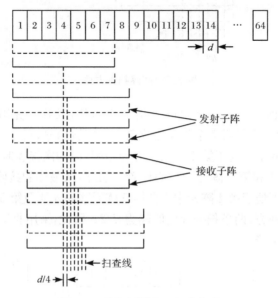

图 3.7　收发间隔交叉扫查方法

3.3.5　飞越扫查方法

对于一些探测深度较小的场合,以及对于某条超声扫查的接收信号中可能还包含着前一个发射脉冲到达较深层的反射界面后所反射回来的回波信号,这类信号将对扫描线产生干扰,例如,在浅表颈动脉血管弹性成像中,这种前次回波干扰将带来成像与测量误差。有效防止这种干扰的方法是采用飞越扫查的方法,如图 3.8 所示。

该飞越扫查采用了间隔扫查方式,64 阵元的换能器被分为两部分。首先由前一半的阵元 1～7 产生第 1 条超声扫查线,接着由后一半的阵元 33～39 产生第 2 条超声扫查线,再由前一半的阵元 1～8 产生第 3 条超声扫查线,又由后一半的阵元 33～10 产生第 4 条扫查线,依次继续下去,可以扫查出一幅完整的图像[3]。

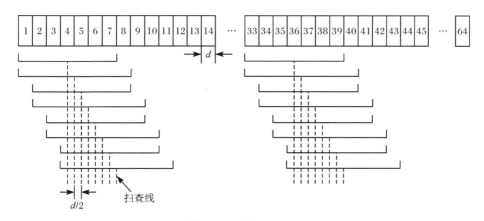

图 3.8　飞越扫查方式

最后需要指出的是,以上仅仅介绍了超声扫查线的几种生成方法,其实可以在上述方法的基础上衍生出更多、更灵活的扫查线生成方法。但是需要指出的是,当阵元数一定的情况下,扫描线并非生成得越多越好,一般不应超过阵元数的 4 倍,否则图像质量将难以得到有效提高。

3.4　发射阵列开关

3.4.1　发射阵列

超声信号的发射可以是一个阵元对应一个发射电路,这将使得发射电路具有很强的灵活性,但是这也将使得发射电路的体积变得非常庞大。

从上面的超声扫查线的生成原理可以看出,在扫查线生成的过程中,只有某一部分发射电路和接收电路在工作。在工程实际中,为了减少发射电路的数目,一般是通过高压阵列开关,使几个阵元共用一个发射电路,从而减少发射电路的数量。针对图 3.4 的顺序扫描方式,图 3.9 给出了 8 通道 64 阵元顺序扫描时的阵列开关连线示意图。

从图 3.9 可以看出,64 阵元的换能器被分为 8 组,每组有 8 个阵元,每组共用一套发射电路,脉冲发射 1 与阵元{1,9,17,25,33,41,49,57}连接,脉冲发射 2 与阵元{2,10,18,26,34,42,50,58}连接,…,脉冲发射 8 与阵元{8,16,24,32,40,48,56,64}连接。采用这样的连接方式,通过 FPGA 对高压开关 HV20220 进行选通控制,可以满足图 3.4～图 3.8 的超声发射与扫查线的生成。从图 3.9 可以看出,该阵列开关连线方案利用脉冲发射通道分时复用的特点,充分节省了发射电路的硬件资源。图 3.10 给出了高压开关 HV20220 的内部结构框图,从图中可以看出,通过 FPGA 输出串行数据即可实现对 HV20220 的开关控制[4]。

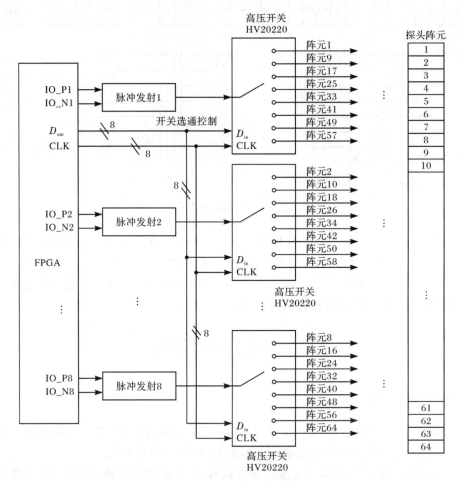

图 3.9 8 通道 64 阵元的阵列开关连线

在图 3.9 中,FPGA 对每片 HV20220 独立控制。如果为了进一步节约资源,可以将多片 HV20220 连接成菊花链的串行方式进行控制,如图 3.11 所示。

3.4.2 超声发射信号的整序网络

根据图 3.4 所示,在顺序扫描成像过程中,首先是把 1~8 阵元作为第 1 子阵,2~9 阵元作为第 2 子阵,3~10 阵元作为第 3 子阵,…,最后一个子阵为 57~64 阵元。图 3.12 给出了超声子阵脉冲信号定点聚焦发射的示意图。

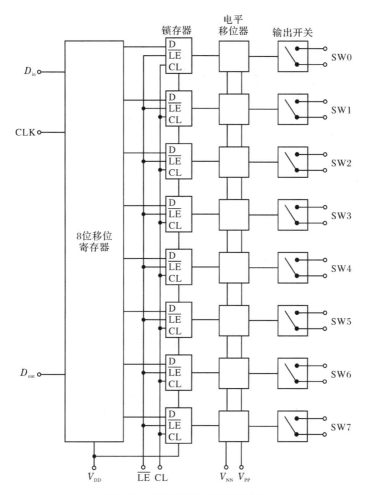

图 3.10　HV20220 内部结构图

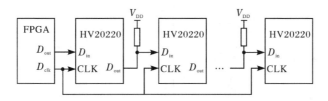

图 3.11　HV20220 的菊花链连接

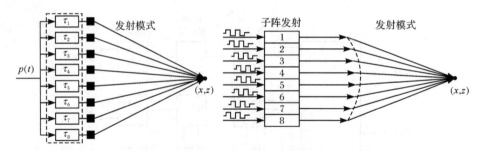

图 3.12　超声子阵脉冲信号定点聚焦发射

图 3.13 给出了顺序扫描发射子阵脉冲时序图（FPGA 输出的互补脉冲用单脉冲表示，高压开关网络 HV20220 与图 3.9 相同）。

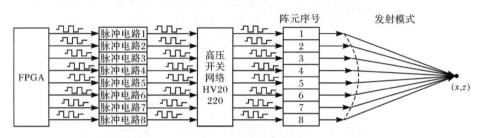

(a) 1～8 阵元发射超声脉冲

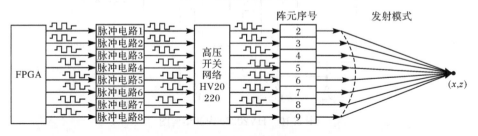

(b) 2～9 阵元发射超声脉冲

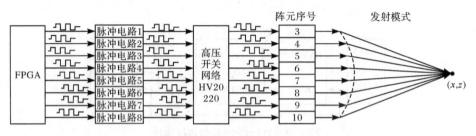

(c) 3～10 阵元发射超声脉冲

图 3.13　顺序扫描发射子阵脉冲时序图

　　按图 3.4 进行顺序扫描时,当 1～8 阵元发射超声脉冲时,声场的发射聚焦点 4、5 阵元的轴线上,如图 3.13(a)所示。当 2～9 阵元发射超声脉冲时,要确保声场的发射聚焦点在 5、6 阵元的轴线上,就必须确保作用在 2～9 阵元上的脉冲信号的时延关系与作用在 1～8 阵元上的时延关系保持一致,如图 3.13(b)所示。结合图 3.9 可知,超声发射通道是分组复用的,9 号阵元连接脉冲发射 1。因此在 FPGA 内部,就必须要对脉冲激励信号进行整序处理,这样才能确保在每个子阵输出时,满足图 3.13 所示的超声脉冲信号定点聚焦发射。图 3.14 给出了 FPGA 内部的互补激励脉冲产生的原理框图。

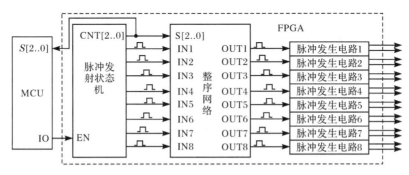

图 3.14　激励脉冲产生的原理框图

　　从图 3.14 可以看出,MCU 控制 FPGA 内部的脉冲发射状态机启动脉冲发射,输出特定的聚焦延时脉冲,整序网络的输入端根据脉冲发生器的输出状态($S[2..0]$对应 8 种状态),对输入的脉冲进行整序处理,表 3.1 给出了图 3.9 对应的整序网络表。

表 3.1　整序网络映射表

输入脉冲 ＼ 输入状态 $S[2..0]$	OUT							
	000	001	010	011	100	101	110	111
IN1	OUT1	OUT8	OUT7	OUT6	OUT5	OUT4	OUT3	OUT2
IN2	OUT2	OUT1	OUT8	OUT7	OUT6	OUT5	OUT4	OUT3
IN3	OUT3	OUT2	OUT1	OUT8	OUT7	OUT6	OUT5	OUT4
IN4	OUT4	OUT3	OUT2	OUT1	OUT8	OUT7	OUT6	OUT5
IN5	OUT5	OUT4	OUT3	OUT2	OUT1	OUT8	OUT7	OUT6
IN6	OUT6	OUT5	OUT4	OUT3	OUT2	OUT1	OUT8	OUT7
IN7	OUT7	OUT6	OUT5	OUT4	OUT3	OUT2	OUT1	OUT8
IN8	OUT8	OUT7	OUT6	OUT5	OUT4	OUT3	OUT2	OUT1

　　从表 3.1 可以看出,经过相应的整序后,可以满足图 3.13 所示各个子阵顺序

扫描的时序图,从而实现各个子阵的聚焦发射。在工程实际中,考虑到设计人员的电路设计不完全一样,整序网络也不可能完全一样。因此需要设计人员根据电路设计本身,结合高压开关的选通方案进行整序网络的设计[5]。

3.4.3 超声发射信号的产生

超声信号发射是通过短时脉冲方式进行的,图 3.14 给出了 8 个脉冲发生电路,每个脉冲发生电路是在整序网络输出脉冲的上升沿触发脉冲发射,输出互补对称的脉冲信号。这里给出了两种实现超声脉冲发射的方案:单稳脉冲电路模式与直接存储器模式。

1. 单稳脉冲发生模式

在单稳脉冲发生模式中,脉冲发生电路在输入信号的上升沿开始启动工作,如图 3.15 所示。

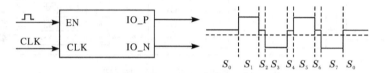

图 3.15　单稳脉冲发生模块

在脉冲上升沿触发 EN 管脚,触发单稳脉冲发生模块的状态机开始工作,从图 3.15 可以看出,该单稳脉冲发生模块有 8 个状态,每个状态对应了不同的高低电平输出,并且在上下管导通的时候,设置了死区控制时间,避免了 TC6320 上下管同时导通的可能。单稳脉冲发生模块可用 VHDL 或 Verilog 语言在 FPGA 内部实现,此处不作详述。

2. 直接存储器模式

从图 3.14 和图 3.15 可以看出,超声激励脉冲发生电路的整序网络和单稳脉冲触发模块的最终输出无非就是一些有特定规律的高低电平,而不管这些高低电平怎样分布,都可以把这些高低电平可以想象成数据总线上的数据,如图 3.16 所示。

从图 3.16 可以看出,通道 1~8 输出的互补脉冲可以看成是 16 位数据总线上的 $D_0 \sim D_{15}$。如果在 $t_1 \sim t_{24}$ 的 24 个不同时刻,依次输出脉冲发射"总线"对应的数据 $D_0 \sim D_{15}$,即可实现超声脉冲的发射。图 3.17 给出了超声脉冲产生的直接存储器模式的原理框图[6]。

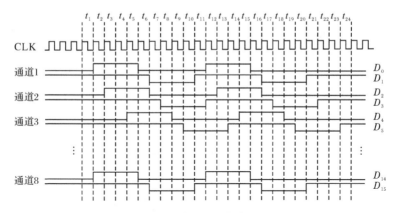

图 3.16　超声脉冲发射数据信号

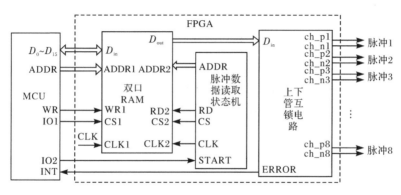

图 3.17　超声脉冲的存储器模式发射框图

从图 3.17 可以看出,MCU 首先根据超声信号发射模式,将预先需要发射的波形数据提前计算出来,然后通过 MCU 写入到双口 RAM 中。MCU 通过 IO2 口控制脉冲数据读取状态机,产生双口 RAM 的数据读取信号,让双口 RAM 依次输出图 3.16 所示的波形数据,即可实现超声脉冲信号的发射。为了避免 MCU 数据写入错误,导致 TC6320 的上下管同时导通,在双口 RAM 的数据输出口增加了上下管互锁电路,如果一旦发生有上下管同时导通的数据输出,互锁电路会立即封锁脉冲输出,同时以 ERROR 中断的形式通知 MCU。

从以上介绍的两种脉冲信号产生的方法可以看出:单稳脉冲发生模式具有电路简单的特点,但是如果发射通道数目较多的时候,整序网络将变得比较复杂,这将使得 FPGA 硬件资源的内部互联线消耗非常大。在某些场合,如果需要动态改变发射脉冲波形将变得比较困难。而采用存储器模式在发射通道数目较多的时候将具有明显的优势,这时可以充分利用 FPGA 内部的存储器资源,也可以不需要整序网络。因为存储器模式可以将不同子阵发射时的波形数据也存储到双口

RAM 中,然后通过设置不同的地址段,读取对应的波形数据。另外,采用直接存储器模式发射超声脉冲,可以在保持硬件拓扑结构不变的情况下,通过 MCU 动态配置双口 RAM 中的数据,通过 PWM 脉宽调制的方式,可以实现多种超声脉冲的发射,如 Golay 码、Barker 码的发射。当双口 RAM 读取数据的时钟 CLK 很高时,还可以通过 PWM 脉宽调制的方式,近似地模拟动态加权线性调频编码的发射[7]。

3.5　TR 接收电路

在超声诊断设备中,除多普勒 CW 血流检测设备外,绝大多数采用的都是收发共用换能器的方式。这就意味着大功率的超声发射电路必须与高灵敏的接收电路相连接。为了避免接收电路被高压发射脉冲所损坏,在超声前置放大器的前面就必须有一级隔离保护电路。这时就要求超声接收电路中的隔离保护电路必须满足两个特点:

(1) 大幅度的功率发射脉冲信号无法通过;

(2) 小幅度的超声回波信号允许无衰减的通过。

根据以上特点,图 3.18 给出了一种带接收控制的超声回波信号隔离电路。

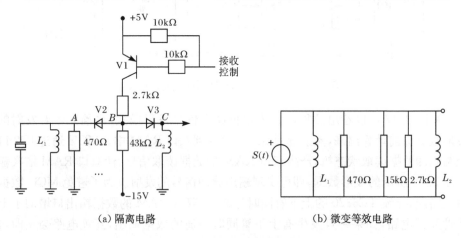

(a) 隔离电路　　　　　　　　　　(b) 微变等效电路

图 3.18　带接收控制的隔离电路

从图 3.18 可以看出,这是一个带接收控制的隔离电路。当接收控制端为高电平时,V1 截止,B 点电压为-15V,二极管 V2、V3 反偏,换能器上的回波信号无法传送到 C 点。当晶体管导通时,图 3.18 中的二极管 V2、V3 正偏,图 3.18(b) 即是隔离电路的微变等效电路,此时换能器上的小信号能够顺利通过 C 点,而大信号将被削去顶部和底部。由于发射的超声信号峰峰值一般都达到 100V,甚至更高,所以 V2、V3 需要选择具有较高击穿电压的二极管。

图 3.19 给出了一种桥式二极管的超声信号隔离电路及微变等效电路模型。

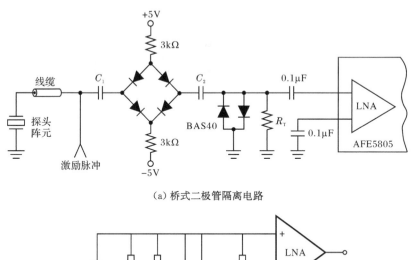

（a）桥式二极管隔离电路

（b）微变等效电路模型

图 3.19　桥式二极管隔离电路及等效模型

从图 3.19 可以看出,当正常工作时,桥式二极管的 4 个二极管正偏,通过 1.4mA 左右的电流,桥式二极管的两端分别与电容 C_1、C_2 连接,因此电流只能在 4 个二极管中流动,且桥式二极管与电容 C_1、C_2 端接处的电压为 0V。当高压激励脉冲施加在阵元上时,通过电容 C_1 作用在桥式二极管上,二极管在高压作用下处于反偏截止状态,因此高压脉冲信号无法到达 C_2 端,从而实现了对高压信号的隔离。当超声回波小信号作用于桥式二极管隔离电路时,其等效电路如图 3.15(b) 所示。电容 C_1、C_2 可视为短路,高频回波小信号直接通过桥式二极管隔离电路。因为超声回波信号一般都小于 0.3V,二极管 BAS40 的主要作用是进行快速箝位,将过载电压箝位在 ±0.3V,从而提高过载信号的恢复时间。由于后级的超声信号放大器(如 AFE5805)一般都是单电源供电,而超声回波小信号是双极性信号,所以需要通过电容对小信号进行隔离,在芯片内部进行偏置和放大处理。RT 是端接电阻,其作用是阻抗匹配和输入信号的噪声控制。

目前一些公司已经陆续推出了类似图 3.19 的多通道桥式二极管隔离电路如图 3.20 所示,典型的芯片有 TI 公司的 TX810。

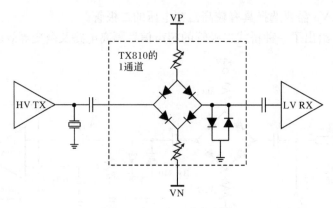

图 3.20　TX810 内部结构

该芯片集成了 8 通道保护二极管和箝位二极管,并且可以通过编程设置桥式二极管的偏置电流,在 400Ω 负载条件下提供了优化的插入损失。由于该芯片集成了 8 通道的隔离二极管与箝位二极管,可以有效简化超声回波隔离电路的设计。

3.6　时间增益控制电路

3.6.1　时间增益控制原理

超声波在人体组织的传播过程中会引起反射和吸收等能量的损失,因此超声在透射到人体组织深处时,其超声波的强度将逐渐衰减。相同反射系数的声反射界面,根据深度的不同,换能器所接收的回波信号也不同。为了使超声诊断设备显示器显示回波幅度能更好地反映组织界面的反射系数,这时就需要在回波信号的接收放大通道中插入随时间深度变换的增益放大电路,通常称为时间增益控制(time gain control,TGC),有的地方也称为灵敏度时间控制(sensitivity time control,STC)。

实验表明,人体的各种组织对超声波的吸收系数有很大差异,一般来说,人体各种软组织的吸收系数为 $0.6\sim0.7\text{dB}/(\text{cm}\cdot\text{MHz})$。因此,如果采用较高的超声发射频率,如 $5\sim7.5\text{MHz}$ 时,超声波的波长很小,可以获得较高的探测分辨率,但是由于信号衰减太快,探测深度将受到限制。对于探测深度大于 200mm 时,超声发射频率应低于 3.5MHz,否则对超声波衰减进行补偿的电路将变得非常困难。图 3.21 给出了探测体模时的 3.5MHz 超声回波信号随着探测深度增加而衰减的示意图。

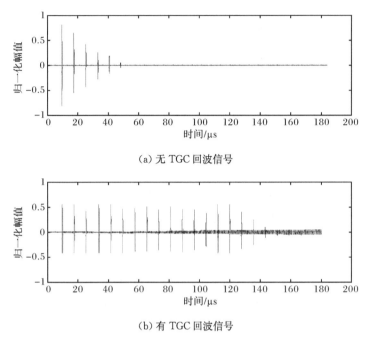

(a) 无 TGC 回波信号

(b) 有 TGC 回波信号

图 3.21　有无 TGC 回波信号示意图

从图 3.21 可以看出,当没有 TGC 时,超声回波信号快速衰减,很快就淹没在白噪声中。而有 TGC 时,超声回波信号的幅度虽然快速衰减,但是 TGC 却对回波信号进行了时间增益上的反向补偿,这样就可以有效避免探测回波信号的快速衰减,从而提高探测深度。

由于超声波的吸收系数为 0.6~0.7dB/(cm·MHz),声速 c 为 1540m/s,对于 3.5MHz 的回波信号可知,其衰减系数大约为 0.35dB/μs,对于探测深度为 240mm(320μs)时,超声波的衰减大约为 100dB,而 LNA 前置放大器的增益一般为 20dB,TGC 电路的动态范围一般为 40dB,随着探测深度的增加,放大器增益逐步扩大,电子电路的噪声也随之放大,所以回波信号仍将淹没在白噪声中,如图 3.21(b)所示。

3.6.2　时间增益控制电路的设计

针对人体组织对超声波的吸收衰减,可以得到超声回波信号在人体软组织内部的衰减函数曲线示意图,如图 3.22 所示。

为了实现超声回波的衰减补偿,需要设计出与衰减互补的增益补偿曲线如图 3.22 中的虚线所示,然后用此曲线去控制 VCA 增益放大器,从而实现对回波信号的放大。目前许多公司已经针对超声应用推出了 VCA 增益放大器,如 AD605、

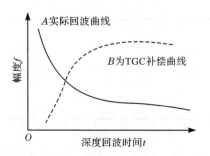

图 3.22　超声回波信号衰减与补偿曲线

VCA2616 等芯片。所以设计人员在电路的设计过程中,需要关心的是如何产生 TGC 增益补偿曲线去控制 VCA 增益放大器,实现对回波信号的放大。

　　在临床应用中,医生在诊断疾病的过程中,往往对某一局部病变区域感兴趣,这时需要进一步调节该区段回波信号的放大增益,看清病变的局部细节。这时就需要在 TGC 电路中增设局部增益调节电路,通过电位器对不同区段回波信号的强度进行有效控制。在有局部增益调节电路的超声图像中,该区段的诊断显示更清晰,有助于提高图像诊断的效果。图 3.23 给出了 8 段可调 TGC 控制曲线生成的原理框图。

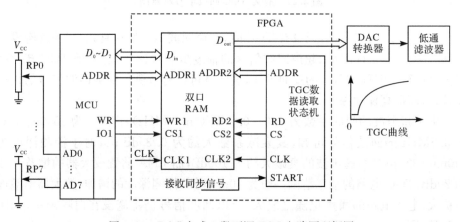

图 3.23　DAC 方式 8 段可调 TGC 电路原理框图

　　从图 3.23 可以看出,该 DAC 方式的 8 段可调 TGC 电路原理框图没有采用传统的模拟电路控制方式,在设计中充分利用了 MCU 和 FPGA 的重用性。通过 MCU 采集 8 个电位器的电压变化,根据 AD 转换器采集的数据修正 TGC 曲线数据,然后将曲线数据写入到 FPGA 内部的双口 RAM 中。当 TGC 数据读取状态机收到超声回波信号的接收同步信号后,依次从双口 RAM 中读取 TGC 曲线数据,然后经 DAC 转换器和低通平滑滤波器后,即可输出 TGC 曲线。

　　在一些控制场合,为了充分节约 FPGA 的数据口线,可以采用脉宽调制的方式产生 TGC 曲线,具体实现方案如图 3.24 所示。

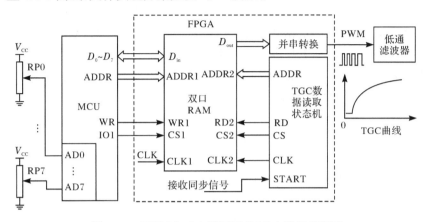

图 3.24　PWM 方式 8 段可调 TGC 电路原理框图

　　从图 3.24 可以看出,该 PWM 方式的 8 段可调 TGC 电路原理框图通过 MCU 采集 8 个电位器的电压变化,根据 AD 转换器采集的数据修正 TGC 曲线数据,然后根据曲线数据按图 3.25 所示的方法计算得到 PWM 口的串行数据输出,再将此串行输出的数据依次写入到 FPGA 内部的双口 RAM 中。当 TGC 数据读取状态机收到超声回波的接收同步信号后,依次从双口 RAM 中读取 TGC 曲线的 PWM 数据,经并串转换后从 FPGA 的 IO 口输出 PWM 波,然后经低通滤波器后即可输出 TGC 控制曲线,如果需要提高 TGC 曲线的控制精度,则通过提高串行数据的码流速度即可实现。

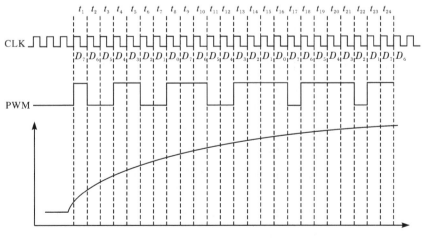

图 3.25　PWM 方式的串行数据计算示意图

DAC 方式与 PWM 方式都能产生 TGC 控制曲线。这两种方案的共同优点是 TGC 曲线可以任意动态配置,也适合系统动态升级的需要。DAC 控制与 PWM 控制方式相比,DAC 控制方式更直观,程序设计相对简单,而 PWM 方式的程序设计相对复杂,这是因为要根据 TGC 的曲线去计算 PWM 波的脉宽,然后将此脉宽视为串行数据,再将串行数据变为并行数据存储进双口 RAM 中。但是 PWM 方式的外围电路却很简单,只需对 FPGA 的 IO 口输出的方波进行简单的低通平滑滤波即可实现 TGC 控制曲线。

3.7　高速 AD 转换

超声成像一般都是采用合成孔径成像。在合成孔径成像中,一般来说,接收通道越多,成像效果越好。目前常用的超声成像系统中,一般采用了 24 通道、32 通道的 AD 转换,在一些高端场合,AD 转换通道数可达 48 通道、64 通道或者更高。AD 转换通道数量的增加,使得 AD 转换器的控制也变得相应复杂。早期的 AD 转换器大多选择并行 AD,采用 FPGA 单独控制,如图 3.26 所示。

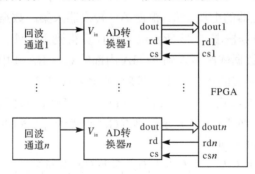

图 3.26　多通道并行 AD 转换方案

从图 3.26 可以看出,采用 FPGA 对每个 AD 通道进行独立控制,需要 FPGA 的数据 IO 口线非常多。该方案的好处是:每个 AD 可以独立控制,在接收回波信号进行动态聚焦的时候,可以采用非均匀采样方式进行动态聚焦,也可以采用同步采样的内插法进行动态聚焦。但是当 AD 转换通道数增加到 48 通道、64 通道时,超声回波的硬件采集系统体积就变得非常庞大了。

近年来,随着芯片集成电路制造技术的迅速发展,芯片间高速串行通信技术逐步得到普及。针对数字超声的应用,各大厂商相继推出了多通道高速 AD 转换器的集成芯片,如 ADS5282 等。针对超声影像系统的应用,ADI 与 TI 等厂商相继推出了 AD9271、AFE5805 等具有代表性的数字超声模拟前端集成芯片。这类芯片内部一般集成了 8 通道的高速 AD 转换器,为了减少体积和 AD 数据通信线,一般都采用了 LVDS 的串行通行接口与 FPGA 连接,如图 3.27 所示。

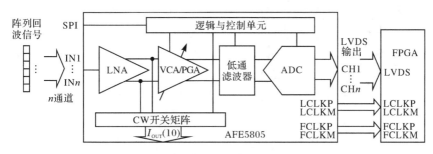

图 3.27　多通道 LVDS 串行 AD 转换方案

从图 3.27 可以看出,由于该方案采用了 LVDS 接口与 FPGA 进行数据交换,每路 AD 转换结果通过一对 LVDS 差分线进行传输,所以与 FPGA 的连线相对较少。由于 1 片 AFE5805 的芯片中集成了 8 路同步 12 位 AD,所以当 AD 转换通道数增加到 48 通道、64 通道时,硬件采集系统的体积和布线复杂度可以降低很多。但是该方案中的每路 AD 不能独立控制,也就是说在接收信号动态聚焦的时候,不宜采用非均匀采样的方式进行动态聚焦,应当采用同步采样的内插法在 FPGA 内部进行动态聚焦。

3.8　接收整序网络

根据前面所述的在顺序扫描成像过程中,首先是把 1~8 阵元作为第 1 子阵,2~9 阵元作为第 2 子阵,3~10 阵元作为第 3 子阵,…,最后一个子阵为 57~64 阵元。在超声发射过程中,由于超声发射电路通过高压开关 HV20220 共用,需要对 FPGA 输出的发射信号进行整序处理,才能确保超声信号聚焦发射的顺序扫描。同理,在超声信号的接收过程中,考虑到硬件成本的因素,一般采用类似于超声发射的方案,多个阵元共用一个接收通道。这时就需要在接收环节处增加接收整序网络,超声回波信号经过接收整序网络处理后,才能进行后续的波束合成等处理。

本节仍以 64 阵元、8 个发射通道、8 个接收通道为例来说明接收整序网络的工作原理。根据图 3.9 的 8 通道 64 阵元顺序扫描时的阵列开关连线示意图可知,8 个发射通道与 8 个接收通道直接相连,由于 TR 接收电路与脉冲发射电路相连接,所以当 1~8 阵元发射接收时,发射信号与接收回波信号的时延关系如图 3.28 所示。

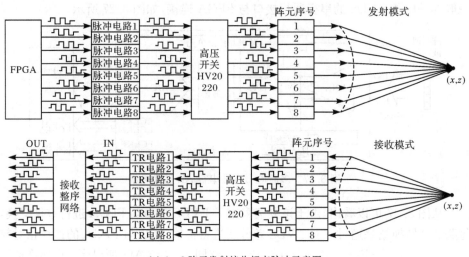

(a) 1～8 阵元发射接收超声脉冲示意图

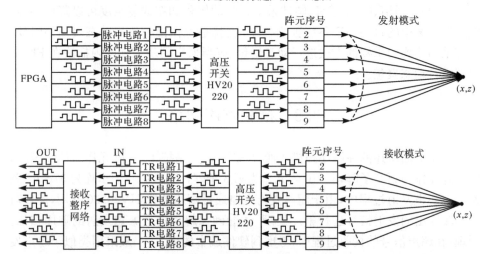

(b) 2～9 阵元发射接收超声脉冲示意图

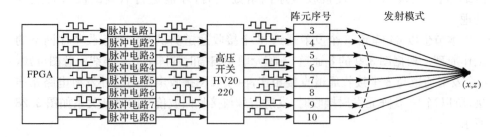

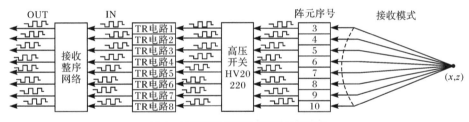

(c) 3～10 阵元发射接收超声脉冲示意图

图 3.28 顺序扫描发射接收子阵脉冲时序图

从图 3.28 可以看出,接收整序网络的实质就是确保每个子阵中各个阵元接收回波信号的时延关系保持不变。由于各个子阵接收的回波信号经过高压开关网络 HV20220 返回到 TR 接收网络时,各个通道的顺序却发生了改变,所以需要经过接收整序网络,使经过整序网络后输出 8 个通道信号的时延关系与子阵输出的信号时延关系保持一致。因此,当各个子阵发射与接收共用信道时,接收整序网络输入输出对应关系如表 3.2 所示。

表 3.2 接收整序网络输入输出映射表

输入脉冲 ＼ 输入状态 $S[2..0]$	OUT							
	000	001	010	011	100	101	110	111
IN1	OUT1	OUT8	OUT7	OUT6	OUT5	OUT4	OUT3	OUT2
IN2	OUT2	OUT1	OUT8	OUT7	OUT6	OUT5	OUT4	OUT3
IN3	OUT3	OUT2	OUT1	OUT8	OUT7	OUT6	OUT5	OUT4
IN4	OUT4	OUT3	OUT2	OUT1	OUT8	OUT7	OUT6	OUT5
IN5	OUT5	OUT4	OUT3	OUT2	OUT1	OUT8	OUT7	OUT6
IN6	OUT6	OUT5	OUT4	OUT3	OUT2	OUT1	OUT8	OUT7
IN7	OUT7	OUT6	OUT5	OUT4	OUT3	OUT2	OUT1	OUT8
IN8	OUT8	OUT7	OUT6	OUT5	OUT4	OUT3	OUT2	OUT1

根据接收整序网络的功能特点,给出了两种接收整序网络的实现方案:一种是模拟矩阵开关网络实现接收信号的整序;另一种是采用数字网络进行整序。采用模拟矩阵开关网络实现接收信号的整序方案如图 3.29 所示。

从图 3.29 可以看出,TR 接收电路接收回波信号后,经过模拟矩阵开关 MT8816 按表 3.2 进行整序处理,回波信号经整序处理后,考虑到左右对称的特点,可以对回波信号进行对称相加求和,如图 3.30 所示。

采用图 3.30 所示的接收预放与求和电路,使集电极输出的信号电流正比于基极输入电压。因此,上述电路其实是一种电流型放大器,它的输出将与接收整序电路相连,这样可以消除整序开关网络导通电阻不一致及温度漂移的影响。由于该电路是电流型输出,当信号经整序处理后,可以直接进行两个对称阵元回波

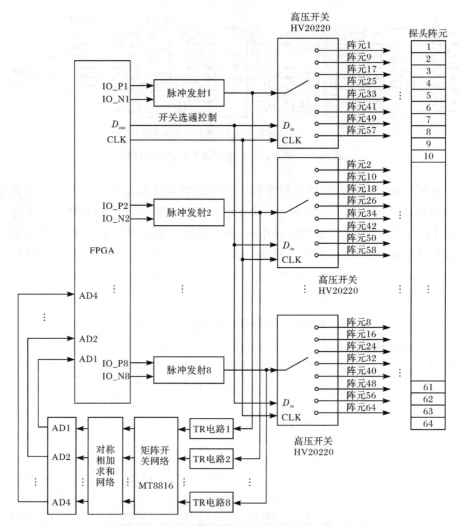

图 3.29　模拟矩阵开关整序接收网络框图

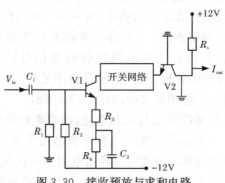

图 3.30　接收预放与求和电路

信号的相加。从图 3.30 中还可以看出,采用对称相加求和后,AD 转换通道数可以降低 1 倍,因此该方案可有效降低硬件成本。

　　数字矩阵开关网络实现接收信号的整序方案如图 3.31 所示。从图 3.31 可以看出,TR 接收电路接收回波信号后,直接经过模拟前端芯片 AF5805,实现对回波信号的放大与采样,然后在 FPGA 内部实现各个通道的整序,整序电路可以采用 VHDL 或 Verilog 语言实现表 3.2 的整序映射关系,然后进行对称相加[8]。该方案省去了模拟矩阵开关整序网络,外围电路设计简单,但是 AD 转换器的数量却不能减少。

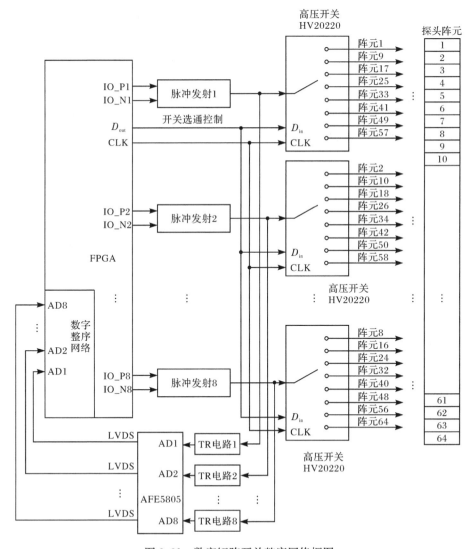

图 3.31　数字矩阵开关整序网络框图

当接收回波信号完成整序处理与离散化处理后,就可以进行回波信号的波束合成及后处理了。

参 考 文 献

[1] 刘荔. 全数字 B 超诊断仪中数字信号处理的 FPGA 设计与实现[硕士学位论文]. 杭州:浙江大学,2006.

[2] Jensen J A, Munk P. A new method for estimation of velocity vectors. Ultrasonics, IEEE Transactions on Ferroelectrics and Frequency Control ,1998,45(3):837—851.

[3] von Ramm O T, Smith S W. Beam steering with linear arrays. IEEE Transactions on Biomedical Engineering,1983,(8):438—452.

[4] Endo I, et al. Design of transformerless quasi-board-band matching networks for lumped complex loads using nonuniform transmission lines. IEEE Trans. Microwave Theory Tech. , 1988,36(4):629—634.

[5] O'Donnell M, Shapo B M, Eberle M J, et al. Experimental studies on an efficient catheter array imaging system. Ultrasonic Imaging,1995,17(2):83—94.

[6] Jensen J A, Holm O, Jensen L J, et al. Experimental ultrasound system for real-time synthetic imaging. Ultrasonics Symposium, Proceedings IEEE,1999,2:1595—1599.

[7] Thomenius K E. Evolution of ultrasound beamformers. Ultrasonics Symposium, Proceedings IEEE,1996,2:1615—1622.

[8] Tomov B G, Jensen J A. Delay generation methods with reduced memory requirements. Medical Imaging 2003, International Society for Optics and Photonics, New York,2003:491—500.

第4章　数字波束合成技术

数字波束合成技术在数字超声成像系统中,历年来都是超声成像研究的热点技术,同时也是超声系统数字化技术中最为重要的技术。该技术领域主要包括动态聚焦技术、幅度变迹技术和动态孔径技术等环节,每个环节的实现都有一定的难度。高质量的波束合成方法对于提高图像的分辨率、增加动态范围、降低随机噪声、获得较佳的超声图像质量都起着决定性的作用。

4.1　延时叠加波束形成

超声成像系统中所采用的探头传感器实际上是一个阵列,一般由多个阵元组成,每个阵元都是一个传感器,可以发射和接收能量。空间中每一点的场强都是各个阵元辐射声场的叠加,通过控制每个阵元,使其发射或接收信号的时间、大小不同,以形成不同的辐射声场。

延时叠加(delay and sum, DAS)波束形成[1],其本质就是对接收的回波信号进行适当的延时求和,从而达到成像的目的,它是超声系统中最传统、最简单,也是应用最广泛的成像方法,其形成过程如图4.1所示。

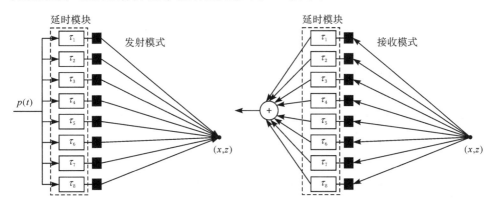

图 4.1　延时叠加波束形成过程

超声传感器阵列对发射信号进行适当延迟,使每个阵元发射的超声信号达到场中某点的时间正好一致,这样就形成了一个聚焦点。焦点处的声波信号叠加最强,而焦点区域以外的声波信号叠加减弱,甚至消失。当阵元发射聚焦的超声波束传播到人体后,由于人体内部组织结构的非均匀性而产生反射回波,超声接收系统对反射回波再进行接收聚焦处理,最后生成图像。

数字 B 型超声成像系统通常使用凸阵探头,以获得较宽泛的探测视野。因此,下面将以凸阵探头为例,通过延时叠加波束形成的方法来计算探头中各个阵元的聚焦延时时间。

设凸阵探头曲率半径为 R,阵元数目为 N,相邻两阵元的中心间距离为 d,则相邻两阵元对应夹角为 $\beta \approx d/R$,P 为聚焦焦点,如图 4.2 所示,一般为了计算后结果具有对称性,都会取 P 点在子阵的中心轴线上,子阵中第 i 阵元与子阵中心间夹角为 β_i。

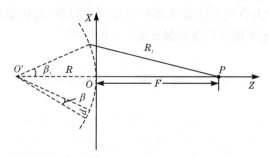

图 4.2　凸阵探头聚焦延时计算示意图

i 为阵元序号,当 N 为偶数时:
$$\beta_i = (|i| - 0.5)\beta, \quad i = 0, \pm 1, \pm 2, \pm 3, \cdots, \pm N/2 \tag{4.1}$$
当 N 为奇数时:
$$\beta_i = |i|\beta, \quad i = 0, \pm 1, \pm 2, \pm 3, \cdots, \pm (N-1)/2 \tag{4.2}$$
从子阵中心到焦点 P 的距离为焦距 F,第 i 个阵元到焦点 P 的距离 R_i 为
$$R_i = [R^2 + (R^2 + F^2) - 2R(R+F)\cos\beta_i]^{1/2} \tag{4.3}$$
第 i 阵元与子阵中心的声程差 ΔR_i 为
$$\Delta R_i = [R^2 + (R^2 + F^2) - 2R(R+F)\cos\beta_i]^{1/2} - F \tag{4.4}$$
根据延时叠加波束形成的原理,为了使 N 个阵元的辐射声波在 P 点都能同相位叠加,获得最大振幅,则第 i 个阵元的延迟时间 τ_i 为
$$\tau_i = t_0 - \Delta R_i / c \tag{4.5}$$
其中,c 为人体软组织中的平均声速[2],t_0 为避免出现负延迟而引入的一个足够大的延迟时间。

4.2　聚　焦　技　术

数字波束合成中的聚焦技术包括三种:定点聚焦、动态聚焦、分段动态聚焦,分别研究这三种聚焦方式,比较它们的实现过程,以及所得到的超声图像质量效果。

4.2.1　聚焦技术的实现过程

定点聚焦是指超声信号在发射模式和接收模式下,都只对一点进行聚焦,两者可以不是同一点,定点聚焦过程如图 4.3 所示。

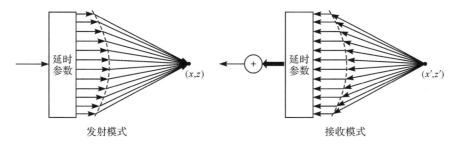

图 4.3　定点聚焦

动态聚焦一般是指超声信号在发射模式下只对一点进行聚焦,而在接收模式下,动态地聚焦分布在声束轴线上的多个回波点,甚至对声束轴线上的每一个回波点都进行聚焦,即为逐点聚焦,动态聚焦过程如图 4.4 所示。

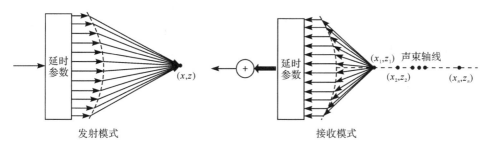

图 4.4　动态聚焦

分段动态聚焦是指将空间划分为多个区域,超声信号在发射模式下每次对一个区域的一点聚焦,同时在接收模式下,动态地聚焦该区域声束轴线上的多个回波点,分段动态聚焦过程如图 4.5 所示[3]。

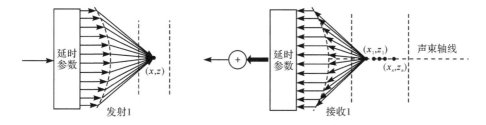

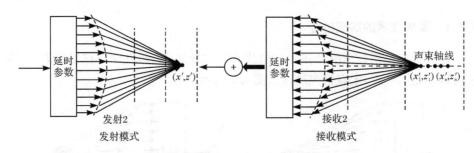

发射2
发射模式

图 4.5　分段动态聚焦

这里需要说明的是,为什么一般不在发射模式下也动态地形成多个发射焦点。因为声波的传播需要时间,如果仅对一帧图像而进行多次发射聚焦,即使不考虑系统处理过程所用的时间,超声信号来回传输所消耗的时间也非常大,这样的系统虽然可以提高图像清晰度,但是成像速度太慢,无法实时成像。而分段动态聚焦的分段发射方式也会降低系统成像的帧率。因此,对于医学超声成像系统而言,分段发射时的分段数一般不会超过四段。

比较三种聚焦方式的工作过程,可以得知:定点聚焦在发射模式和接收模式下都只需要一组延时参数;动态聚焦在发射模式下只需一组延时参数,但在接收模式下,随着焦点位置的变化,需要多组延时参数;分段动态聚焦在发射和接收模式下都需要多组延时参数,三种聚焦方式(定点聚焦、分段动态聚焦、逐点聚焦)对延时参数量的要求显著增加,实现的复杂度也依次递增,对成像系统处理能力的要求也是逐步递增。

4.2.2　声场分布的计算

图像分辨率通常是评价图像质量的重要标准之一,在超声成像系统中的图像横向分辨率则是由超声波束的声场分布决定的。超声波束声场分布的计算根据不同的探头类型有不同的计算方法。常见的探头类型包括连续曲线阵、连续曲面阵、连续体性阵和离散阵四大类。目前大多使用的凸阵探头属于离散阵探头,其超声波束归一化的声场分布计算公式为

$$D(x,z) = \frac{\left| \sum_{i=1}^{N} \widetilde{A}_i \exp(-j\Delta\phi_i) \right|}{\left| \sum_{i=1}^{N} \widetilde{A}_i \right|} \tag{4.6}$$

由于超声信号的发射和接收是互易的,该公式可以同时用于求解发射和接收时所形成的超声波束声场。下面以凸阵探头为例,具体说明式(4.6)中各变量的含义,建立如图 4.6 所示的凸阵探头声场计算示意图,发射聚焦点 F 在 Z 轴上,Z 轴为声束轴线方向。

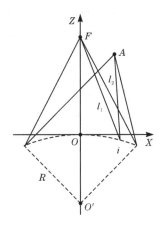

图 4.6 凸阵探头声场计算示意图

那么,在式(4.6)中,N 为探头子阵元数,$\widetilde{A}_i$ 为离散阵第 i 个阵元的响应复振幅,$\Delta\phi_i$ 为第 i 个阵元在点 A 与焦点 F 的声波相位差,$\Delta\phi_i=2\pi f_c(l_2-l_1)/c$,$f_c$ 为探头发射超声波的中心频率,l_2、l_1 分别为阵元 i 到 A 点和焦点 F 的距离[4]。

4.2.3 凸阵探头的仿真

凸阵探头参数,参考图 4.2 和图 4.6,超声波的中心频率 $f_c=3.5\text{MHz}$,探头曲率半径 $R=60\text{mm}$,阵元间距 $d=0.48\text{mm}$,声速 $c=1540\text{m/s}$,复振幅 $\widetilde{A}_i=1$,阵元数 $N=32$,探测范围为 20~200mm,图 4.7 为凸阵探头的声场分布示意图。图 4.7(a)对应焦点 $F(0,60)\text{mm}$ 处的声场分布,图 4.7(b)对应焦点 $F(0,120)\text{mm}$ 处的声场分布。

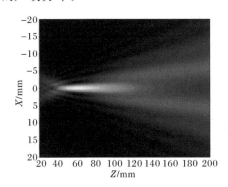

(a) 焦点 $F(0,60)\text{mm}$

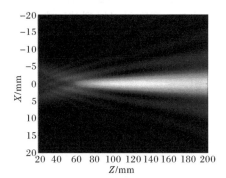

(b) 焦点 $F(0,120)\text{mm}$

图 4.7 凸阵探头的声场分布示意图

图 4.7 中,横轴 Z 表示深度变化方向,纵轴 X 表示探头横向变化方向。图像中颜色向白色变化的区域,表示声波在该区域幅值叠加增大,直至最大;颜色向黑色变化的区域,表示声波在该区域幅值叠加减小,直至最小。因此从图 4.7 中可以明显看出对于不同的聚焦点,形成的声场完全不同,能够聚焦的区域也不同。因此,一般大多采用波束宽度和旁瓣级来描述声场分布的特点。

波束宽度:指两侧的声场幅值相对声束轴线方向上的极大值下降 3dB(半功率点)的宽度,该宽度值即是超声成像系统中图像横向分辨率的大小。

旁瓣级:声场分布图中最大旁瓣幅值归一化的数值,它的大小反映了旁瓣方向上占据总辐射能量比例的多少,即伪像信息量的多少。

取图 4.7(b)中深度 $Z=120$mm 的截面图,反映两个参数的大小,如图 4.8 所示。在该深度下,波束宽度约 4mm,旁瓣级约为 -13dB。

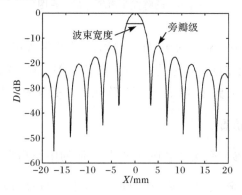

图 4.8　凸阵探头深度 $Z=120$mm 的声场分布

由于引入了波束宽度的概念,接下来将要分析研究三种聚焦方式的成像分辨率,对比它们得到的超声图像质量。根据波束宽度的定义,由图 4.7 凸阵探头的声场分布示意图可以得到其波束宽度如图 4.9 所示。

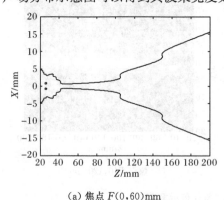

(a) 焦点 $F(0,60)$mm

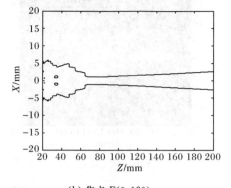

(b) 焦点 $F(0,120)$mm

图 4.9　定点聚焦波束宽度示意图

　　图 4.9 可以看做采用定点聚焦时得到的图像分辨率大小。因此,在定点聚焦时,无论是发射模式下,还是接收模式下,将焦点位置取在探测区域的中远场,相对来说能够在探测全程都获得较好的图像分辨率。

　　动态聚焦时,接收模式下的焦点是在声束轴线上变化的,这里的声束轴线就是 Z 轴。假设焦点在探测深度 20～200mm 内以 1mm 为步距变化,探头的参数不变,可以得到如图 4.10 所示的采用动态聚焦方式的波束宽度示意图。从图 4.10 中能够明显看出,动态聚焦在接收模式下的图像分辨率在整个探测全程都有非常好的效果,这就是在接收聚焦需要采用动态聚焦的根本原因。

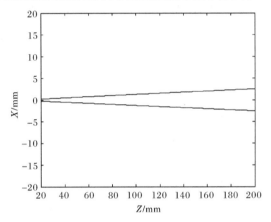

图 4.10　动态聚焦接收模式波束宽度示意图

　　分段动态聚焦时,在发射模式下采用分段发射的方式,这里以分两段为例,在 20～80mm 的深度内,发射焦点取 60mm,在 80～200mm 的深度内,发射焦点取 120mm,得到如图 4.11 的分段发射下的波束宽度示意图。从图 4.11 可以看出,分段发射能够明显改善定点发射的波束宽度,从而可以提高图像的分辨率。

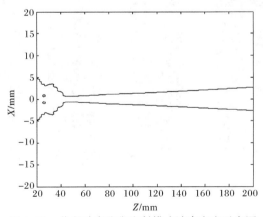

图 4.11　分段动态聚焦发射模式波束宽度示意图

4.2.4　超声图像的仿真

简单地从三种聚焦方式的波束宽度示意图中,不能直观看到图像的效果。因此,通过超声的图像仿真,进一步比较三种聚焦方式的成像效果。仿真成像是基于丹麦理工大学快速超声成像(FUI)实验室提供的 Field Ⅱ 仿真平台来实现。Field Ⅱ 是基于线性系统空间响应原理,它的仿真效果与实际成像很接近,已被国际上广泛认同为仿真超声系统的标准。目前许多组织和公司都在使用它,包括 Philips、Siemens、GE 和 Aloka。

Field Ⅱ 仿真参数设置为:凸阵探头参数不变,超声波的中心频率 $f_c=$ 3.5MHz,探头曲率半径 $R=60$mm,阵元间距 $d=0.48$mm,声速 $c=1540$m/s,阵元数 $N=32$,10 个空间反射点坐标为(0,20),(0,40),(0,60),(0,80)(0,100),(0,120),(0,140),(0,160),(0,180),(0,200)。

图 4.12 中的(a)、(b)、(c)、(d)四个小图分别是三种聚焦成像方式下得到的超声仿真图像。(a)和(b)是采用定点聚焦方式,(a)的发射和接收焦点都为(0,60)mm,(b)的发射和接收焦点都为(0,120)mm,(c)采用动态聚焦方式,发射焦点为(0,120)mm,接收焦点以 2mm 为步距均匀分布在探测深度 20～200mm 上,(d)采用分段动态聚焦方式,分两段发射:①区域 1:深度 20～80mm,发射焦点深度 60mm;②区域 2:深度 80～200mm,发射焦点深度 120mm,接收焦点以 2mm 为步距均匀分布在探测深度 20～200mm 上。

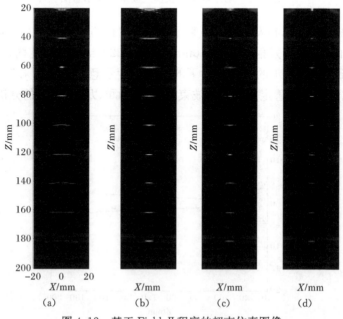

图 4.12　基于 Field Ⅱ 程序的超声仿真图像

通过对比图 4.12 中三种聚焦方式的超声仿真图像,可以得出结论:定点聚焦方式的超声图像质量效果最差;动态聚焦方式的超声图像质量较好;分段动态聚焦方式的超声图像质量最好。

最后需要说明的是,三种聚焦方式最终得到的超声图像质量,都将受到发射焦点位置的影响;定点聚焦方式的成像还受接收焦点位置的影响,动态聚焦方式成像还受接收焦点步距的影响,分段动态聚焦方式不但受接收焦点步距的影响,更是与发射分段数以及分段区域相关。因此,在实际超声成像应用中需要灵活调整各自的影响因素。但是总体来说,得到的图像质量效果是:分段动态聚焦方式最优,动态聚焦方式次之,定点聚焦方式最差。

4.3　动态聚焦的工程实现方法

横向分辨率是决定超声图像质量的重要因素之一。在超声成像系统中,聚焦的本质就是对不同通道接收到的回波信号施加特定的延时后再相加求和,得到目标点的聚焦信号。假定声束轴线上有两个强反射的目标点(图 4.13(a))和对应的回波波形如图 4.13(b)所示,动态延时叠加的结果如图 4.13(c)所示。

动态聚焦是针对分布在声束轴线上的多个回波点进行聚焦,当动态聚焦针对声束轴线上的每一个回波点都进行聚焦,便成为逐点聚焦。逐点聚焦是动态聚焦的极限情况,能够最大限度地提高图像的横向分辨率。因为在聚焦的过程中,需要在极短的时间内实时调整每一个接收通道的 AD 采集数据的延时时间,而每个通道的延时时间又是实时动态变化的,这就是逐点聚焦在工程实现中存在一定技术难度的根源所在。

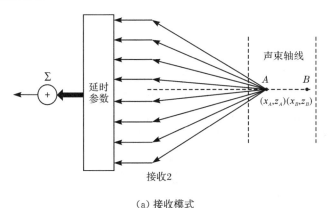

(a) 接收模式

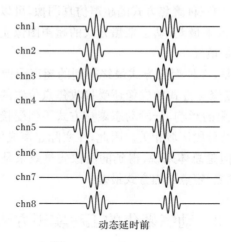

动态延时前

(b) 声束轴线上的目标点 A、B 与各通道回波

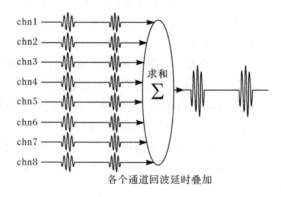

各个通道回波延时叠加

(c) 声束轴线上的目标点 A、B 动态延时叠加

图 4.13　声束轴线上的目标点动态聚焦

　　为了实现高精度的逐点聚焦,首先必须解决各个通道逐点聚焦延时参数生成的问题。目前主要的解决方案有两种:一种是实时计算;另一种是对聚焦延时参数进行存储。迈瑞超声的数字波束合成系统中,各个阵元逐点聚焦延时参数采用实时计算。该方法虽然减少了数据的存储量,但是聚焦延时参数的实时计算涉及复杂的乘法运算,随着聚焦通道数目的增加,硬件资源消耗急剧增加。虽然采用 CORDIC 迭代算法可以避免乘法运算,但是对于硬件资源的消耗依然很大。

　　本节介绍两种实现聚焦延时参数的生成方法:一种方法是通过对聚焦延时参数的实时修正来获得聚焦延时参数;另一种方法是根据逐点聚焦的延时时间函数 $\tau_i(F, \beta_i)$ 的特点,对逐点聚焦的延时时间进行分解,通过存储相邻阵元的相对聚焦延时时间的初始值,以及相对延时时间发生变化所对应的位置序号来完成对聚焦延时参数的压缩存储。在逐点聚焦的过程中,这两种方法实时生成各个通道所需的聚焦延时参数,从而实现高精度的逐点聚焦。这两种方法在大幅度降低各个通道延时数据存储量的同时,有效避免了复杂的乘法运算,极大地降低了对硬件资源的消耗,甚至可以直接在一块低容量、低密度的 FPGA 中直接实现多通道的逐点聚焦。

以常见的 128 阵元凸阵探头为例来说明 16 通道电子聚焦延迟参数的计算,如图 4.14 所示。

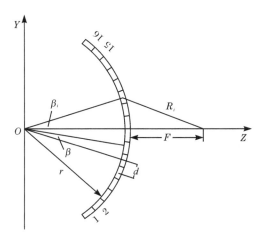

图 4.14　凸阵换能器聚焦延时 τ 的计算示意图

假设凸阵半径 r 为 60mm,阵元间距 d 为 0.48mm,子阵阵元数 k 为 16,探测深度 L 为 240mm,超声波在人体软组织中的平均速度 c 为 1540m/s,焦距 F(从子阵中心到焦点 P 的距离),相邻阵元之间的夹角 $\Delta\beta$ 为

$$\Delta\beta=\frac{d}{r}=0.008 \tag{4.7}$$

根据式(4.7),可以得出第 i 阵元与聚焦中心线之间的夹角为

$$\begin{cases}\beta_i=|i-(k+1)/2|\times\Delta\beta \\ 0.004<\beta_i\leqslant 0.06\end{cases}\quad i=1,2,\cdots,16 \tag{4.8}$$

根据三角函数余弦定理,可以计算出第 i 阵元的延时时间

$$\tau_i(F,\beta_i)=(\sqrt{r^2+(r+F)^2-2r(r+F)\cos\beta_i}-F)/c \tag{4.9}$$

设 AD 转换器速度 f_s 为 50MHz,实现逐点聚焦需要对声束轴线上的每一个回波点都进行聚焦,因此聚焦线上聚焦点间隔 ΔF 为

$$\Delta F=c/2/f_s=0.0154\text{mm} \tag{4.10}$$

采用子阵为 16 阵元的中心对称接收方式,根据式(4.7)~式(4.10)可以计算

出 16 通道的逐点聚焦延时时间,考虑到接收通道左右中心对称的特点,仅列出聚焦深度 2～240mm 的 1～8 通道逐点聚焦延时参数 $\tau_i(F,\beta_i)$,如表 4.1 所示,聚焦延时曲线如图 4.15 所示。

表 4.1　1～8 通道的逐点聚焦延时参数　　　　　　　（单位:ns）

序号	深度/mm	聚焦通道							
		τ_1	τ_2	τ_3	τ_4	τ_5	τ_6	τ_7	τ_8
1	2.0000	1409	1136	875	630	409	222	84	10
2	2.0154	1404	1131	871	627	407	221	84	10
⋮	⋮	⋮	⋮	⋮	⋮	⋮	⋮	⋮	⋮
15454	239.9762	88	66	47	32	19	10	4	0
15455	239.9916	88	66	47	32	19	10	4	0

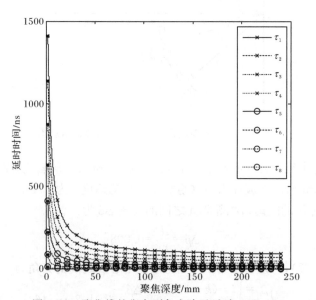

图 4.15　聚焦线的焦点到各个阵元延时 $\tau_i(F,\beta_i)$

　　从表 4.1 可以看出:如果对表 4.1 数据直接存储,虽然聚焦延时参数的存储容量本身不大,但是对于存储带宽却有很苛刻的要求。仔细观察表 4.1 中的数据可以发现:在近场聚焦的时候,8 个通道的聚焦延时数据都在实时发生变化,其最大的数据更新速率 S_{refresh} 为

$$S_{\text{refresh}}=f_s\times k=50\times16=800(\text{MB/s})$$

随着聚焦精度要求的不断提高,目前超声影像系统的聚焦通道数已达到 64

通道,这时在近场则要求存储器带宽的更新速率将超过 3GB/s。在这样一个高带宽的场合,将使得聚焦延时参数在单片存储器上进行存储变得难以实现。

所以,如果对表 4.1 中的数据采用直接存储的方法,不能采用单片存储器,而必须采用 8 片 16bit 的存储深度为 16KB 的数据存储器,如果再加上每个通道逐点聚焦所需的插值电路,以及相关的外围控制电路,硬件资源的需求将变得复杂。随着 32 通道、64 通道超声影像系统的推广,直接对延时聚焦参数进行存储的方法显然是不可行的。

超声逐点聚焦的核心是根据这些高速实时变化的通道延时参数对各个 AD 转换通道的数据进行动态的延时叠加,可表示为式(4.11):

$$f(kT) = \left(\sum_{n=0}^{N-1} X_n(t-\tau_n) \right) \delta(t-kT) \tag{4.11}$$

其中,T 为 AD 采样间隔;X_n 为第 n 通道的接收回波;k 为整数。根据简单的数学变换,式(4.11)可以改写为

$$f(kT) = \left(\sum_{n=0}^{N-1} X_n(t) \right) \delta(t-(kT-\tau_n)) \tag{4.12}$$

所以,超声逐点聚焦就存在两种方法:一种是对各个 AD 转换通道进行动态延时转换控制,然后对转换结果进行直接相加,即非均匀采样;另一种是控制各个通道的 AD 转换器进行同步采样,在 FPGA 内部对各个 AD 通道的数据进行动态延时叠加[5]。

根据第 3 章的分析,超声系统的 AD 采集硬件结构有两种:一种方案是 FPGA 独立控制每个 AD 转换器进行非均匀采样;另一种是 FPGA 控制所有的 AD 转换器进行同步采样。针对这两种不同的 AD 采集方案,下面主要介绍两种动态聚焦的方法:非均匀采样法和均匀采样内插法的动态聚焦。

4.4 非均匀采样法动态聚焦

所谓非均匀采样就是在动态聚焦过程中,聚焦所需的延迟由 AD 转换器的不同采样时钟完成。也就是说,由采样时钟发生器为每一个阵元通道产生一个专用的采样时钟,这些时钟的相位(采样时刻)相互错开,并且错开的数值恰好等于各个阵元传播延时之差。因此,只要把同一相位的对应采样值同时由先入先出(FIFO)存储器取出送到加法器相加,即可形成动态聚焦的效果。由于这种采样方式需要对每个通道的 AD 转换器单独控制,且 AD 转换器不是等间隔的均匀采样,所以称之为非均匀采样法动态聚焦,也称为流水线式采样延迟聚焦(pipelined sampling delay focusing,PSDF),其原理框图如图 4.16 所示。

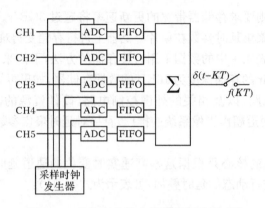

图 4.16　非均匀采样法动态聚焦原理框图

从图 4.16 可以看出,采用非均匀采样法动态聚焦的关键是设计出采样时钟发生器。根据表 4.1 可知,AD 转换器速度 f_s 为 50MHz 时,各个通道的 AD 采样延时没有明显的规律,并且过于精确的延时在一般的超声成像系统中意义并不大。此时,我们可以对表 4.1 的延时参数进行量化处理。由于 AD 转换器的采样周期 T_s 为 20ns,因此非均匀采样的动态聚焦延时单位 $\gamma = T_s/2$,以 γ 为单位,对表 4.1 进行四舍五入量化,这样可以确保各个通道的聚焦延时误差 ε 控制在 $\varepsilon = T_s/4$,量化后各个通道的延时数据如表 4.2 所示。

表 4.2　1～8 通道的逐点聚焦延时参数　　　　（单位:10ns）

序号	深度/mm	聚焦通道							
		τ_1	τ_2	τ_3	τ_4	τ_5	τ_6	τ_7	τ_8
1	2.0000	141	114	88	63	41	22	8	1
2	2.0154	140	113	87	63	41	22	8	1
⋮	⋮	⋮	⋮	⋮	⋮	⋮	⋮	⋮	⋮
15454	239.9762	9	7	5	3	2	1	0	0
15455	239.9916	9	7	5	3	2	1	0	0

根据表 4.2 关于 1～8 通道各个 AD 采样通道的聚焦延时参数可知:如果以 50MHz 的采样时钟作为基准,要在 2.0000mm 实现聚焦,那么 1～8 各个通道的聚焦延时时钟个数分别为:{141,114,88,63,41,22,8,1}。也就是说,如果 1～8 各个通道的 AD 转换器按照上述的延时时钟个数分别进行采样,那么 AD 采样的数据直接进行求和,即可实现 2.0000mm 处的聚焦。因此,根据表 4.2 的逐点聚焦延时参数,可以得到 2.0～239.99mm 各个深度各个 AD 通道的聚焦延时参数,

根据这些延时参数,控制 AD 转换器进行采样,即可实现 2.0～239.99mm 的逐点聚焦。因此,根据表 4.2,我们可以设计出 1～8 通道各个 AD 通道的采样时钟发生器如图 4.17 所示。

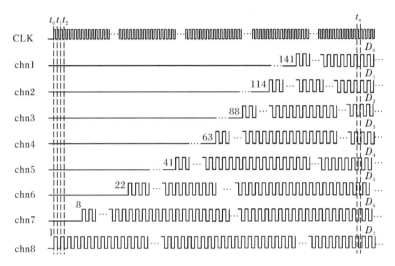

图 4.17　1～8 通道非均匀采样时钟

从图 4.17 可以看出,当 CLK 时钟频率为 100MHz 时,chn8 为 CLK/2 等间隔进行 AD 转换,chn7、chn6、chn5、chn4、chn3、chn2、chn1 分别延时{8,22,41,63,88,114,141}个 CLK 时钟开始采样。随着采样深度的增加,1～7 通道的延时逐步减小,当深度到达 239.991mm 时,chn7、chn6、chn5、chn4、chn3、chn2、chn1 的延时为{0,1,2,3,5,7,9}。如何实现图 4.17 中 1～8 通道的非均匀采样时钟呢? 这里我们以 100MHz 的 CLK 时钟作为参考,将 chn1～chn8 视为总线数据 D_0～D_7,依次计算出数据总线在{$t_0,t_1,t_2,\cdots,t_n$}过程中的数据 D_0～D_7。在逐点聚焦的过程中,只需要依次输出{$t_0,t_1,t_2,\cdots,t_n$}时刻的总线数据 D_0～D_7,即可实现各个通道 AD 采样脉冲,从而实现各个通道 AD 转换器的非均匀采样控制。根据这个原理,可以得到非均匀采样时钟发生的方法与步骤如下:

步骤 1:根据应用需求,设定 AD 转换器的采样率为 50MHz、40MHz 和 25MHz;

步骤 2:根据探头参数和 AD 转换器的采样率,计算出各个 AD 采样通道的延时参数,可参考表 4.1;

步骤 3:对表 4.1 中各个通道的延时参数进行量化处理,可参考表 4.2,量化精度一般根据需要进行选择,如可取 10ns、20ns;

步骤 4:参考表 4.2,可以得到各个通道的 AD 采样脉冲如图 4.17 所示;

步骤 5:假定聚焦精度为 10ns,以 100MHz 的 CLK 时钟作为参考,将图 4.17 中的 chn1~chn8 视为总线数据 $D_0 \sim D_7$,依次计算出在聚焦过程中每一个 CLK 时钟对应的数据总线在 $\{t_0, t_1, t_2, \cdots, t_n\}$ 时的数据 $D_0 \sim D_7$;

步骤 6:CPU 将上述计算的数据结果依次写入 RAM 中,对应的原理框图如图 4.18 所示。

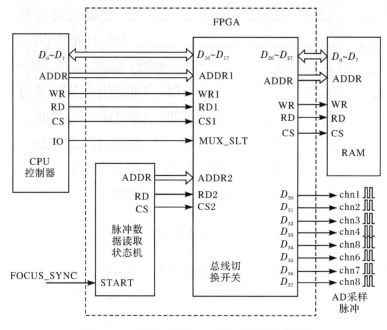

图 4.18　非均匀采样时钟发生器的原理框图

从图 4.18 可以看出,总线切换开关是非均匀采样时钟发生器的一个中间信号转换的桥接器,实现了与 CPU 控制器、脉冲数据读取状态机和 RAM 的连接,其内部结构原理本质上就是实现信号的切换:

当 MUX_SLT 为高电平时,实现 $D_{10} \sim D_{17}$ 与 $D_{20} \sim D_{27}$ 连接,ADDR1 与 ADDR 连接,WR1 与 WR 连接,RD1 与 RD 连接,CS1 与 CS 连接,实现 CPU 控制器对 RAM 的直接读写控制。

当 MUX_SLT 为低电平时,实现 $D_{30} \sim D_{37}$ 与 $D_{20} \sim D_{27}$ 连接,ADDR2 与 ADDR 连接,WR2 与 WR 连接,RD2 与 RD 连接,CS2 与 CS 连接,实现脉冲数据读取状态机对 RAM 的直接读数据控制,将读出数据从 $D_{30} \sim D_{37}$ 输出。

非均匀采样时钟发生器的工作原理如下:CPU 的 IO 口控制总线切换开关的 MUX_SLT 为高电平时,CPU 控制器将步骤 5 中的数据依次写入到 RAM 中,然后将 IO 置低电平,将 RAM 数据的读取交由脉冲数据读取状态机控制;当逐点聚焦开始时,FOCUS_SYNC 信号启动脉冲数据读取状态机开始工作,脉冲读取状态机产生 100MHz 的数据读取信号,依次从 RAM 中读取脉冲数据经 $D_{30} \sim D_{37}$ 输出,从而实现 1～8 各个通道采样脉冲的产生。

这里需要注意的是:由于各个通道的 AD 转换器一般都是高速流水线结构的 AD 转换器,其内部一般都有流水线的输出延时,即启动 AD 转换到 AD 转换结果的输出具有几个时钟周期的滞后,这在设计中需要注意并考虑,才能确保聚焦的准确。

4.5　均匀采样内插法动态聚焦

根据式(4.12)可知,各个通道的 AD 转换器进行均匀采样并存储在双口 RAM 中,通过对各个通道双口 RAM 中的采样数据进行延时读取相加,同样能够实现动态聚焦,对应的原理框图如图 4.19 所示。

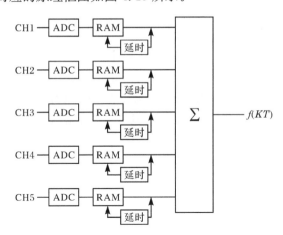

图 4.19　均匀采样法动态聚焦原理框图

从图 4.19 中可以看出,均匀采样法对 ADC 的控制相对简单,所有的 AD 通道都同步采样,只是在动态聚焦求和的过程中,各个通道需要不同的延时,而聚焦延时参数的生成是均匀采样法动态聚焦的难点所在。

4.5.1　聚焦延时参数实时修正的产生方法

1. 聚焦延时参数的量化

根据表 4.1 和图 4.15 的数据可以发现:1～8 通道的数据都是逐步变小的,且越到远场,变化越小。考虑到表 4.1 中的 AD 采样率为 50MHz,采样点之间的间隔为 20ns,对各个通道的数据进行高精度的动态延时,就必然涉及对采样点的数据插值,如图 4.20 所示。

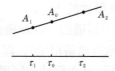

图 4.20　2 个采样点的插值示意图

从图 4.20 可以看出,τ_1 时刻的采样值为 A_1,τ_2 时刻的采样值为 A_2,而逐点聚焦需要的数值却是 τ_0 时刻的数值,这时就需要通过插值计算得到 A_0 的数值。考虑到实时插值的复杂度,一般采用线性插值:

$$A_0 = \frac{\tau_0 - \tau_1}{\tau_2 - \tau_1}(A_2 - A_1) + A_1 \tag{4.13}$$

在超声聚焦中,为了插值计算的简便,一般将聚焦延时参数进行量化处理,这里我们设定聚焦延时的量化因子为 γ,并满足 $\gamma = \dfrac{T_s}{2^n}$。$n$ 的取值可以根据聚焦精度的需要而定,这里我们取 $n=2$。这时图 4.20 中的 τ_1 与 τ_2 被分成了四份,如图 4.21 所示。这时 A_0 的计算就变得非常简单了,可根据式(4.14)进行计算求得,而式(4.14)都是关于 A_1 与 A_2 的移位运算,易于在 FPGA 中实现。因为在工程实际中,数据的插值必然会造成数值的误差,但是只要根据实际需要把误差控制在许可的范围内即可。

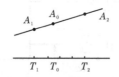

图 4.21　量化后的插值示意图

$$A_0 = \begin{cases} A_1, & T_1 < T_0 \leqslant T_1 + \dfrac{1}{4}T_s \\[2mm] \dfrac{1}{4}A_1 + \dfrac{1}{2}A_1 + \dfrac{1}{4}A_2, & T_1 + \dfrac{1}{4}T < T_0 \leqslant T_1 + \dfrac{1}{2}T_s \\[2mm] \dfrac{1}{2}A_1 + \dfrac{1}{2}A_2, & T_1 + \dfrac{1}{2}T_s < T_0 \leqslant T_1 + \dfrac{3}{4}T_s \\[2mm] \dfrac{1}{4}A_1 + \dfrac{1}{4}A_2 + \dfrac{1}{2}A_2, & T_1 + \dfrac{3}{4}T_s < T_0 \leqslant T_1 + T_s \end{cases} \tag{4.14}$$

根据以上分析,取 $\gamma = \dfrac{T_s}{2^n} = \dfrac{20}{4} = 5\text{ns}$,对表 4.1 中的数据按式(4.15)进行量化

处理后可以得到表 4.3：

$$T_i(F,\beta_i) = \left[\frac{\tau_i(F,\beta_i)+\gamma/2}{\gamma}\right], \quad i=1,2,\cdots,8 \tag{4.15}$$

表 4.3　1~8 通道的逐点聚焦延时参数　　　　　　　（单位：5.0ns）

序号	深度/mm	聚焦通道							
		τ_1	τ_2	τ_3	τ_4	τ_5	τ_6	τ_7	τ_8
1	2.0000	282	227	175	126	82	44	21	2
2	2.0154	281	226	174	125	81	44	21	2
⋮	⋮	⋮	⋮	⋮	⋮	⋮	⋮	⋮	⋮
15454	239.9762	18	13	9	6	4	2	1	0
15455	239.9916	18	13	9	6	4	2	1	0

根据式(4.15)可知,各个通道的聚焦误差 ε_i 满足式(4.16)：

$$|\varepsilon_i| = |\tau_i(F,\beta_i)-\gamma T_i(F,\beta_i)| \leqslant \frac{\gamma}{2} \tag{4.16}$$

2. 聚焦延时参数的实时修正方法

从表 4.3 可以看出,随着聚焦深度的增加,各个通道的聚焦延时参数依次递减,且满足递减"1"的规律。聚焦延时参数的压缩存储方法的步骤如下：

(1) 首先存储表 4.3 的第一行参数(序号 1,深度 2mm)作为各个通道的聚焦延时的初始参数。

(2) 比较各个通道的后一行聚焦延时参数与当前行聚焦延时参数是否相等。如果相等,对应位为"0",如果不等,对应位为"1"。例如,表 4.3 中序号 1 对应行的数据减去序号 2 对应行的结果为："11111000",记为一个 8 位的二进制数。以此类推,可以得到 15453 组 8 位二进制数据。

(3) CPU 将此计算结果存储在一个 8 位带宽,16KB 存储深度的双口 RAM 中,从而实现了聚焦延时参数的压缩存储。

在逐点聚焦的过程中,需要实时生成表 4.3 的聚焦延时参数,图 4.22 给出了表 4.3 数据实时生成的原理框图。

工作原理是:CPU 装载表 4.3 的第 1 行初始值到各个通道对应的递减器中,然后将上述步骤(2)计算得到的数据装载到双口 RAM 中。在 FOCUS_CLK 时钟的作用下,地址发生器开始计数工作,产生读信号 RD2,COUNTER[13..0]输出"0",从双口 RAM 中取出数据二进制数"11111000"。各个通道的递减器完成聚焦延时参数的实时修正产生,在 FOCUS_CLK 上升沿时,各个通道递减器的 BIT 如果为"1",初始数值递减"1"输出,如果为"0",保持不变输出,从而实现了表 4.3 第

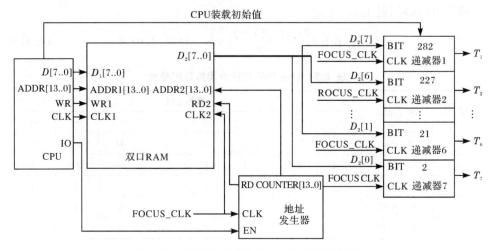

图 4.22　聚焦延时参数的实时生成原理框图

2 行数据的实时修正与输出。由于地址发生器的 COUNTER[13..0]从"0"计数到"15455",从双口 RAM 中依次输出的 $D_2[7..0]$输出的数据即可实现对 T_1,T_2,…,T_7的实时修正,从而实现表 4.3 聚焦延时参数的实时生成。

本方法的优点是:聚焦延时参数的实时产生比较简单,但是需要扩展一片容量较大的 SRAM。

本方法主要的缺点是:如果聚焦通道数目过多的时候,在近场的时候,远离聚焦线的聚焦延时参数变化剧烈,如果需要满足表 4.3 递减"1"的规律,必须采用较大的量化因子 γ,但是根据式(4.16)可知,较大量化因子 γ 必然带来较大的量化误差与聚焦误差。

由于在工程实际中,逐点聚焦往往与动态孔径、幅度变迹技术一起使用,远离聚焦线的阵元在近场聚焦时的贡献很"小",甚至接近"0",所以当量化因子 γ 取值较小时,远离聚焦线的阵元虽然存在较大的延时误差,但是由于其在近场聚焦的贡献"小",不会对近场的聚焦效果造成影响。但是具体的量化因子 γ 取多少,需要设计人员根据自己的 AD 采样率、聚焦精度、动态孔径与幅度变迹方案综合选择。

4.5.2　聚焦延时参数的压缩存储与实时生成方法

1. 聚焦延时参数的分解

考查逐点聚焦延时数据的变化特点,对 $\tau_i(F,\beta_i)$ 的表达式求导,可以得到式(4.17):

$$\begin{cases} \dfrac{\mathrm{d}\tau_i(F,\beta_i)}{\mathrm{d}F} = \left[\dfrac{2r\sin^2(\beta_i/2)+F}{(4r(r+F)\sin^2(\beta_i/2)+F^2)^{\frac{1}{2}}} - 1 \right] \Big/ c \leqslant 0 \\[4mm] \dfrac{\mathrm{d}\tau_i(F,\beta_i)}{\mathrm{d}\beta_i} = \left[\dfrac{2r(r+F)\sin\beta_i}{(4r(r+F)\sin^2(\beta_i/2)+F^2)^{\frac{1}{2}}} \right] \Big/ c \geqslant 0 \end{cases} \tag{4.17}$$

根据式(4.17)可知，$\tau_i(F,\beta_i)$是 F 与 i 的单调减函数，结合图 4.15 及表 4.1 的数据可以发现聚焦延时数据的两个典型特征：

(1) 特征 1：每个通道逐点聚焦的延迟时间 $\tau_i(F,\beta_i)$ 随着聚焦深度 F 的增加逐渐减小，$\tau_i(F,\beta_i)$ 函数的梯度变化也相应减小，变化速度也逐渐缓慢。

(2) 特征 2：靠近聚焦线第 8 阵元的聚焦延迟时间 $\tau_8(F,\beta_8)$ 变化小、变化慢；而远离聚焦线的第 1 阵元延迟时间 $\tau_1(F,\beta_1)$ 的数值变化范围大、变化快，这是造成对存储器容量需求大的根本原因。

根据式(4.9)，可以计算得到相邻阵元之间的延时时间 $\Delta\tau_i(F,\beta_i)$：

$$\begin{cases} \Delta\tau_i(F,\beta_i) = \tau_i(F,\beta_i) - \tau_{i+1}(F,\beta_{i+1}), \quad i=1,2,\cdots,7 \\[2mm] \Delta\tau_8(F,\beta_8) = \tau_8(F,\beta_8) \end{cases} \tag{4.18}$$

$\Delta\tau_i(F,\beta_i)$ 仍然是 F 与 i 的单调减函数，随着 F 与 i 的增加，$\Delta\tau_i(F,\beta_i)$ 减小，1～8阵元的相对延时时间 $\Delta\tau_i(F,\beta_i)$ 的函数如图 4.23 所示。

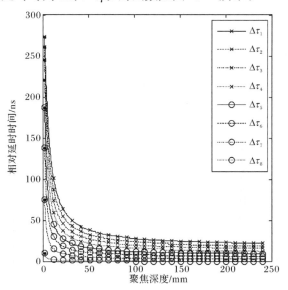

图 4.23 聚焦线上的焦点到各个阵元的相对延时时间 $\Delta\tau_i(F,\beta_i)$

根据三角形任意两边之差小于第三边的原则，式(4.18)中 $\Delta\tau_i(F,\beta_i)$ 的取值范围满足以下约束条件：

$$0 < \Delta\tau_i(F,\beta_i) < \frac{d}{c} \tag{4.19}$$

所以只要确定了第 i 阵元的延时时间 $\tau_i(F,\beta_i)$，相邻的第 $i-1$ 阵元的延时时间可以根据式(4.18)递推求出。

根据以上分析，τ_i 为第 i 阵元的聚焦延时时间，$\Delta\tau_i$ 为第 i 阵元相对于第 $i+1$ 阵元的相对延时时间，则 $\Delta\tau_i$ 与 τ_i 存在如下关系：

$$\begin{cases} \tau_8 = \Delta\tau_8 \\ \tau_7 = \Delta\tau_7 + \tau_8 \\ \quad\vdots \\ \tau_2 = \Delta\tau_2 + \tau_3 \\ \tau_1 = \Delta\tau_1 + \tau_2 \end{cases} \qquad (4.20)$$

根据以上分析，对表 4.1 的数据采用式(4.18)进行分解，可计算出 $\Delta\tau_i$，从而得到 $1\sim8$ 通道的逐点聚焦相对延时参数，如表 4.4 所示，曲线如图 4.23 所示。

表 4.4　$1\sim8$ 通道的逐点聚焦相对延时参数　　　　　　（单位：ns）

序号	深度/mm	聚焦通道							
		$\Delta\tau_1$	$\Delta\tau_2$	$\Delta\tau_3$	$\Delta\tau_4$	$\Delta\tau_5$	$\Delta\tau_6$	$\Delta\tau_7$	$\Delta\tau_8$
1	2.0000	273	261	245	221	187	138	75	10
2	2.0154	273	261	244	220	186	137	74	10
⋮	⋮	⋮	⋮	⋮	⋮	⋮	⋮	⋮	⋮
15454	239.9762	22	19	16	12	9	6	3	0
15455	239.9916	22	19	16	12	9	6	3	0

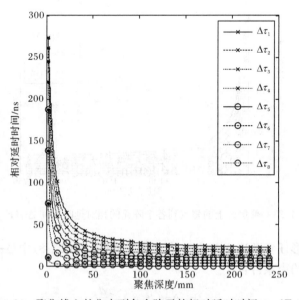

图 4.24　聚焦线上的焦点到各个阵元的相对延时时间 $\Delta\tau_i(F,\beta_i)$

将表 4.4 与表 4.1 的数据进行比较，可以发现：深度在 2～240mm，1～8 通道阵元的逐点聚焦相对延时参数具有以下特征：

（1）特征 1：表 4.4 中各通道延时数据的初始值远小于表 4.1 中数据的初始值，表 4.4 中的数值变化范围明显减小，并且递减速度明显减慢。

（2）特征 2：根据表 4.4 中的数据，应用式（4.20）可以实时计算生成表 4.1 的数据。

2. 聚焦延时参数的压缩存储

从图 4.24 可知，在 F 从 2～240mm 变化过程中，$\Delta\tau_i(F,\beta_i)$ 逐步减小，当焦距从 F 变化到 $F+\Delta F$ 时，$\Delta\tau_i(F,\beta_i)$ 的变化量记为 $\Delta\gamma$：

$$\Delta\gamma = \Delta\tau_i(F,\beta_i) - \Delta\tau_i((F+\Delta F),\beta_i) \tag{4.21}$$

在 F 从 2～240mm 变化过程中，令 $\Delta\tau_i(F,\beta_i)$ 的最大变化量记为 $\Delta\gamma_{max}$：

$$\begin{cases} \Delta\gamma_{max} = \max(\Delta\tau_i(F,\beta_i) - \Delta\tau_i((F+\Delta F),\beta_i)) \\ F\in[2,240], \quad 1\leqslant i\leqslant 8 \end{cases} \tag{4.22}$$

应用 MATLAB 进行数值计算求解，可以求出 $\Delta\gamma_{max}=0.891\text{ns}$，结合工程实际聚焦精度的需要，设各个阵元的聚焦延时量化因子为 γ，对 $\Delta\tau_i(F,\beta_i)$ 量化后取整的值记为 $\Delta T_i(F,\beta_i)$，有

$$\Delta T_i(F,\beta_i) = \left[\frac{\Delta\tau_i(F,\beta_i)+\gamma/2}{\gamma}\right], \quad i=1,2,\cdots,8 \tag{4.23}$$

根据式（4.23）对表 4.4 数据进行量化取整，将各个通道的聚焦相对延时数据全部量化为整数。

当满足 $\Delta\gamma<\Delta\gamma_{max}<\gamma$ 约束条件时，可以得出

$$\frac{\Delta\gamma}{\gamma} = \frac{\Delta\tau_i(F,\beta_i)-\Delta\tau_i((F+\Delta F),\beta_i)}{\gamma} < 1 \tag{4.24}$$

根据式（4.23）、式（4.24）可以推导出

$$|\Delta T_i(F,\beta_i)-\Delta T_i(F+\Delta F,\beta_i)| = 1$$
$$\text{或} \quad |\Delta T_i(F,\beta_i)-\Delta T_i(F+\Delta F,\beta_i)| = 0 \tag{4.25}$$

所以只要用大于 $\Delta\gamma_{max}$ 的聚焦延时量化因子 γ 对表 4.4 中的数据 $\Delta\tau_i(F,\beta_i)$ 进行量化取整就可得到 $\Delta T_i(F,\beta_i)$。结合工程实际需要，以及插值电路的计算简便，一般取 $\gamma=\dfrac{T_s}{2^n}$。令 $\gamma=2.5\text{ns}>\Delta\gamma_{max}$，根据式（4.23），对表 4.4 中的延时参数进行量化取整处理后，可以得到表 4.5。

表 4.5　量化取整后 1～8 通道的逐点
聚焦相对延时参数　　　　　　(单位:2.5ns)

序号	深度/mm	聚焦通道							
		ΔT_1	ΔT_2	ΔT_3	ΔT_4	ΔT_5	ΔT_6	ΔT_7	ΔT_8
1	2.0000	109	105	98	88	75	55	30	4
2	2.0154	109	104	98	88	74	55	30	4
⋮	⋮	⋮	⋮	⋮	⋮	⋮	⋮	⋮	⋮
15454	239.9762	9	7	6	5	4	2	1	0
15455	239.9916	9	7	6	5	4	2	1	0

从表 4.5 中可以看出,每个通道聚焦延时的初始值都非常小,由于 ΔT_i 有式 (4.25)的约束关系成立,可保证在 F 从 2～240mm 变化过程中, $\Delta T_i(F,\beta_i)$ 的变化小于等于 1。各个通道的 ΔT_i 存在大量的重复,即使 ΔT_i 有变化,也是呈 1 递减的规律,随着聚焦深度的增加,递减 1 的速率急剧衰减,从而使得表 4.5 数据的存储变得容易实现。

根据式(4.20),可以得到 T_i 与 ΔT_i 的递推关系式:

$$\begin{cases} T_8 = \Delta T_8 \\ T_7 = \Delta T_7 + T_8 \\ \quad\vdots \\ T_1 = \Delta T_1 + T_2 \end{cases} \tag{4.26}$$

所以,在工程实际中仅需存储表 4.5 第一排数据(即 $\Delta T_i(F,\beta_i)$ 的初始值),并记录下 1～8 通道相对延时数据 $\Delta T_i(F,\beta_i)$ 发生递减 1 的位置序号,即可完成对表 4.5 的数据存储。

在逐点聚焦的过程中,根据各个通道 ΔT_i 的初始值,以及 ΔT_i 发生变化的位置,实时修正各个通道量化后的相对延时数据 ΔT_i ,再根据式(4.26),即可实时生成 1～8 通道的聚焦延时参数 T_i 。

令 $\Delta \varepsilon_i = \Delta \tau_i(F,\beta_i) - \gamma \Delta T_i(F,\beta_i)$,根据式(4.20)、式(4.26),可以求出 T_i 与 τ_i 的误差 ε_i :

$$\varepsilon_i = \tau_i(F,\beta_i) - \gamma T_i(F,\beta_i) = \sum_{k=i}^{8} \Delta \varepsilon_k \tag{4.27}$$

通过 MATLAB 进行数值计算求解, ε_i 的最大偏差小于 7ns,符合高精度逐点聚焦的要求。然而该方法随着聚焦通道数目的增加,累积误差会因此而增加。为了有效避免累积误差因递推关系而扩大,进行以下方法的改进:

(1) 首先根据量化因子 γ 对 τ_i 进行量化取整求得 T_i ,如下式所示:

$$T_i(F,\beta_i) = \left[\frac{\tau_i(F,\beta_i) + \gamma/2}{\gamma} \right], \quad i = 1,2,\cdots,8$$

这样可以确保 $|\varepsilon_i| \leqslant \dfrac{\gamma}{2}$，即

$$|\varepsilon_i| = |\gamma T_i(F,\beta_i) - \tau_i(F,\beta_i)| \leqslant \frac{\gamma}{2}, \quad i = 1,2,\cdots,8$$

（2）将 T_i 仿照式（4.18）进行分解得到 ΔT_i，因为这一步骤是整数分解，不存在误差：

$$\begin{cases} \Delta T_i(F,\beta_i) = T_i(F,\beta_i) - T_{i+1}(F,\beta_{i+1}), & i = 1,2,\cdots,7 \\ \Delta T_8(F,\beta_8) = T_8(F,\beta_8) \end{cases}$$

（3）根据式（4.26），可以递推出 T_i，由于这一步也是整数的递推计算，不存在误差。

因此采用上述方法改进后，量化误差仅存在第一步，而后续的分解与递推都是在整数计算，有效避免了误差的累积效应，把各个通道的聚焦延时时间的误差控制在 $|\varepsilon_i| \leqslant \dfrac{\gamma}{2}$ 内。

4.5.3　逐点聚焦算法的 FPGA 实现

根据表 4.1，可以计算出聚焦通道之间最大延时之差 $\Delta\tau_{max}$：

$$\begin{aligned} \Delta\tau_{max} &= \tau_1(F_1,\beta_1) - \tau_8(F_1,\beta_8) \\ &= 1409 - 10 = 1399\text{ns} \end{aligned} \tag{4.28}$$

设 AD 采样率 f_s 为

$$f_s = 50\text{MHz} \Rightarrow T_s = 20\text{ns} \tag{4.29}$$

根据式（4.28）、式（4.29）可以计算出逐点聚焦所需的最大数据缓存深度 L_{max}：

$$L_{max} = \lceil \Delta\tau_{max}/T_s \rceil = 70 \tag{4.30}$$

根据上述改进逐点聚焦算法的基本原理，逐点聚焦算法在 FPGA 中实现的原理框图如图 4.25 所示。

工作原理如下：超声波发射结束信号启动数据接收的缓存计数器 recv_counter 工作，输出各个通道回波数据的缓存地址。根据式（4.30）可知，AD 转换数据的最大缓存深度为 70，所以在本设计中，每个通道的双口 RAM 的存储深度为 256 个单元。当 recv_counter 大于 70 时，可以确保最大延时聚焦的回波数据已经进入缓存的双口 RAM 中，此时启动 read_counter 计数器工作。

从图 4.25 可以看出，每个接收通道都有一个相对延时输出模块，主要功能是输出表 4.5 中各个通道对应的列数据 ΔT_i（对应图 4.25 中的 ch_delay$i$[6..0]）。每个接收通道相对延时输出模块的内部原理框图如图 4.26 所示。

在逐点聚焦模块工作前，CPU 装载表 4.5 第一排数据 $\Delta T_i(2\text{mm},\beta_i)$（$i = 1,\cdots,8$）到各个通道的相对延时输出模块中，并加载各个通道相对延时参数 ΔT 变

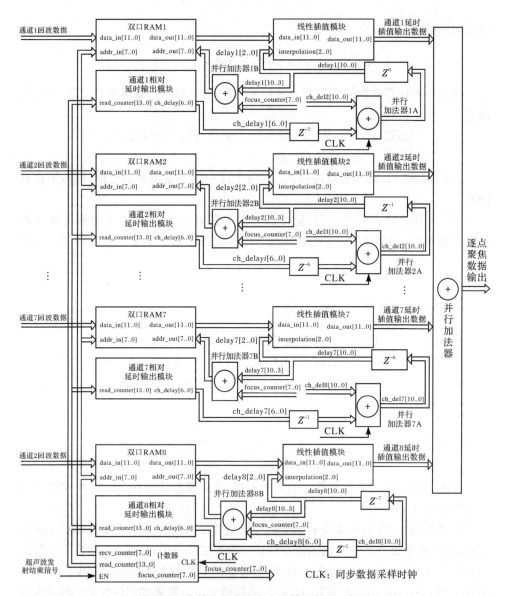

图 4.25　高精度逐点聚焦改进算法的原理框图

化位置序号,如图 4.26 所示。当 read_counter 与相对延时参数 ΔT_i 变化位置所对应的序号相等时,ΔT_i 递减 1(ch_delay$i$[6..0]递减 1),然后等待 read_counter 与下一个相对延时时间数据 ΔT_i 的变化位置所对应的序号相等,ΔT_i 再次递减 1。以此类推,构造出表 4.5 中各个通道对应的列数据 ΔT_i。

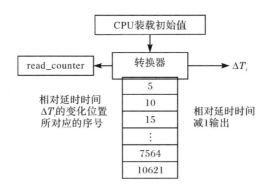

图 4.26　相对延时输出模块原理框图

将表 4.5 中的列数据按照式(4.26)进行并行累加计算,在图 4.25 中通过并行加法器 1A～并行加法器 7A 实现。为了提高并行加法器的速度和效率,需要在并行加法器中引入流水线,流水线的引入使得各个通道并行加法器的输出结果会滞后一个时钟周期,所以需要在第 i 通道中并行累加前延时 $Z^{-(8-i)}$,并行累加后延时 $Z^{-(i-1)}$,才能保证各个通道的 T_i(delay$i$[10..0])同时输出。这样 T_1～T_8(delay$i$[10..0])的输出滞后 read_counter 共 8 个时钟周期,所以当 read_counter 等于 8 时,各个通道的第一组聚焦延时参数 T_1～T_8(delay1[10..0]～delay8[10..0])同时输出,此时启动 focus_counter[7..0]的计数工作,使得 focus_counter[7..0]的数值与 T_1～T_8(delay1[10..0]～delay8[10..0])同步。

因为表 4.5 中延时数据 T_i(delay$i$[10..0])的时间单位 $\gamma=2.5$ns,而 AD 采样间隔 $T_s=20$ns,focus_counter[7..0]的时间单位是 20ns,所以第 i 通道延时数据读取的地址 addr_out$i$[7..0]计算方法如式(4.31)所示:

$$\text{addr\_out}i[7..0]=\text{focus\_counter}[7..0]+\text{delay}i[10..3],\quad 1\leqslant i\leqslant 8 \qquad (4.31)$$

根据 addr_out$i$[7..0]的数值从第 i 通道将粗延时数据从双口 RAM 中取出后,进行细延时的插值计算,插值结果由插值系数 delay$i$[2..0]决定。当对第 1,2,…,8 通道的数据进行了精确的插值延时后,通过 8 通道的并行加法器即可实现高精度的逐点聚焦数据输出[6]。

4.5.4　改进聚焦算法的性能分析与讨论

当聚焦深度从 2～240mm 时,根据式(4.10)可知,焦点间隔为 0.0154mm,如果直接对表 4.1 数据取整存储,每个延时数据的存储需要 2B,其直接数据存储量为

$$M=15455\times 8\times 2=247280\text{B}$$

采用本书的逐点聚焦方法,仅需要存储表 4.5 中 1～8 通道的初始数值 ΔT_i

$(2\mathrm{mm},\beta_i)(i=1,\cdots,8)$，以及在聚焦过程中 ΔT_i 递减 1 的位置序号。每个初始值的存储需要 2B，其存储量 M_1 为

$$M_1=(k/2)\times2=16\mathrm{B}$$

每个 $\Delta T_i(F,\beta_i)$ 递减 1 的位置序号需要 2B 存储，其数据存储量为表 4.5 中第一排初始数值 $\Delta T_i(2\mathrm{mm},\beta_i)$ 之和减去最后一排数值 $\Delta T_i(240\mathrm{mm},\beta_i)$ 之和，存储量 M_2 为

$$M_2=\Big[\sum_{i=1}^{8}(\Delta T_i(2\mathrm{mm},\beta_i)-\Delta T_i(240\mathrm{mm},\beta_i))\Big]\times2$$
$$=(564-34)\times2=1060\mathrm{B}$$

所以表 4.5 的压缩存储量为 $M_1+M_2=1076\mathrm{B}$，约大于 1KB，存储容量仅为表 4.1 的 1/233。表 4.6 给出了不同聚焦通道时，直接存储与本书方法所需存储容量的对比关系。

表 4.6　直接存储与本书方法所需存储容量的对比

逐点聚焦阵元数 （中心对称）	直接存储延时聚焦表所 需字节数/B	压缩存储聚焦表所需 字节数/B	所需存储容量的比率
8	123640	322	1/384
16	247280	1076	1/233
32	494560	2760	1/179

在本书中，聚焦延时的量化因子 γ 为采样间隔 T_s 的 1/8(2.5ns/20ns)，这样线性插值计算可以变成简单的移位相加运算。一般情况下，聚焦延时参数的量化因子 γ 为采样间隔 T_s 的 1/4、1/2，这样使插值计算比较容易实现。显然，聚焦延时参数的量化因子 γ 越大，$\Delta T_i(F,\beta_i)$ 的初值越小，$\Delta T_i(F,\beta_i)$ 跳变越缓慢，表 4.5 数据 $\Delta T_i(F,\beta_i)$ 的压缩存储效率越高。

4.6　数字多波束逐点聚焦技术

临床医学设备大多要求数字超声影像系统能够具有高帧频的实时成像性能，但是在传统的单波束合成技术中，图像的帧频受到超声传播速度和探测深度的限制，往往无法满足许多疾病诊断的要求。在超声成像领域，波束合成技术长期以来一直都是研究的热点。在保证图像质量的前提下，提高图像帧频的方法往往是采用数字多波束合成技术。该技术主要是通过特殊设计的发射-接收方式，利用一次发射合成 N 根波束，从理论上可将帧频提高 N 倍。然而在这个过程中，聚焦延时参数的存储量将显著扩大。

因此，为了实现高精度的逐点聚焦，必须解决聚焦延时参数实时生成的问题。

本书提出了一种四波束逐点聚焦参数的压缩存储算法。该算法利用超声回波路径平行移动的几何方法,将四波束聚焦延时参数的计算转换成单波束聚焦延时参数的计算。然后根据 4.5 节的内容进行量化,并进行压缩存储。在逐点聚焦的过程中,实时解压并生成四条波束聚焦线所需的聚焦延时参数,用于高精度的四波束逐点聚焦。

　　超声接收聚焦的本质就是对不同通道接收到的超声回波信号按其路径施加特定的延时,然后再相加求和得到目标点的聚焦信号[7]。因此,准确计算出聚焦延迟时间是逐点聚焦的关键。本节以 8 通道 128 阵元平阵探头为例来说明四波束逐点聚焦延时参数的计算,如图 4.27 所示。

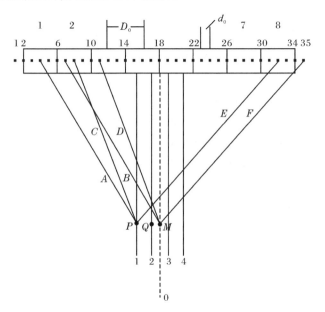

图 4.27　8 通道平阵探头聚焦示意图

　　在图 4.27 中,4 条实线 1、2、3、4 为 4 条波束扫描线,虚线 0 为中心对称线。添加虚拟点将每个阵元平分为 4 等份,另在 8 通道阵元的两侧等距离(即 d_0)处各添加一个虚拟点,总共有 35 个虚拟点。超声回波信号接收点为每个阵元的中心点。

　　假设阵元间距 D_0 为 0.48mm,则虚拟点间距 $d_0 = D_0/4 = 0.12$mm,子阵阵元数 k 为 8。在图 4.27 中,M 点为 0 号线上任意一点,P 点为 1 号线上一点,Q 点为 2 号线上一点,M 点、P 点和 Q 点到平阵探头的垂直距离相等。

　　不难看出,P、Q 点到 1~8 号阵元的聚焦延时时间为

$$\begin{cases} \tau_P = \{\tau_{P4}, \tau_{P8}, \cdots, \tau_{P32}\} \\ \tau_Q = \{\tau_{Q4}, \tau_{Q8}, \cdots, \tau_{Q32}\} \end{cases} \tag{4.32}$$

　　P 点到 1 阵元的距离 A（即 P 点到 4 号虚拟点的距离）等于 M 点到 7 号虚拟点的距离 B；P 点到 2 阵元的距离 C（即 P 点到 8 号虚拟点的距离）等于 M 点到 11 号虚拟点的距离 D；P 点到 8 阵元的距离 E（即 P 点到 32 号虚拟点的距离）等于 M 点到 35 号虚拟点的距离 F。所以，P 点到 8 个阵元的距离分别等于 M 点到 7、11、15、19、23、27、31 和 35 号虚拟点的距离，即

$$\tau_P = \tau_M = \{\tau_{M,7}, \tau_{M,11}, \cdots, \tau_{M,35}\} \tag{4.33}$$

　　同理，2 号扫描线上 Q 点到 8 个阵元的距离分别等于 M 点到 5、9、13、17、21、25、29 和 33 号虚拟点的距离，即

$$\tau_Q = \tau_M = \{\tau_{M,5}, \tau_{M,9}, \cdots, \tau_{M,33}\} \tag{4.34}$$

　　根据以上分析我们可以得出：1、2 号扫描线聚焦延时参数的计算可以转化为 0 号线对特定虚拟点的聚焦延时参数的计算。3、4 号扫描线与 2、1 号扫描线关于中线（即 0 号线）对称，所以只需要考虑 1、2 号扫描线的聚焦延时参数。

　　利用上述的平移方法，只需计算 M 点到 5、7、9、11、13、15、17、19、23、25、27、29、31、33 和 35 号虚拟点的延时参数，即可以得到 4 条扫描线所需的聚焦延时参数。由于所有虚拟点关于 18 号点对称，故 4 条扫描线聚焦延时参数的计算就简化为计算 M 点到 1、3、5、7、9、11、13、15 和 17 号点的延时参数，即

$$\tau = \{\tau_{M,1}, \tau_{M,3}, \cdots, \tau_{M,17}\} \tag{4.35}$$

　　令图 4.28 中 $d = D_0/2 = 0.24\text{mm}$，并且图 4.28 中 N 点到平阵中心的距离与图 4.27 中 M 点到平阵中心的距离相等，所以图 4.27 中 1、3、5、7、9、11、13、15 和 17 点到 M 的距离与图 4.28 中 1～9 阵元到 N 点的距离分别相等，即

$$\tau_{M,2i-1} = \tau_{N,i}, \quad i = 1, 2, \cdots, 9$$

所以，对图 4.27 中四波束聚焦延时参数的计算可以转换为对图 4.28 中单波束聚焦延时参数的计算。

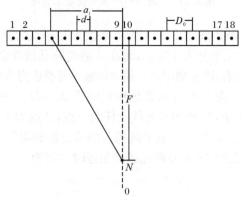

图 4.28　8 通道平阵探头聚焦等效转换示意图

在图 4.28 中，设 F 为焦距（从子阵中心到焦点 N 的距离），探测深度 L 为 240mm，超声波在人体软组织中的平均速度 c 为 1540m/s，相邻阵元之间的距离为原阵元间距的 $1/2$，$d=0.24$mm，可以得出第 i 阵元与聚焦中心线之间的距离 a_i 为

$$a_i = \left| \frac{18+1}{2} - i \right| \times d, \quad i=1,2,\cdots,18 \tag{4.36}$$

由式（4.36）可知 $0.12\text{mm} \leqslant a_i \leqslant 2.04\text{mm}$，根据勾股定理，可以计算出第 i 阵元的延时时间

$$\tau_i(F, \beta_i) = (\sqrt{a_i^2 + F^2} - F)/c \tag{4.37}$$

设 AD 转换器速度 f_s 为 50MHz，实现逐点聚焦要求对声束轴线上的每一个回波点都进行聚焦，因此聚焦线上聚焦点的间隔 ΔF 为

$$\Delta F = c/2f_s = 0.0154\text{mm} \tag{4.38}$$

采用 18 阵元的中心对称接收方式，根据式（4.36）~式（4.38），可以计算出 18 通道的逐点聚焦延迟时间，考虑到接收通道左右中心对称，仅列出聚焦深度为 2~240mm 的 1~9 通道逐点聚焦延时参数，如表 4.7 所示。

表 4.7　1~9 通道的逐点聚焦延时参数　　　　（单位：ns）

序号	深度/mm	聚焦通道								
		τ_1	τ_2	τ_3	τ_4	τ_5	τ_6	τ_7	τ_8	τ_9
1	2.0000	556.40	448.52	348.35	257.36	177.25	109.90	57.18	20.87	2.34
2	2.0154	553.41	445.97	346.24	255.71	176.06	109.12	56.76	20.71	2.32
3	2.0308	550.45	443.44	344.16	254.09	174.88	108.36	56.35	20.56	2.30
⋮	⋮	⋮	⋮	⋮	⋮	⋮	⋮	⋮	⋮	⋮
15453	239.9608	5.63	4.38	3.29	2.36	1.58	0.95	0.49	0.18	0.02
15454	239.9762	5.63	4.38	3.29	2.36	1.58	0.95	0.49	0.18	0.02
15455	239.9916	5.63	4.38	3.29	2.36	1.58	0.95	0.49	0.18	0.02

从表 4.7 可以看出：如果对表 4.7 数据取整后直接存储，那么存储容量将会非常庞大。对于表 4.7 延时参数的存储可以参考 4.5 节的内容进行压缩存储与实时生成，此处不做详述。

设 T_P、T_Q 分别是 τ_P、τ_Q 量化后的数值，根据图 4.27、图 4.28 中的对应关系，可以得到数字四波束逐点聚焦延时参数 T_P、T_Q 为

$$\begin{cases} T_P = \{T_{P4}, T_{P8}, \cdots, T_{P32}\} = \{T_4, T_6, T_8, T_9, T_7, T_5, T_3, T_1\} \\ T_Q = \{T_{Q4}, T_{Q8}, \cdots, T_{Q32}\} = \{T_3, T_5, T_7, T_9, T_8, T_6, T_4, T_2\} \end{cases} \tag{4.39}$$

在聚焦过程中，通过并行加法器实时生成各个通道所需要的绝对延时时间 T_i，根据 T_i 与聚焦波束延时参数的对应关系，将 T_i 分配给对应的各个聚焦通道，从而实现各个通道的延时叠加。

4.7 幅度变迹技术

超声信号发射与接收形成的声场中,除了有决定图像分辨率的主瓣之外,还会有部分的旁瓣。旁瓣是产生伪像的主要原因,其大小将会影响最终图像的质量。

抑制旁瓣的技术途径就是采用幅度变迹。实现幅度变迹的方法就是对发射(或接收)的阵元采用幅度加权技术,通常使中心阵元的发射强度最大,边缘阵元的发射强度最小,具体的幅度函数可以不同[8]。

4.7.1 单一幅度变迹

常见的幅度变迹函数有以下几种形式:

(1) 矩形窗函数:

$$w_i = 1 \tag{4.40}$$

(2) 三角窗函数:

$$w_i = 1 - \frac{|(i-1)-(N-1)/2|}{(N-1)/2} \tag{4.41}$$

(3) 余弦窗函数:

$$w_i = \cos\left(\frac{\pi(i-1)}{N-1}\right) \tag{4.42}$$

(4) 汉宁(Hanning)窗函数:

$$w_i = 0.5 - 0.5\cos\left(\frac{2\pi(i-1)}{N-1}\right) \tag{4.43}$$

(5) 海明(Hamming)窗函数:

$$w_i = 0.54 - 0.46\cos\left(\frac{2\pi(i-1)}{N-1}\right) \tag{4.44}$$

(6) Blackman 窗函数:

$$w_i = 0.42 - 0.5\cos\left(\frac{2\pi(i-1)}{N-1}\right) + 0.08\cos\left(\frac{4\pi(i-1)}{N-1}\right) \tag{4.45}$$

其中,$i=1,\cdots,N$,N 为阵元个数。

以凸阵探头为例,通过计算超声信号形成的声场在某界面上的分布来说明幅度变迹技术是如何抑制旁瓣的。根据声场分布计算公式(4.6),引入幅度变迹函数后变化为

$$D(x,z) = \frac{\left|\sum\limits_{i=1}^{N} w_i \exp(-\mathrm{j}\Delta\phi_i)\right|}{\left|\sum\limits_{i=1}^{N} w_i\right|} \tag{4.46}$$

其中,w_i 为幅度变迹函数系数。

凸阵探头参数保持不变,超声波的中心频率 $f_c=3.5\mathrm{MHz}$,探头曲率半径 $R=$

60mm,阵元间距 $d=0.48$ mm,声速 $c=1540$ m/s,阵元数 $N=32$。采用定点聚焦方式,发射焦点为 $F(0,120)$ mm,计算深度 $Z=120$ mm,整个探测深度为 $20\sim200$ mm。图 4.29(a)、(c)、(e)、(g)、(i)、(k)为分别引入不同的幅度变迹函数后声场分布示意图,(b)、(d)、(f)、(h)、(j)、(l)各自对应的波束宽度示意图。

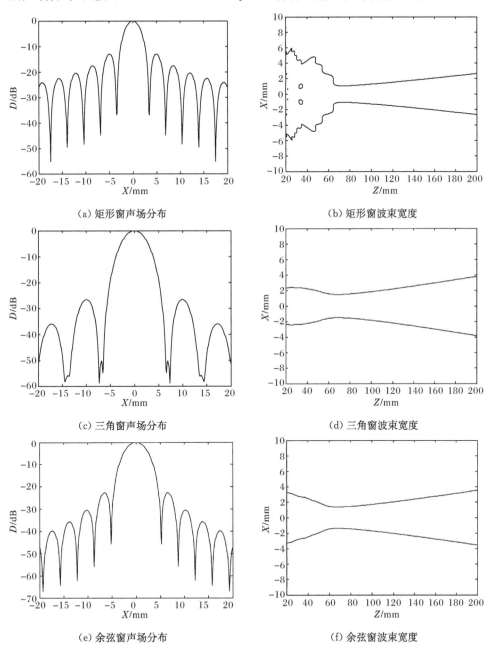

（a）矩形窗声场分布　　　　　　　　　　（b）矩形窗波束宽度

（c）三角窗声场分布　　　　　　　　　　（d）三角窗波束宽度

（e）余弦窗声场分布　　　　　　　　　　（f）余弦窗波束宽度

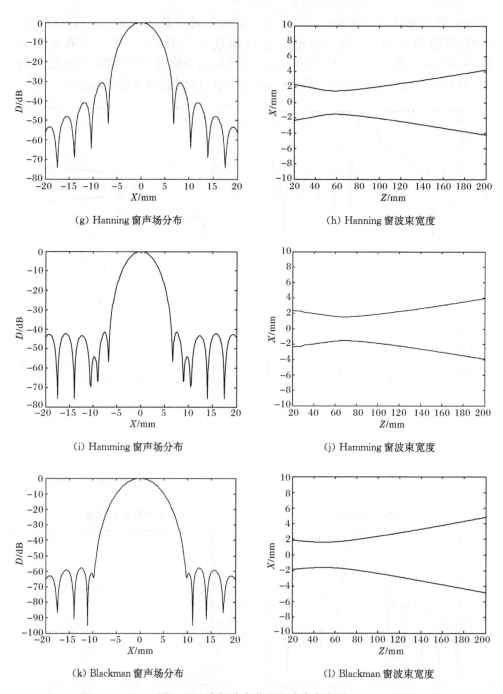

（g）Hanning 窗声场分布　　　　　　　　（h）Hanning 窗波束宽度

（i）Hamming 窗声场分布　　　　　　　　（j）Hamming 窗波束宽度

（k）Blackman 窗声场分布　　　　　　　　（l）Blackman 窗波束宽度

图 4.29　声场分布截面和波束宽度图

通过图 4.29 声场分布截面图可知:引入了幅度变迹函数后,超声信号所形成的声场,旁瓣的等级有了不同程度的下降,但旁瓣等级的下降却是以增大主瓣宽度为代价的,主瓣宽度的增加使得波束宽度增加,即图像的横向分辨率下降。根据图 4.29 波束宽度图可以得出以下结论:在整个探测深度内,不同幅度变迹函数对应有不同的最佳波束宽度区域,即最佳分辨率区域。例如,余弦窗在 60～90mm 深度内,Hanning 窗在 50～70mm 深度内,Blackman 窗在 20～60mm 深度内等。

通过声场分布截面图说明通过幅度变迹函数可以降低旁瓣等级,减小伪像的影响,但由于不同的幅度变迹函数,只在一定的深度区域内具有较好的分辨率,在此区域外横向分辨率下降明显,所以在工程实际中,为了使图像在整个探测范围都具有较高的分辨率,应当采用分段动态幅度变迹方式来弥补单一幅度变迹的缺点。

4.7.2　分段动态变迹技术的研究

针对分段动态变迹技术实现方式相关研究的报道相对较少,通过研究分段动态变迹技术的基本原理,可以得到两种分段动态变迹技术的方法。根据其实现过程分别将两种方法命名为:函数代入法和系数生成法。

1. 函数代入法

函数代入法的分段动态变迹技术的实现方法是在定点聚焦方式下,通过比较多种不同的幅度变迹函数在整个探测深度内的不同波束宽度图,从波束宽度图中直观得到不同的幅度变迹函数对应的最佳分辨区域。通过将整个探测深度按这些最佳区域划分为多个小段,在实际成像过程中,将不同的幅度变迹函数代入到对应的最佳分辨区域的区段即可。

根据图 4.29 波束宽度为例来进行分析说明函数代入法,从图 4.29 波束宽度中可以直接观察得到各个幅度变迹函数对应的最佳分辨区域,通过分析比较后,将整个探测深度 20～200mm 分为三段后,代入对应的窗函数,20～50mm 区段代入 Blackman 窗函数,50～70mm 区段代入 Hanning 窗函数,70～200mm 区段代入矩形窗函数,可以得到该方法下对应的波束宽度曲线,如图 4.30 所示。

通过对比图 4.29 波束宽度和图 4.30 可以看出:基于函数代入法的分段动态变迹技术对应的波束宽度,在探测全程范围内,明显优于任何一种单一幅度变迹对应的波束宽度,从而提高了探测全程图像的分辨率。

在 Field II 超声平台进行仿真测试,仿真参数同前。采用定点聚焦方式,发射和接收焦点都为 $F(0,120)$mm,整个探测深度为 20～200mm。10 个空间反射点坐标为 $(0,20)$,$(0,40)$,$(0,60)$,$\cdots$,$(0,200)$。图 4.31 中(a)、(b)、(c)为使用单一幅度变迹技术的矩形窗、Hanning 窗、Blackman 窗的超声图像,(d)为使用分段动态变迹技术(函数代入法)得到的超声图像。

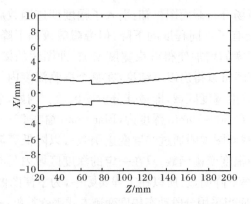

图 4.30 基于函数代入法的分段动态变迹技术的波束宽度图

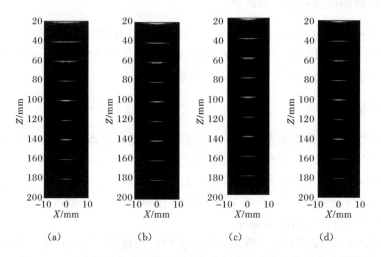

(a)　　　　　　(b)　　　　　　(c)　　　　　　(d)

图 4.31 定点聚焦方式下单一幅度变迹与分段动态变迹超声成像图

从图 4.31 中可以看出,函数代入法实现的分段动态变迹技术,相比单一幅度变迹技术,图像质量得到了一定程度的提高,但是旁瓣的影响依然明显,而且该方法的实现过程相对麻烦,一旦探头的参数及焦点位置发生改变,就需要重新根据各种幅度变迹函数的最佳分辨率区域,重新分段并代入不同函数。

2. 系数生成法

系数生成法就是设计一种能够实时生成分段动态变迹系数的算法。将探测深度分为多个区域,通过算法实时计算出每个区域对应的变迹系数值,最后将得到的变迹系数分段代入即可。

对于幅度变迹函数而言,其特征都是:越靠近中心阵元其系数值越大。而分段动态变迹函数的特点在于,其系数值还能够随着深度变化而变化。基于这个原理,我们通过计算不同深度的接收聚焦点与阵元连线和该阵元法线间夹角的变化而得到分段动态变迹系数值。以一个凸阵探头为例,首先给出接收聚焦点 F_m 与阵元 n 连线和阵元 n 法线间的夹角 θ_{nm} 的示意图,如图 4.32 所示。

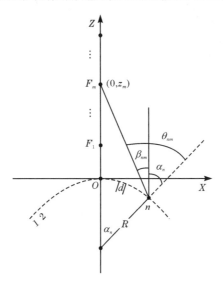

图 4.32　分段动态变迹系数计算示意图(凸阵探头)

设阵元间距为 d,探头的曲率半径为 R,阵元为偶数 N 个,焦点 F_m 的坐标为 $(0, z_m)$,则

$$\alpha_n = \frac{d}{R}\left(n - \frac{N+1}{2}\right) \tag{4.47}$$

$$\beta_{nm} = \arctan \frac{R\sin\alpha_n}{z_m + R(1 - \cos\alpha_n)} \tag{4.48}$$

$$\theta_{nm} = \alpha_n + \beta_{nm} \tag{4.49}$$

根据变迹束控原理可知,当 θ_{nm} 越大时,其系数值越小。因此,可以通过某种函数关系,将 θ_{nm} 与阵元 n 在接收聚焦点 F_m 处的变迹系数建立一种对应关系,使对应关系符合分段动态系数的特征。

通过求解出 $\tan\theta_{nm}$ 的值,并将其作为变量嵌入到汉宁窗函数中使用,最后得到了阵元 n 在接收焦点 F_m 处的变迹系数 w_{nm} 的计算方法:

$$w_{nm} = \begin{cases} 0.5 + 0.5\cos(\pi\tan\theta_{nm}), & \theta_{nm} \leqslant 45° \\ 0, & \theta_{nm} > 45° \end{cases} \tag{4.50}$$

45° 是 θ_{nm} 的门限值,对于 $\theta_{nm} > 45°$ 的情况下,阵元的变迹系数值已经很小了,可以忽略不计,即 $w_{nm}=0$。

图 4.33 是一个 64 阵元的凸阵探头,在深度 20～200mm 上分为 8 段,得到的分段动态变迹系数图。

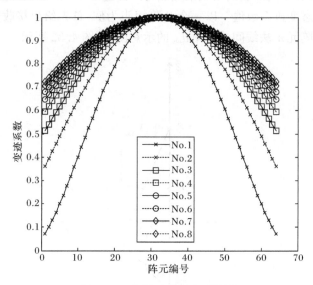

图 4.33　分段动态变迹系数图

随着深度的增加,图 4.33 中的各段曲线逐渐趋于平坦,系数的分布满足分段动态变迹函数的特点。引入分段动态变迹系数后,单一幅度变迹下的声场分布计算公式(4.46)改写为

$$D(x)=\frac{\left|\sum_{m=1}^{M}\sum_{n=1}^{N}w_{nm}\exp(-\mathrm{j}\Delta\phi_{nm})\right|}{\sum_{m=1}^{M}\sum_{n=1}^{N}w_{nm}} \tag{4.51}$$

其中,N 为阵元数;M 为接收焦点数;$\Delta\phi_{nm}$ 为空间中焦点 F_m 附近某点(该点到 F_m 的垂直距离小于其到相邻另一焦点的垂直距离),该点到阵元 n 与焦点 F_m 到阵元 n 的声程相位差;w_{nm} 为分段动态变迹系数。

图 4.34 是通过式(4.51)计算得到的合成波束声场的 $-13\mathrm{dB}$ 等值线分布,(a)对应矩形窗系数,(b)对应 Hanning 窗系数,(c)对应该方法下得到的分段动态变迹系数。这里取 $-13\mathrm{dB}$ 等值线作为观察曲线,主要目的是为了能够同时观察到波束的主瓣和旁瓣。

参照图 4.32,Field Ⅱ 仿真参数:阵元数 $N=64$,声速 $c=1540\mathrm{m/s}$,阵元间距 $d=0.48\mathrm{mm}$,探头的曲率半径 $R=60\mathrm{mm}$,脉冲中心频率 $f_c=3.5\mathrm{MHz}$。探测深度设为 20～200mm。采用动态聚焦方式,发射焦点为 $(0,120)\mathrm{mm}$,10 个接收焦点为

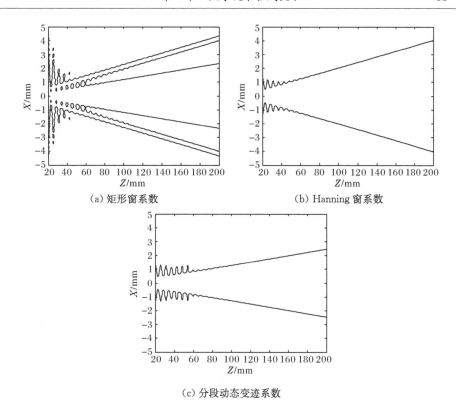

（a）矩形窗系数　　　　　　　　　　（b）Hanning 窗系数

（c）分段动态变迹系数

图 4.34　合成波束声场—13dB 等值线分布图

平均分布在探测深度内,依次为(0,20),(0,40),(0,60),…,(0,200)。图 4.35 中 (a)、(b)分别是单一幅度变迹函数的矩形窗、Hanning 窗的超声成像,(c)是分段动 态变迹的超声成像。

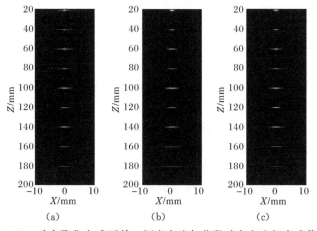

（a）　　　　　　　　　（b）　　　　　　　　　（c）

图 4.35　动态聚焦方式下单一幅度变迹与分段动态变迹超声成像图

从图 4.35 中明显可以看出,矩形窗函数对应的(a)图,图像质量受旁瓣影响较大,近场图像质量不佳;Hanning 窗函数对应的(b)图,有效抑制了旁瓣的等级,改善了近场的图像效果,远场的主瓣宽度增加,降低了图像分辨率;分段动态变迹对应的(c)图,不但能够有效抑制旁瓣的等级,改善近场图像,而且还能够不明显增加远场主瓣的宽度,得到相对较好的图像效果。

系数生成法和函数代入法实现的分段动态变迹技术适合于不同超声聚焦成像方式,函数代入法适用于定点聚焦方式成像,系数生成法适用于动态聚焦方式成像。虽然不能简单地评价两种方法的优劣,但是后者在探头参数改变的情况下,只需依照相关公式重新计算分段动态系数即可,而不像前者,需重新仿真波束宽度图,以寻找最佳分辨区域那样麻烦费时,所以通过函数代入法实现的分段动态变迹技术更具有通用性。

4.7.3　动态幅度变迹技术的实现方法

动态幅度变迹的本质就是在聚焦过程中,动态调整各个通道的加权系数,从而提高波束合成质量,最终达到提高超声图像质量的效果。根据这一原理,8 通道 8 段动态幅度变迹的原理框图如图 4.36 所示。

从图 4.36 可以看出,虚线框部分由可编程逻辑器件 FPGA 实现。当 1~8 通道的信号经过 ADC1~ADC8 后,就进入到双口 RAM1~RAM8 中,然后 1~8 通道的数据经过聚焦延时后,就可以进行幅度变迹了。考虑到在工程实际的应用中,一般都需要进行分段幅度变迹才能更好地提升波束合成质量,图 4.36 中设计了 8 组幅度变迹系数。

工作原理如下:CPU 控制器根据需要计算好幅度变迹的分段数和分段的变迹系数,这里假定分段数为 8,变迹系数 8 位。CPU 通过 IO1~IO3 经过译码器对串行移位寄存器进行片选,然后通过同步串口将 8 个通道的 8 位变迹系数分别发送到 8 个移位寄存器中预存,然后根据分段变迹系数的输出时间,初始化不同分段变迹系数的输出时间,这里一般采用 AD 转换的时钟进行定时计数。初始化参数完成后,IO4 为低电平,允许动态变迹系数控制器工作。当逐点聚焦开始时,聚焦同步信号 FOCUS_SYNC 的上升沿触发动态变迹系数控制器工作,并对 AD 转换器的时钟 AD_CLK 进行计数,并与预先设定的数值进行比较,然后 A2、A1、A0 依次输出{0,1,2,3,4,5,6,7},通过多路总线选择器依次输出 8 段动态变迹系数。多路选择器依次输出 64 位变迹系数,out0~out7 作为第 1 通道的变迹系数 K_1,out8~out15 作为第 2 通道的变迹系数 K_2,依次类推。

这里需要说明的是,FPGA 内部具有大量的移位寄存器资源,所以采用移位寄存器存储变迹系数可以充分利用资源,特别是在聚焦通道较多的情况下,将具有明显的技术优势,并且采用同步串口对移位寄存器进行初始化易于实现,对硬

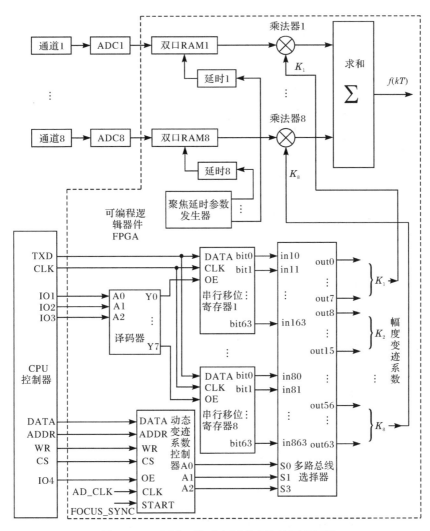

图 4.36 8 通道 8 段动态幅度变迹的原理框图

件的资源要求也很少。

4.8 动态孔径技术

所谓动态孔径,就是在近场成像时,只有少数位于中心的阵元开通,接收超声信号,其他阵元处于关闭状态,随着接收深度的增加,越来越多的接收通道开启,接收孔径逐渐增大,直到所有接收阵元都开启。这个过程如图 4.37 所示。

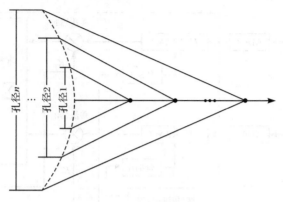

图 4.37　动态孔径示意图

4.8.1　动态孔径的优点

　　动态孔径控制技术是波束合成技术的关键技术环节之一,合理有效的动态孔径控制具有以下优点:

　　(1)减少最大延时量:阵列式传感器的接收阵列中边缘阵元与中心阵元之间的延时近似与孔径平方成正比。为了便于物理实现,通常应限制聚焦系统的最大延时量。这就要求在近场区应使用较小的接收阵元孔径,减少接收阵元数目;而在远场区域可以使用较大的孔径,以提高接收灵敏度。

　　(2)增加近场区的焦区深度:焦区深度的定义是指波束宽度扩散到焦点处波束宽度的$\sqrt{2}$倍时两点之间的距离。在动态聚焦的时候,每个焦点应有一定的焦区深度,在改变焦距时,允许接收聚焦电路有一定的过渡时间,减少过渡过程所引起的干扰。因此,即使在近场区,也不应该采用过强的聚焦,这也要求使用较小孔径。

　　(3)减小 TGC 的控制范围:当近场区使用小孔径接收,而远场区使用大孔径接收时,在一定程度上减小了因人体组织对超声波衰减而引起的远近场反射信号的巨大差异。

　　迄今为止,对于动态孔径技术实现方法的相关研究报道较少,该技术停留在概念阶段。本书将通过对动态孔径技术的分析研究,提出动态孔径控制技术的一种工程实现方法。本书认为动态孔径技术的目标是在不降低图像帧率的条件下,提高图像的整体质量效果,其本质就是一种"特殊的幅度变迹技术"。因此,首先来对比介绍一下有无动态孔径技术的超声成像过程,成像过程采用顺序扫描(扫描线初始间距为阵元间距)、动态聚焦方式,并以凸阵探头为例,如图 4.38 所示。

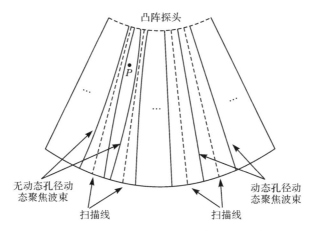

图 4.38　动态孔径技术对超声成像的影响示意图

对于无动态孔径技术的动态聚焦波束,虽然其波束宽度在整个接收深度内都较小,分辨率较高,但是并不能较好地配合顺序扫描方式的超声成像,两条相邻扫描线之间有部分区域,没能被聚焦波束覆盖,这里可以称该区域为死区,那么在死区存在有反射点 P 时,超声成像将不能够完全检测到该点;当引入动态孔径技术之后,通过合理地控制孔径的开启速率,可以形成基本完全覆盖相邻两扫描线之间区域的聚焦波束,消除死区。该方法虽然增加了波束宽度,降低了分辨率,但是能够较好地配合顺序扫描方式超声成像,从整体上提高超声图像的效果。

4.8.2　动态孔径的原理及实现算法

以凸阵探头为例,动态孔径技术的依据原理参考图 4.39。R 为凸阵探头曲率半径,d 为阵元间距,扫描线上有 m 个接收焦点 F_1,F_2,$\cdots$,F_m,对应深度为 Z_1,Z_2,$\cdots$,Z_m,对应波束宽度为 b_1,b_2,$\cdots$,b_m,根据上述动态孔径技术的实现思想,则有如下等式成立:

$$\frac{d}{R} = \frac{b_1}{R+Z_1} = \frac{b_2}{R+Z_2} = \cdots = \frac{b_m}{R+Z_m} \tag{4.52}$$

现在问题的关键就是如何逐渐控制孔径的开启,使得超声信号形成的波束宽度在焦点 F_1,F_2,$\cdots$,F_m 处依次为 b_1,b_2,$\cdots$,b_m。这里需要参考式(4.38),将式(4.38)结合动态变迹技术思想,则有

$$D\left(\frac{b_k}{2}, Z_k\right) = \frac{\left|\sum_{i=1}^{N_k} \widetilde{A}_i \exp(-\mathrm{j}\Delta\phi_i)\right|}{\left|\sum_{i=1}^{N_k} \widetilde{A}_i\right|} = 0.707(-3\mathrm{dB}) \tag{4.53}$$

对于式(4.53),这里假设扫描线方向的合成波束幅值已归一化,即 $D(0,z)=$

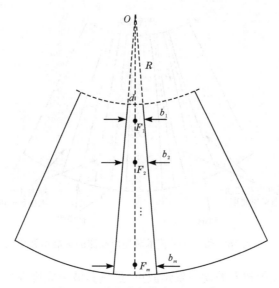

图 4.39　动态孔径技术原理示意图

$1(0\text{dB}), k=1,2,3,\cdots,m, N_k$ 即为对应深度下的阵元需要开启的个数,其他变量含义不变。

　　式(4.53)中 N_k 的求解过程较为复杂,需要通过计算机进行迭代计算,这里不做过多的介绍。图 4.40 是凸阵探头运用动态孔径技术,在探测深度 200mm 内,扫描线上平均取 10 个焦点 $F_1(0,20), F_2(0,40),\cdots, F_{10}(0,200)$(单位 mm)孔径开启的个数 N_k 变化图。探头参数:超声声速 $c=1540\text{m/s}$,阵元间距 $d=0.48\text{mm}$,探头的曲率半径 $R=60\text{mm}$,脉冲中心频率 $f_c=3.5\text{MHz}$。

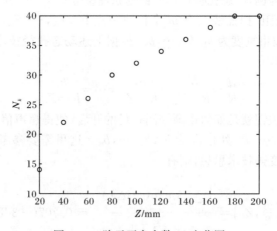

图 4.40　阵元开启个数 N_k 变化图

4.8.3　仿真成像

为了验证本书提出的动态孔径控制方法的有效性,仿真成像采用丹麦理工大学快速超声成像(FUI)实验室提供的 Field Ⅱ 仿真平台来实现。

Field Ⅱ 仿真参数为:阵元总数 $N=64$;声速 $c=1540\text{m/s}$;阵元间距 $d=0.78\text{mm}$;探头的曲率半径 $R=60\text{mm}$;脉冲中心频率 $f_c=3.5\text{MHz}$;顺序扫描成像方式;发射与接收焦点都在扫描线上;发射焦点深度为 120mm;接收焦点深度为 $20,40,\cdots,200\text{mm}$。

假设探测环境存在 6 个全反射点 M_1、M_2、M_3、N_1、N_2、N_3。其中 M_1、M_2、M_3 位于中心扫描线上,N_1、N_2、N_3 位于死区线上,与中心扫描线的夹角为 $5.85°$。其中 M_1、N_1 深度为 60mm,M_2、N_2 深度为 120mm,M_3、N_3 深度为 180mm,如图 4.41所示。

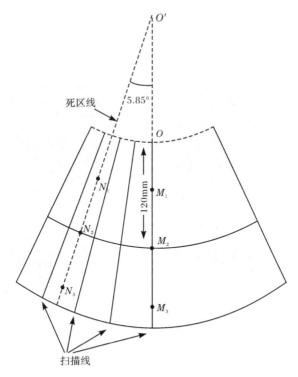

图 4.41　仿真实验探测对象示意图

通过声场计算可以得到如图 4.42 所示死区线上有无动态孔径控制的声场随深度的分布情况。随着探测深度的增加,无动态孔径控制所对应的声场分布衰减很严重,而采用本书的动态孔径控制方法,随着孔径逐步扩大,对应的声场分布呈缓慢下降到－3dB。

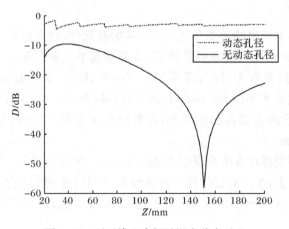

图 4.42　死区线上声场随深度分布对比

图 4.43 是在 Field Ⅱ 程序下得到超声仿真成像图。横坐标为某条扫描线相对中心扫描线之间的夹角角度,纵坐标为探测深度。

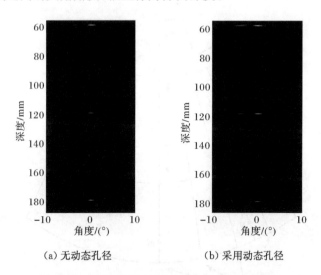

(a) 无动态孔径　　　　　　　(b) 采用动态孔径

图 4.43　基于 Field Ⅱ 程序超声仿真成像示意图

从图 4.43～图 4.45 中可以看出,(a)图是没有采用动态孔径的成像效果,(b)图是采用了动态孔径控制方法的成像效果。从图 4.44 可以看出,采用动态孔径后,回波信号的灵敏度明显得到提高。由于 M_1、M_2、M_3 位于中心扫描线上,无论是否使用动态孔径技术都能够明显观察到,而对于存在死区线上的 N_1、N_2、N_3 点,无动态孔径技术时基本不能检测到该点,使用本节提出的动态孔径控制方法能够有效地检测出来。另外从图 4.45 可以看出成像效果随着深度的增加都会变差。但总体来看,采用了动态孔径控制后,成像效果更好。

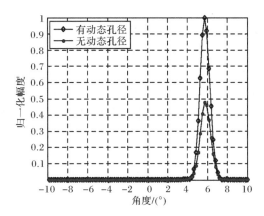

图 4.44 解调后回波幅度对比

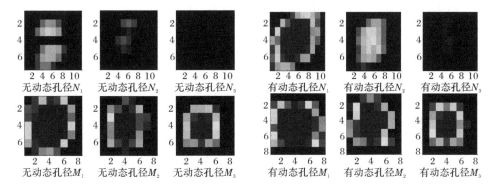

（a）无动态孔径时各反射点的成像细节图 （b）采用动态孔径时各反射点的成像细节图

图 4.45 有无动态孔径反射点成像细节图

由于合成波束在波束主极大方向(扫描线)上具有最大幅值,其幅值会向两侧减小。在扫描线两侧死区位置的点,如图 4.45 中的 N_1、N_2、N_3 点,无动态孔径技术时,波束的幅度值由扫描线向两侧衰减较快,导致聚焦波束不能覆盖到该点,使得该点基本不能被检测;而使用了动态孔径技术后,波束的幅度值由扫描线向两侧减小较慢,使得聚焦波束能够覆盖到 N_1、N_2、N_3 点,因而能够检测到死区位置的点。

4.9　动态孔径与动态聚焦延时参数的融合设计

　　根据前面逐点聚焦延时参数压缩存储的方法可知,超声在近场区域,各通道逐点聚焦的延迟时间 $\tau_i(F,\beta_i)$ 在近场变化速度快,这正是对存储容量需求巨大的根本原因。随着焦距 F 的增加,数据变化速率急剧减小。考虑到动态孔径的控制原理正是随着接收深度的增加,与中心阵元相对应的两边阵元逐步打开,直到所有接收阵元开启。在这一过程中,对于那些未开启的接收阵元对应的聚焦延时参数可视为冗余数据,不予存储,这样就可以将聚焦延时参数的存储容量大幅度减少,并且合理有效的动态孔径控制方法对于提高波束合成质量也起着至关重要的作用。因此,动态孔径与动态聚焦延时参数的融合设计在这个角度上说是完全有必要的。

4.9.1　聚焦延时的计算

　　以图 4.46 所示的 128 凸阵探头阵元为例来计算 32 通道聚焦延时参数。

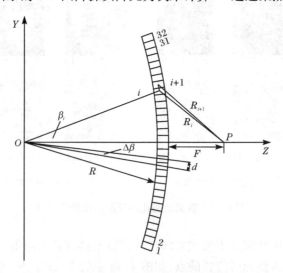

图 4.46　凸阵换能器聚焦延时 τ 的计算示意图

　　假设凸阵曲率半径 R 为 60mm,子阵阵元数 k 为 32,阵元间距 d 为 0.48mm,超声信号波在人体软组织中的平均速度 c 为 1540m/s,探测深度 L 为 240mm,焦距 F 为从子阵中心到焦点 P 的距离,则可以计算得到 1~32 通道的逐点聚焦延时参数,再由接收通道的左右对称性,在图 4.47 中仅列出 1~16 通道在 2~240mm 的聚焦深度内逐点聚焦延时参数的变化情况。

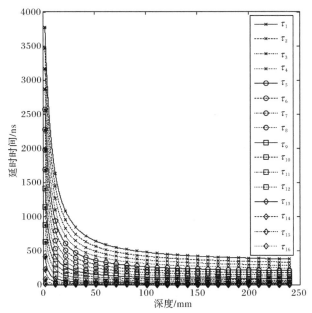

图 4.47　聚焦线焦点到各个阵元的延时 $\tau_i(F,\beta_i)$

4.9.2　动态孔径控制方法

动态孔径方法以图 4.46 的凸阵探头为例,假定曲率半径为 R,阵元间距为 d,位于同一条扫描线的 m 个聚焦深度分别为 $Z_1,Z_2,\cdots,Z_m$ 的接收焦点 $F_1,F_2,\cdots,F_m$,分别对应 $b_1,b_2,\cdots,b_m$ 的波束宽度。根据前面所述的动态孔径控制方法,可以得到不同深度时的阵元开启数。

$$D\left(\frac{b}{2},Z_k\right)=\frac{\left|\sum_{i=1}^{N_k}\widetilde{A}_i\exp(-\mathrm{j}\Delta\phi_i)\right|}{\left|\sum_{i=1}^{N_k}\widetilde{A}_i\right|}=0.707(-3\mathrm{dB}) \tag{4.54}$$

其中,$\widetilde{A}_i$ 为离散阵第 i 个阵元的响应复振幅;$\Delta\phi_i$ 为第 i 个阵元在计算点与焦点的声波相位差;$k=1,2,3,\cdots,m$;N_k 即为在深度 Z_k 处对应的阵元开启数。对式 (4.54) 中的开启数 N_k,可以采用计算机迭代快速得到,如图 4.48 所示。

4.9.3　融合动态孔径聚焦延时参数的压缩

1. 聚焦延时参数的量化

设 AD 转换器速度 f_s 为 50MHz,则采样点之间的间隔 T_s 为 20ns。为了便于对各通道的数据在延时叠加过程中进行插值计算,需要对聚焦延时数据进行量化处理。结合工程实际聚焦精度的需要,设各个阵元的聚焦延时参数的量化因子为

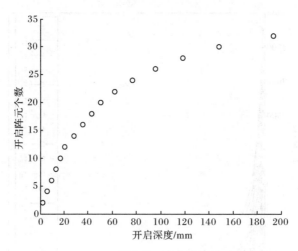

图 4.48　1～16 通道基于动态孔径的开启深度

$\gamma=5\mathrm{ns}$，按式(4.55)对 $T_i(F,\beta_i)$ 量化后取整的值记为 $T_i(F,\beta_i)$：

$$T_i(F,\beta_i)=\left[\frac{\tau_i(F,\beta_i)+\gamma/2}{\gamma}\right], \quad i=1,2,\cdots,16 \tag{4.55}$$

2. 聚焦延时参数的分解

根据声程的概念，将 $T_i(F,\beta_i)$ 按式(4.56)进行分解，可以计算得到相邻阵元之间的相对延时量化参数 $\Delta T_i(F,\beta_i)$：

$$\begin{cases}\Delta T_i(F,\beta_i)=T_i(F,\beta_i)-T_{i+1}(F,\beta_{i+1}), \quad i=1,2,\cdots,15 \\ \Delta T_{16}(F,\beta_{16})=T_{16}(F,\beta_{16})\end{cases} \tag{4.56}$$

令 T_i 为第 i 阵元的聚焦量化延时时间 $T_i(F,\beta_i)$，ΔT_i 为第 i 阵元相对于第 $i+1$ 阵元的量化延时 $\Delta T_i(F,\beta_i)$，T_i 与 ΔT_i 存在如下关系：

$$\begin{cases}T_{16}=\Delta T_{16} \\ T_{15}=\Delta T_{15}+T_{16} \\ \vdots \\ T_2=\Delta T_2+T_3 \\ T_1=\Delta T_1+T_2\end{cases} \tag{4.57}$$

所以，在工程实际中仅需存储 ΔT_i，当第 $i+1$ 阵元的延时时间 T_{i+1} 确定了，可以得到第 i 阵元的延时时间 T_i，继而递推出下一阵元的延时时间，从而实现聚焦延时参数的实时产生。

焦点 P 与相邻第 i 和 $i+1$ 阵元构成三角形，如图 4.46 所示。由三角形任意两边之差小于第三边，可知 $\Delta T_i(F,\beta_i)$ 的取值范围为

$$0 < \Delta T_i(F, \beta_i) < \frac{d}{\gamma c} \tag{4.58}$$

因此,$\Delta T_i(F, \beta_i)$ 的取值范围非常小,对应的信息变化量很小,需要的存储量很小。

3. 动态孔径与量化聚焦相对延时融合

将聚焦延时参数按式(4.55)、式(4.56)进行处理,可得到量化取整后的聚焦相对延时数据,结合动态孔径控制方法,融合结果如图 4.49 和表 4.8 所示,图 4.49 中黑点表示对应通道开启位置。

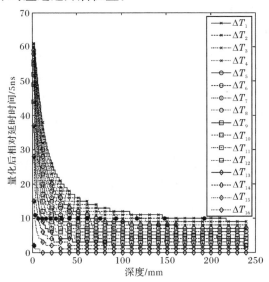

图 4.49 量化聚焦相对延时数据与动态孔径控制方法的融合结果

动态孔径的控制使第 i 阵元仅在开启后,$\Delta T_i(F, \beta_i)$ 数据才能有效。因此,表 4.8 中对应的各个通道在开启之前的聚焦延时参数可视为冗余参数,这部分聚焦延时参数可以不予存储。

由表 4.8 可以看出融合动态孔径后,大幅度减少了近场区的冗余数据。

表 4.8 融合动态孔径的聚焦相对延时数据 （单位:5ns）

序号	深度/mm	聚焦通道							
		ΔT_1	⋯	ΔT_{11}	ΔT_{12}	ΔT_{13}	ΔT_{14}	ΔT_{15}	ΔT_{16}
1	2.0000	0	⋯	0	0	0	0	0	2
236	5.6344	0	⋯	0	0	0	0	6	1
479	9.3766	0	⋯	0	0	0	7	4	0
723	13.1342	0	⋯	0	0	8	6	3	0
12411	193.1294	10	⋯	3	3	2	1	1	0
15455	239.9916	9	⋯	3	2	2	1	1	0

4. 存储容量对比

以 32 通道逐点聚焦为例,取 AD 采样率为 50MHz,聚焦点间距为 0.0154mm,当聚焦深度在 2~240mm 时,如果对图 4.47 数据进行直接取整存储,每个延时数据需要 2B,直接存储容量为

$$M = 15455 \times 16 \times 2 = 494560B$$

如果采用动态孔径方法对图 4.47 数据进行直接取整存储,根据阵元通道 1,2,3,…,16 的开启位置分别在 2.0000mm,5.6344mm,9.3766mm,…,193.1294mm,可得数据存储量为

$$M = 2 \times (15455 \times 16 - 235 - 478 \cdots) = 349336B$$

采用本书的方法,仅需要存储表 4.8 中 1~16 各个通道阵元开启的位置和相应的初始数值 $\Delta T_i(F, \beta_i)(i = 1, 2, \cdots, 16)$,以及在聚焦过程中 ΔT_i 递减 1 的位置序号。每个阵元开启位置和对应的初始值共需要 4B,其存储量 M_1 为

$$M_1 = 16 \times 4 = 64B$$

每个 $\Delta T_i(F, \beta_i)$ 递减 1 的位置序号需要 2B 存储,其数据存储量即为表 4.8 中阵元开启时的初始数值 $\Delta T_i(F, \beta_i)(i = 1, 2, \cdots, 16)$ 之和减去聚焦完成时的 ΔT_i $(240mm, \beta_i)$ 之和,存储量 M_2 为

$$M_2 = \Big[\sum_{i=1}^{16} (\Delta T_i(F, \beta_i) - \Delta T_i(240mm, \beta_i)) \Big] \times 2$$
$$= (282 - 149) \times 2 = 266B$$

所以压缩存储量为 $M_1 + M_2 = 330B$,远小于 1KB,存储容量仅为直接存储的 1/1499、动态孔径直接存储的 1/1059。表 4.9 给出了采用不同聚焦方法时,聚焦延时参数所需存储容量的对比关系。

表 4.9　不同方法所需存储容量对比　　　　　　　　（单位:B）

逐点聚焦通道数 （中心对称）	直接存储方法	动态孔径与直接存储 融合方法	动态孔径与相对声程差 融合方法
16	247280	166936	96
32	494560	349336	330
64	989120	699040	1118

用于处理聚焦延时参数所用的量化因子 γ 等于采样间隔 T_s 的 1/4(5ns/20ns),通过移位的方法将线性插值计算转变为简单的相加运算。显然,所用的量化因子 γ 越大,$\Delta T_i(F, \beta_i)$ 的初始值越小,$\Delta T_i(F, \beta_i)$ 递减次数越少,图 4.49 的参数压缩效率越高[9]。

4.9.4　Geabr0 实验数据集成像

Geabr0 真实实验数据集是美国密歇根大学生物医学超声实验室提供、被公认为是真实权威的数据,基本参数设置为:64 阵元线性阵列,AD 采样频率 17.76MHz,中心频率 3.33MHz,阵元间距 0.2413mm,声速 1500m/s。

实验结果如图 4.50 所示,(a)图为传统聚焦成像,(b)图为本书提出的融合动态孔径的逐点聚焦成像。对比后可以发现,(b)图在提高对比度与纵向分辨率上有明显效果,并且抑制了伪像的产生,并且极大地降低了对聚焦延时数据的存储量。

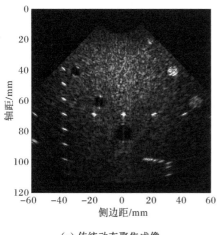
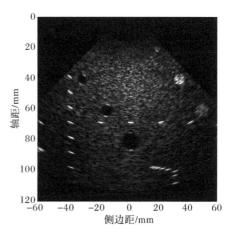

（a）传统动态聚焦成像　　　　　　　　（b）融合动态孔径的逐点聚焦成像

图 4.50　Geabr0 图像重建

参 考 文 献

[1] 杨鹏飞,杨波,胡勤军. 实时计算波束合成聚焦延迟参数的方法及装置. 中国,200710076620 [2007-08-22].

[2] Azar L,Shi Y,Wooh S C. Beam focusing behavior of linear phased arrays. NDT & E International,2000,33(3):189—198.

[3] 陈民铀,王伟明. 基于分段动态变迹技术的超声成像方法. 重庆大学学报(自然科学版), 2010,33(3):60—64.

[4] Djelouah H,Baboux J C,Perdrix M. Theoretical and experimental study of the field radiated by ultrasonic focused transducers. Ultrasonics,1991,29(3):188—200.

[5] Karaman M,Li P C,O'Donnell M. Synthetic aperture imaging for small scale systems. IEEE Transactions on Ultrasonics,Ferroelectrics and Frequency Control,1995,42(3):429—442.

［6］Leung S W,Lixi W. A mathematical model for cross-talk prediction in PCB layouts. IEEE International Symposium on Electromagnetic Compatibility,1998,2:780—783.

［7］王平,许琴,王伟明,等. 超声成像系统的动态孔径控制方法. 重庆大学学报,2011,34(3):89—93.

［8］Pantic-Tanner Z,Salgado E,Gisin F. Cross coupling between power and signal traces on printed circuit boards. IEEE International Symposium on Electromagnetic Compatibility,1998,2:624—628.

［9］张贤达. 信号处理中的线性代数. 北京:科学出版社,1997.

第5章 超声回波信号的处理技术

在数字波束合成之后,超声回波信号已经完成变迹、变孔径、聚焦的相关处理,在探测的空间中形成了较为理想的波束,随后就要对这样的回波信号进行若干后处理,主要包括动态滤波、包络检测、对数压缩等环节。

5.1 动态滤波技术

超声回波信号经过数字波束合成之后,就进入动态滤波这个环节,动态滤波是为了解决人体组织对不同频率超声能量的衰减不同而提出的。动态滤波实现的好坏,直接关系到超声成像系统的图像分辨率,是成像系统的一个关键技术环节。

对于超声波信号衰减的研究,已经在前面章节中进行了详细的介绍,超声回波信号的衰减不仅与介质的深度有关,而且随着超声频率的升高,介质对超声能量的衰减增大。这里给出了高斯模型幅频特性的超声探头,超声回波频率随深度衰减变化的归一化曲线示意图,如图 5.1 所示。其中探头中心频率 $f_c=3.5\mathrm{MHz}$,带宽因子 $W=1.4\mathrm{MHz}$,平均衰减系数为 $\alpha=0.1\mathrm{cm}^{-1}$,曲线从右往左分别对应的深度为 $0,20,40,60,\cdots,200\mathrm{mm}$。

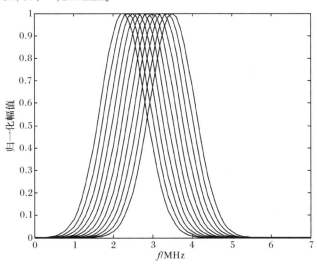

图 5.1 超声回波幅频特性随探测深度变化归一化曲线示意图

　　由图 5.1 可以看出：在近场，回波频率成分主要集中在高频，随着探测深度的增加，回波频率成分主要集中在低频。这是因为随着深度的增加，回波信号中高频成分的衰减要比低频成分的衰减大，当探测深度较深时，发射波的高频成分甚至不能到达探测介质深度便已被全部吸收。因此，在近场有价值的是高频成分，低频成分为近场强回声，过强的低频分量会影响近场区的分辨力，应考虑滤除。而在远场，有价值的是低频成分，高频成分已经衰减殆尽，噪声已成为高频的主要成分，应滤除。

　　对于一个高斯模型幅频特性的超声探头，其回波信号中心频率的衰减，理论上与探测深度的增加成正比关系。因此，可得到回波中心频率随深度变化的曲线，如图 5.2 所示。

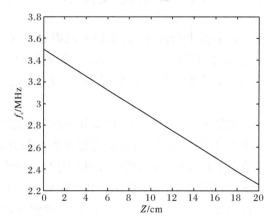

图 5.2　回波中心频率随探测深度的变化曲线

　　而动态滤波技术实际上就是设计一个动态滤波器，为了获得全程探测深度内最佳分辨力的超声图像，动态地接收不同深度下有用的不同频率段的超声回波信号。近场的回波接收其高频成分，以达到较好的分辨力，远场的回波接收其低频成分，保证探测的深度。

5.1.1　数字滤波器

　　LTI 数字滤波器根据实现时系统函数的不同，分成有限脉冲响应（finite impulse response，FIR）型滤波器和无限脉冲响应（infinite impulse response，IIR）型滤波器两大类，FIR 滤波器由有限个采样值组成，而 IIR 滤波器需要执行无限数量次卷积。FIR 滤波器相对于 IIR 滤波器的优势在于：

　　（1）线性相位的性能很容易实现；

　　（2）多频带滤波器是可行的；

　　（3）Kaiser 窗函数方法允许自由迭代设计；

（4）FIR 具有结构简单的抽取器和插入器；

（5）非递归滤波器总是稳定的，并且没有极限环；

（6）可以很容易得到高速流水线式的设计；

（7）典型 FIR 都有较低系数和算法四舍五入误差预算及定义明确的量化噪声。

FIR 滤波器相对于 IIR 滤波器的劣势在于：

（1）由于极点/零点消除的不完整，递归滤波器可能会不稳定；

（2）复杂的 Parks-McClellan 算法必须是针对极小化极大滤波器设计才是可行；

（3）高滤波器长度需要很大的工作量。

相比较中 FIR 滤波器具有线性相位和稳定两大优点，所谓线性相位是指滤波器相频特性是一条经过原点的直线，信号经过此滤波器就不会有相位失真。在实际工程中是处理图像数据，所以要求对信号处理的相位不失真。另外 FIR 滤波器的系数都是中心对称的，偶数系数的滤波器可以减少一半的乘法器，所以数字信号处理系统中 FIR 滤波器被更加广泛地应用。

FIR 滤波器采用窗函数法（windowing method），常用的窗函数有：矩形窗函数、三角（bartlett）窗函数、Hanning 窗函数、Hamming 窗函数、Blackman 窗函数、Kaiser 窗函数。窗函数的选择原则是：

（1）具有较低的旁瓣幅度，尤其是第一旁瓣幅度；

（2）旁瓣幅度下降速度要快，以利于增加阻带衰减；

（3）主瓣的宽度要窄，以获得较陡的过渡带。

通常上述几点很难同时满足，因此，实际选用的窗函数往往是根据不同需要而进行折中处理，保证主瓣宽度达到一定要求的条件下，适当牺牲主瓣宽度来换取旁瓣波动的减少。

5.1.2　动态滤波器设计

这里需要设计的动态滤波器，实际上是容许频带下移的一组带通滤波器，采用 FIR 滤波器实现，该带通滤波器在频率 $[\omega_1,\omega_2]$ 幅值为 1，ω_1 为下限截止频率，ω_2 为上限截止频率，在频率 $[0,\omega_1]\bigcup[\omega_2,\pi]$ 幅值为 0，由其典型频率响应做傅里叶反变换得到滤波器的冲击响应序列为

$$
\begin{aligned}
h(n) &= \frac{1}{2\pi}\int_{-\pi}^{\pi} H(\omega)\,\mathrm{e}^{j\omega n}\,\mathrm{d}\omega \\
&= \frac{1}{2\pi}\int_{-\omega_2}^{-\omega_1} \mathrm{e}^{j\omega n}\,\mathrm{d}\omega + \frac{1}{2\pi}\int_{\omega_1}^{\omega_2} \mathrm{e}^{j\omega n}\,\mathrm{d}\omega \\
&= \frac{\omega_2}{\pi}\mathrm{sinc}\Big(\frac{\omega_2}{\pi}n\Big) - \frac{\omega_1}{\pi}\mathrm{sinc}\Big(\frac{\omega_1}{\pi}n\Big), \quad n=\Big[-\frac{N-1}{2},\frac{N-1}{2}\Big]
\end{aligned} \tag{5.1}
$$

窗函数通常使用 Hanning 窗,窗长度定义为 $L=N+1$:

$$w(n)=0.5\left(1-\cos\left(2\pi\frac{n}{N}\right)\right),\quad 0\leqslant n\leqslant N \tag{5.2}$$

因此,带通滤波器的系数为

$$
\begin{aligned}
b(n) &= w(n)h(n) \\
&= 0.5\left(1-\cos\left(2\pi\left(\frac{n}{N-1}+\frac{1}{2}\right)\right)\right) \\
&= \left(\frac{\omega_2}{\pi}\operatorname{sinc}\left(\frac{\omega_2}{\pi}n\right)-\frac{\omega_1}{\pi}\operatorname{sinc}\left(\frac{\omega_1}{\pi}n\right)\right),\quad n\in\left[-\frac{(N-1)}{2},\frac{N-1}{2}\right]
\end{aligned}\tag{5.3}
$$

可以得到上限、下限截止频率分别为

$$
\begin{aligned}
\frac{\omega_1}{\pi} &= \frac{f_c-B/2-W^2\beta/(\pi z)}{f_s/2} \\
\frac{\omega_2}{\pi} &= \frac{f_c+B/2-W^2\beta/(\pi z)}{f_s/2}
\end{aligned}\tag{5.4}
$$

令采样频率为 $f_s=25\text{MHz}$,超声探头带宽 $B\approx1\text{MHz}$,初始回波信号的中心频率为 $f_c=3.5\text{MHz}$,带宽因数为 $W=1.4\text{MHz}$,平均衰减系数为 $\beta=0.1(\text{cm}^{-1}\cdot\text{MHz}^{-1})$,滤波器阶数为 $N=31$,探测深度 Z 的变化深度分别取 $0,20,40,\cdots,200\text{mm}$。通过式(5.4)可以计算得到 8 组中心频率下移的带通滤波器系数,滤波器频率响应特性曲线如图 5.3 所示。

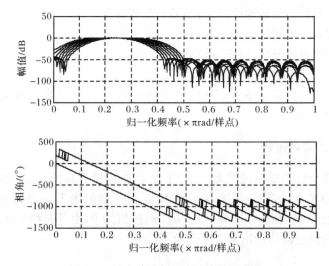

图 5.3　动态滤波器频率响应特性曲线

图 5.4 和图 5.5 分别为对应探测深度在最近端和最远端时滤波器的频率响应特性曲线。

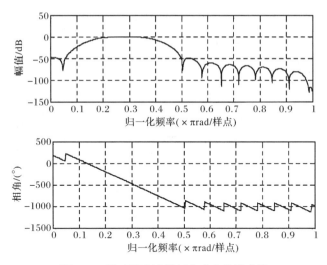

图 5.4　最近端滤波器频率响应特性曲线

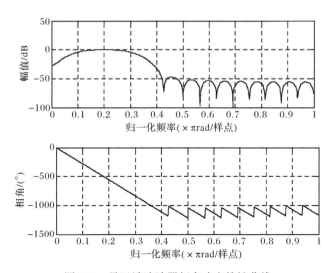

图 5.5　最远端滤波器频率响应特性曲线

5.1.3　动态滤波器的 FPGA 实现

在滤波器阶数一定的情况下,目前所有的 FIR 滤波器都有固定硬件拓扑结构,由不同的系数决定滤波器的幅频特性。因此动态滤波器可以理解为一个硬件拓扑结构固定、滤波器系数动态改变的滤波器,其原理框图如图 5.6 所示。

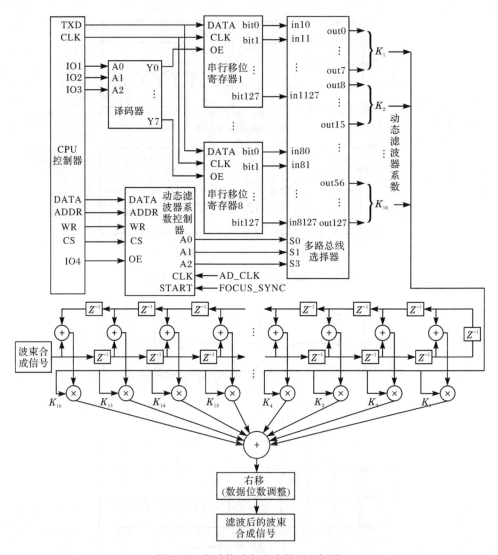

图 5.6　变系数动态滤波器原理框图

从图 5.6 中可以看出,动态滤波器采用了 31 阶 FIR 滤波器,而滤波器的系数 $K_1 \sim K_{16}$ 直接决定了滤波器的幅频特性。在动态滤波器工作前,CPU 控制器通过译码器片选移位寄存器,通过同步串口将 8 组滤波器系数分别发送给 8 个移位寄存器,然后置 IO4 为低电平,初始化动态滤波器系数控制器的 8 个深度控制参数。当动态聚焦开始时,FOCUS_SYNC 信号启动动态滤波器系数控制器工作,对 AD_CLK 进行计数,并与已初始化的深度控制参数进行比较,并在相应深度时刻选通多路总线选择器对应的滤波器系数,从而实现动态滤波器不同的幅频特性[1]。

图 5.6 中的动态滤波器是通过改变滤波器的系数实现滤波器不同的滤波特性,该方案虽然只有一个硬件拓扑结构,但是需要大量的乘法器资源,特别是当滤波器阶数很高时,不利于乘法器的充分利用。在工程实际中,根据滤波器所需的幅频特性,提前设计出几个滤波器并联,然后不同的滤波器轮流工作,从而实现动态滤波,原理框图如图 5.7 所示。

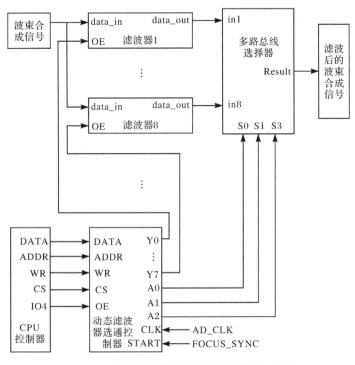

图 5.7　并联滤波器构成动态滤波器原理框图

从图 5.7 可以看出,在动态滤波器工作之前,CPU 控制器初始化动态滤波器选通控制器的 8 个深度控制参数。当动态聚焦开始时,FOCUS_SYNC 信号启动动态滤波器选通控制器工作,对 AD_CLK 进行计数,并与已初始化的深度控制参数进行比较,并在相应深度时刻通过 Y0~Y7 分别选通滤波器 1~滤波器 8 工作,并将滤波器 1~滤波器 8 对应的输出通过多路总线选择器选通输出,从而实现动态滤波器不同的幅频特性。

这里需要注意的是,采用并联滤波器组在对超声回波信号进行动态滤波的过程中,如果简单地让并联滤波器都工作,通过控制多路总线选择器选通输出结果,将使得动态滤波器系统的功耗很高;如果简单地让动态滤波器组中的滤波器分时工作,进行简单的"刚性"切换,也可能造成超声回波信号的失真。这是因为数字滤波器是记忆系统,输入输出有一定的滞后延迟。从图5.6中可以看出,对于一个31阶的FIR滤波器,从输入序列的第一个数进入滤波器到这个数离开滤波器需要31个时钟,所以如果在滤波器组之间进行简单的"刚性"切换,切换后的滤波器难以及时输出正确的结果。因此,在工程实际应用中,对于动态滤波器的切换,应当采用"柔性"方式进行切换工作,图5.7中的滤波器1~滤波器8进行工作与数据选通的时序图如图5.8所示。

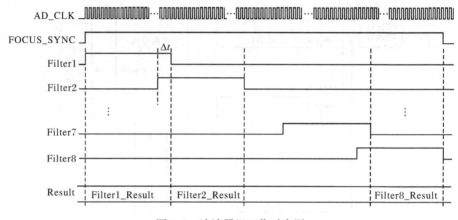

图5.8　滤波器组工作时序图

从图5.8中可以看出,FOCUS_SYNC启动滤波器Filter1工作,在滤波器Filter1停止工作前,启动滤波器Filter2工作,在滤波器Filter1与Filter2需要有一个工作交叠区 Δt,这样才能确保在进行输出结果Result切换时,尽量减小超声回波信号的"刚性"切换[2]。

5.2　包络检测技术

回波信号经过动态滤波之后,得到一个幅度和相位都受调制的信号,而超声成像一般采用回波的幅度信息来进行成像。因此,必须从振幅调制波中不失真地检出调制信号,需要完成这个功能的电路称为振幅检波器,即进行包络检测,其示意图如图5.9所示。

数字超声检波常用的方法有绝对值低通滤波法与数字正交解调法两种。绝对值低通滤波法的基本原理就是对回波信号取绝对值,然后进行低通滤波,这时可能出现很小的交流分量,需要对信号再次取绝对值,然后进行平滑滤波,从而得到回波信号的包络线,硬件原理框图如图5.10所示。

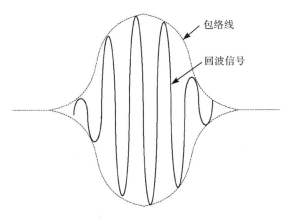

图 5.9　回波信号包络检测

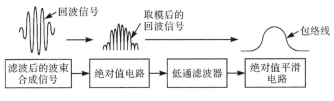

图 5.10　绝对值低通滤波法

从图 5.10 可以看出,绝对值低通滤波法在模拟电路中虽然难以很好实现,但是在数字电路 FPGA 中,绝对值取模和低通滤波运算却非常容易实现,低通滤波器可以采用 IIR 滤波来实现,这样可以很好地节约硬件乘法器资源。

绝对值低通滤波法在数字黑白超声中应用较广,但是该方法对包络的检测存在一定的误差,并且该方法将丢失回波信号中的多普勒信息。因此,在数字彩超中,应用更多的是采用正交解调法实现回波信号的包络检测。

假设包络线函数为 $f(t)$,超声波信号为 $\sin(\omega_1 t + \phi)$,那么包络线函数与超声波信号的乘积 $y(t) = f(t)\sin(\omega_1 t + \phi)$ 可以看做超声回波信号,如图 5.9 中的波形所示,超声成像需要获得 $|f(t)|$。为了获得 $|f(t)|$,需要根据式(5.5),对 $|y(t)|$ 进行正交解调:

$$Z(t) = y(t) \cdot e^{j\omega_2 t} \tag{5.5}$$

根据式(5.5)可得

$$Z(t) = y(t) \cdot e^{j\omega_2 t}$$

$$Z(t) = y(t)(\cos\omega_2 t + j\sin\omega_2 t)$$

$$Z(t) = f(t)\sin(\omega_1 t + \phi)\cos\omega_2 t + j(f(t)\sin(\omega_1 t + \phi)\sin\omega_2 t)$$

根据三角函数计算公式,可以分别得到实部 $y_R(t)$ 和虚部 $y_X(t)$ 为

$$\begin{cases} Z(t) = y_R(t) + y_X(t) \\ y_R(t) = \dfrac{f(t)}{2}(\sin((\omega_1+\omega_2)t+\phi) + \sin((\omega_1-\omega_2)t+\phi)) \\ y_X(t) = -\dfrac{f(t)}{2}(\cos((\omega_1+\omega_2)t+\phi) - \cos((\omega_1-\omega_2)t+\phi)) \end{cases} \tag{5.6}$$

采用低通滤波器对 $Z(t)$ 进行低通滤波可以得到

$$\begin{aligned} \mathrm{LPF}(Z(t)) &= \mathrm{LPF}(y_R(t) + y_X(t)) \\ &= \frac{f(t)}{2}(\sin((\omega_1-\omega_2)t+\phi) + \mathrm{j}\cos((\omega_1-\omega_2)t+\phi)) \end{aligned} \tag{5.7}$$

对 $\mathrm{LPF}(Z(t))$ 取模可以得到

$$|\mathrm{LPF}(Z(t))| = \frac{|f(t)|}{2} \tag{5.8}$$

　　根据上述推导,可以得到超声回波信号的正交数字包络检波原理框图如图 5.11 所示,图 5.11 中 $\cos\omega_r nT_s$ 和 $\sin\omega_r nT_s$ 分别是 I、Q 通道的本振信号。

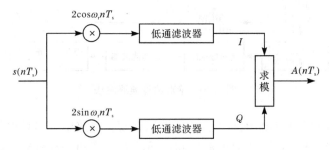

图 5.11　数字正交解调原理图

　　FIR 滤波器公式为

$$y(n) = \sum_{m-1}^{n} h(m)x(n-m) \tag{5.9}$$

其中,$x(n)$、$y(n)$ 分别为输入信号和输出信号;$h(n)$ 为滤波器系数。

　　离散系统的正交解调的数学推导如下:

　　假设超声阵元接收到的回波信号为

$$s(t) = A(t)\cos(\omega_0 t + \phi(t)) \tag{5.10}$$

其中,$A(t)$、ω_0 和 $\phi(t)$ 分别为回波信号的幅度、载频频率和相位,经采样和动态滤波后得

$$\begin{aligned} s(nT_s) &= A(nT_s)\cos(\omega_0 nT_s + \phi(nT_s)) \\ &= A(nT_s)\cos\omega_0 nT_s\cos\phi(nT_s) - A(nT_s)\sin\omega_0 nT_s\sin\phi(nT_s) \\ &= A_I(nT_s)\cos\omega_0 nT_s - A_Q(nT_s)\sin\omega_0 nT_s \end{aligned} \tag{5.11}$$

其中,$A_I(nT_s) = A(nT_s)\cos\phi(nT_s)$;$A_Q(nT_s) = A(nT_s)\sin\phi(nT_s)$;$T_s = 1/f_s$ 是采

样间隔；$A_I(nT_s)$ 表示同向分量；$A_Q(nT_s)$ 表示正交分量。

代入式(5.9)，低通滤波处理可得

$$I = \mathrm{LPF}(s(nT_s) \times 2\cos(\omega_r nT_s))$$
$$= \mathrm{LPF}([A_I(nT_s)\cos\omega_0 nT_s - A_Q(nT_s)\sin\omega_0 nT] \times 2\cos(\omega_r nT_s))$$
$$= \mathrm{LPF}(A_I(nT_s) \times 2\cos(\omega_r nT_s)\cos\omega_0 nT - A_Q(nT_s) \times 2\cos(\omega_r nT_s)\sin\omega_0 nT)$$
$$= \mathrm{LPF}(A_I[\cos((\omega_0 + \omega_r)nT_s) + \cos((\omega_0 - \omega_r)nT_s)] + \cdots$$
$$- A_Q(nT_s)[\sin((\omega_0 + \omega_r)nT_s) + \sin((\omega_0 - \omega_r)nT_s)])$$
$$= A_I\cos((\omega_0 - \omega_r)nT_s) - A_Q(nT_s)\sin((\omega_0 - \omega_r)nT_s) \tag{5.12}$$

同理可得

$$Q = A_I\cos((\omega_0 - \omega_r)nT_s) + A_Q(nT_s)\sin((\omega_0 - \omega_r)nT_s) \tag{5.13}$$

最后通过求模运算得到幅值

$$A(nT_s) = \sqrt{I^2 + Q^2} = \sqrt{A_I(nT_s) + A_Q(nT_s)} \tag{5.14}$$

从式(5.13)可以看出，这里设计的低通滤波器需要保留低频信号 $\omega_0 - \omega_r$，滤除高频信号 $\omega_0 + \omega_r$，令超声信号的起始中心频率为 $f_c = 3.5\mathrm{MHz}$，$B \approx 1\mathrm{MHz}$，考虑到中心频率的下移，载频频率 ω_0 的值在 1.7～4MHz 之间，取本振频率 $\omega_r = 2.5\mathrm{MHz}$。则可以设计一个截止频率为 2.5MHz 的低通滤波器，采用窗函数（Hanning 窗）设计一个 15 阶的 FIR 低通滤波器，图 5.12 是该低通滤波器的频率响应特性曲线。图 5.13 是超声回波信号进行包络检测前后的信号示意图。

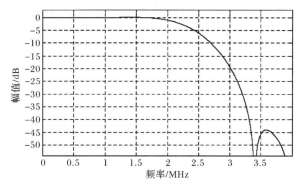

图 5.12　FIR 低通滤波器频率响应特性曲线

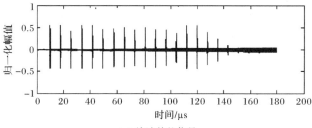

(a) 检波前的信号

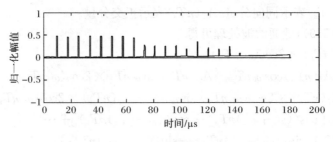

(b) 检波后的信号

图 5.13　超声回波信号的包络检测

　　需要指出的是：采用数字正交解调法进行包络检测，在求模运算之前的信号 $LPF[Z(t)]$ 包含了彩超成像所需要的血流信息，这就是数字彩超为什么需要采用数字正交计算包络的原因所在。

　　从图 5.11 中可以看出，取模运算需要对实部、虚部分别进行平方求和运算，然后是开方。平方运算通过乘法器易于实现，开方运算相对来说比较麻烦，可以采用逐次逼近的方法进行开方运算，也可直接调用 Quartus II 中的 altsqrt 模块进行开方运算[3]。

5.3　对数压缩技术

　　当超声回波信号经过包络检波之后，所得到的包络信号具有较低的频率，而过高的数据速率将导致大量重复冗余的数据，这时可以降低包络信号数据的速率。一般来说，包络信号的数据速率可以降低到 5MHz 左右，甚至更低。

　　因为超声反射和折射的系数将在很大范围内变化，可以达到 50～60dB，所以超声信号的幅度包络线是不能直接进行显示的，因为普通 CRT 显示器的动态范围只有 24～40dB。目前超声成像系统常用显示器的显像等级一般为[0,255]。因此，需要将包络线原始的取值区间映射到超声成像显示器的显像区间。使用对数压缩方式可以有效加强非强聚焦区域反射回波信号的成像，图 5.14(a)、(b)分别为使用线性方式和对数压缩方式下的超声成像示意图。图 5.14 采用的是定点聚焦方式，发射和接收焦点为 40mm 深度，3 个反射点深度依次为 40mm、50mm、60mm。从图 5.14 中可以明显看出，使用对数压缩后得到的超声图像虽然横向分辨率有所降低，但整体效果优于线性方式[4]。

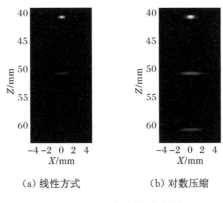

（a）线性方式　　　　（b）对数压缩

图 5.14　超声成像示意图

超声回波信号经过包络检波后,一般是 12bit 的二进制数,取值范围是 $[0, 4095]$,需要压缩到 $[0,255]$。早期的模拟超声一般采用模拟对数芯片进行压缩,这里不作详述。在数字超声成像系统中,主要有两种方案:一种是采用 FPGA 进行对数计算获得;另一种则是采用上位机 CPU 直接完成。早些时候的数字超声大都采用 FPGA 完成对数压缩,但是随着上位机 CPU 控制器运算性能的大幅提升,对数压缩运算环节完全可以在上位机 CPU 中完成,具体实现方式,此处不作详述[5]。

参 考 文 献

[1] Daher N M, Yen J T. 2-D array for 3-D ultrasound imaging using synthetic aperture techniques. IEEE Transactions on Ultrasonics, Ferroelectrics and Frequency Control, 2006, 53 (5):912—924.

[2] 吕群波,袁艳,相里斌. 傅里叶变换成像光谱数据压缩. 光子学报,2008,37(3):573—576.

[3] Raum K,O'Brien Jr W D. Pulse-echo field distribution measurement technique for high-frequency ultrasound sources. IEEE Transactions on Ultrasonics, Ferroelectrics and Frequency Control,1997,44(4):810—815.

[4] 沈毅,冯乃章,芦蓉. 医学超声成像中数字波束形成的聚焦参数压缩方法. 中国, 200710072422[2007-11-28].

[5] Ma N,Goh J T. Efficient method to determine diagonal loading value. IEEE International Conference on Acoustics,Speech,and Signal Processing,2003,5:V—341.

第 6 章 超声的数字图像处理技术

在前面的章节中,主要是针对数字超声成像系统中数字信号的处理。而在超声系统中数字图像处理技术应用也很广泛,本章将对医学超声中一些关键数字图像处理技术进行研究,主要包括数字扫描变换和图像的帧相关。

6.1 数字扫描变换技术

在 B 型和 M 型等显示二维图像的超声诊断设备中,为了能把回波的视频信号直接映射到 CRT 显示屏上,CRT 的光点偏向应时刻跟随回波信号。从原理上讲,这种直接显示方式最简单,也是最"忠实"的方法。但在超声显像设备中有一个重要的因素需要考虑——速度。超声在人体软组织传播的速度为 1540m/s,换能器发射超声脉冲到接收到 200mm 深度的回波信号约需 260µs。为了使显示的图像具有可视性,每幅超声图像需由 100 条以上的超声扫描线组成。因此,采用常规的成像方法,完成一幅图像的单线扫描至少需 26ms 以上,而这种单线扫描的方式将会使人眼观察这种实时图像有闪烁感。

在超声扫描与 CRT 显示器之间,如果插入一种图像存储器,超声回波的视频信号能够实时地、数字式地存入图像存储器中,并且同时从图像存储器中不断地取出图像信息到显示器去显示,就可以避免一幅图像的单线扫描情况。如果存入图像存储器的速度与超声扫描相同步,读出图像信息的速度可以适当提高,这样就可使显示的图像稳定而无闪烁感。这种用数字方式、以不同速率来存入和读出图像信息方法,完成从超声扫描到显示扫描的变换技术,人们常称之为数字扫描变换(digital scan conversion,DSC)技术,完成这一变换的电路部件称之为数字扫描变换器。

DSC 技术的引入,使超声诊断设备产生了质的飞跃。由于超声扫描和显示扫描之间是互相独立的,不管超声扫描的形式及其速度如何,所显示的图像都将没有闪烁感,并可保持图像的高质量。DSC 技术使得要保持某一幅图像静止而不变成为可能,另外也使图像处理、图像数据的测量、通过设备的接口与外部进行图像数据的交换成为可能[1]。

数字扫描变换器中的关键技术就是在超声扫描和显示扫描之间建立一种映射关系。因为在数字 B 超成像系统中,凸阵探头超声扫描接收回来的是以极坐标形式排列的回波数据,而我们人眼直接观察到的则是以直角坐标形式显示在显示器上的超声图像。因此,数字扫描变换技术中包含两项关键技术:坐标变换和线性插值。

6.1.1 坐标变换

凸阵探头接收的超声回波信号是以极坐标形式排列的扇形区域的扫描结果。如果直接将该回波信号以直角坐标形式显示成像,结果必然是不正确的,因而需要进行坐标变换,其变换的过程可参照图 6.1。扇形区域和显示区域各自以 Z 轴为轴线对称分布。

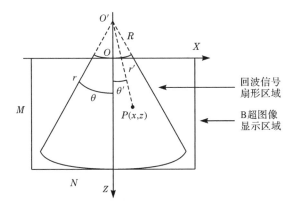

图 6.1 极坐标与直角坐标的变换

设 B 超图像显示区域,横向分布有 N 个点,纵向分布有 M 个点,将显示区域的任意点对应到回波信号的扇形区域,假设 P 点直角坐标为 (x,z),凸阵探头曲率半径为 R,其坐标变换方式如下:

$$r=\sqrt{(R+z)^2+x^2}-R$$
$$\theta=\arctan\frac{x}{R+z} \tag{6.1}$$

通过式(6.1)将直角坐标的点转换到极坐标中[2]。

6.1.2 线性插值

通过坐标变换后的坐标点,不一定正好落在凸阵探头的接收扫描线上,也不一定正好就在回波数据点对应的深度上。因此,需要通过线性插值的方式得到该点数值的大小,通常采用的是四点线性插值的方式,其原理如图 6.2 所示。

$S_{m,n}$ 表示第 m 条扫描线上第 n 个回波数据点的数值,其他回波数据点含义类推,P 点落在如图 6.2 所示的四点之间,两条紧挨的扫描线之间的夹角为 $\Delta\theta$,两个紧挨的回波点之间距离为 Δr,假设 P 点与 $S_{m,n}$ 的夹角为 $\Delta\theta'$,梯度距离为 $\Delta r'$,那

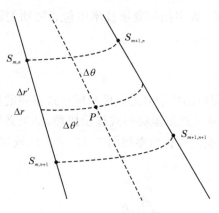

图 6.2　四点线性插值

么有 P 点值的大小为

$$
\begin{aligned}
S_P = & \left(1 - \frac{\Delta\theta'}{\Delta\theta}\right) \cdot \left(1 - \frac{\Delta r'}{\Delta r}\right) \cdot S_{m,n} \\
& + \left(1 - \frac{\Delta\theta'}{\Delta\theta}\right) \cdot \frac{\Delta r'}{\Delta r} \cdot S_{m,n+1} \\
& + \frac{\Delta\theta'}{\Delta\theta} \cdot \left(1 - \frac{\Delta r'}{\Delta r}\right) \cdot S_{m+1,n} \\
& + \frac{\Delta\theta'}{\Delta\theta} \cdot \frac{\Delta r'}{\Delta r} \cdot S_{m+1,n+1}
\end{aligned}
\tag{6.2}
$$

需要注意的是,当 P 点不在凸阵探头成像区域内时,即 $\theta' > \theta$、$\theta' < -\theta$、$r' > r$ 或 $r' < R$ 时,$S_P = 0$。

四点线性插值方式是数字化 B 超成像系统中设计数字扫描变换技术时首选的方式,最邻近插值算法和梯形采样算法是另外两种插值方式,但是四点线性插值方式相比这两者而言,虽然算法结构最复杂,但是重建的得到图像效果最好[3]。

6.2　图像的帧相关

对于相对静止的人体脏器做超声扫描时,所得到的 B 型超声图像可进行多幅图像叠加平均处理,使图像上的噪声得到抑制。这就是帧相关技术的思想。

众所周知,由于超声束的空间分辨率有限及噪声等因素造成了超声图像中的斑点噪声,这是超声显像系统中的一个固有问题。随机出现的亮点属于图像中的高频噪声,消除的方法自然是做低通滤波。

低通滤波可以在空域中或者频域中进行。在超声图像处理中考虑到实时处理的要求及尽量减小存储器容量等因素,比较实用的方法还是递归滤波方法。所谓的"帧相关"就是一种简单的递归滤波方法,或者说是一种 IIR 结构的低通滤波器[4]。

假设第 n 幅超声回波图像中各像素点的灰阶值用 $x_n(i,j)$ 表示,经过帧相关处理之后的图像用 $y_n(i,j)$ 表示,那么帧相关处理可用下式表示:

$$y_n(i,j) = \alpha y_{n-1}(i,j) + (1-\alpha)x_n(i,j) \tag{6.3}$$

其中,α 为相关系数。

式(6.3)的含义是:本次输出的图像 y_n 由一部分本次输入的图像 x_n 与一部分上次输出的图像 y_{n-1} 组合而成。

递归滤波器的设计与分析通常采用 Z 变换方法,作为二维图像信号一般应用二维 Z 变换。但考虑到式(6.3)属于最简单递归运算,每个像素点的值只取决于本像素点的输入及上一次输出,与其他像素的值无关。因此,可以借助一维的 Z 变换方法来分析其频率特性,实际上是分析各个像素点自身的频率响应。与式(6.3)对应的一维表达式可以写成

$$y(n) = \alpha y(n-1) + (1-\alpha)x(n) \tag{6.4}$$

其传递函数为

$$H(z) = \frac{Y(z)}{X(z)} = \frac{1-\alpha}{1-\alpha z^{-1}} \tag{6.5}$$

式(6.5)其实就是一个一阶低通滤波器传递函数。图 6.3 给出了当 α 取0.25、0.5 和 0.75 时的幅频特性。α 值越大,高频成分被抑制得越厉害,或者说,对于图像上某一个像素点来说其灰阶值越不易出现锐变[5]。显然,该方法对于削弱斑点噪声无疑是有好处的,但是与此同时也影响了图像的动态特性。因此,一般情况下,在探查腹部时,可以近似认为腹腔内部的图像是静止的,这时可以选择较大的帧相关系数以获得较少的斑点噪声图像;但在探查心脏时,考虑到图像的动态实时性,则应选择较小的相关系数,以保证图像有足够好的动态特性。

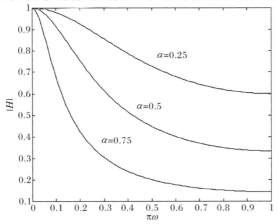

图 6.3　帧相关滤波器的幅频特性

参 考 文 献

[1] 王伟明. 数字 B 超成像技术及其优化方法的研究[硕士学位论文]. 重庆:重庆大学,2010.

[2] Ma N,Goh J T. Efficient method to determine diagonal loading value. IEEE International Conference on Acoustics,Speech,and Signal Processing,2003,5:V-341.

[3] 王杰,李洪兴,王加银,等. 一种图像快速线性插值的实现方案与分析. 电子学报,2009,37 (7):1481—1486.

[4] 田坦,等. 声纳技术. 哈尔滨:哈尔滨工程大学出版社,2000.

[5] Burkholder R J,Browne K E. Coherence factor enhancement of through-wall radar images. Antennas and Wireless Propagation Letters,IEEE,2010,9:842—845.

第7章 基于虚拟阵元的超声成像双聚焦波束合成

在医学超声成像领域,随着波束合成技术的不断发展,基于声场叠加或图像叠加的合成孔径聚焦(synthetic aperture focusing,SAF)[1]技术得到了广泛应用。与传统的延时叠加波束合成方法相比,合成孔径聚焦成像是一种比较有潜力的超声成像方法,能够明显提高图像的分辨率,但是该方法要求采样和存储每一个孔径点的整个回波信号,即全波采样,其重建理论较复杂,且成像的分辨率对于成像深度有很大的依赖性,无论对软件还是硬件要求都比较高;其次,单一利用合成孔径聚焦技术,超声成像的回波信号信噪比(SNR)很低,具有较高的旁瓣等级,图像的对比度、分辨率较差。因此,为进一步提高超声图像的分辨率和增加探测深度,研究学者开展了一系列新方法、新技术的研究。

近年来,虚拟阵元的概念已广泛应用于军事、民用通信以及雷达天线探测系统等阵列信号处理领域,其基本思想是在保持真实阵元数目不变的情况下,应用虚拟阵元技术使得阵元数目在虚拟上得到增加,从而减小波束宽度,提高分辨率[2]。然而,目前在国内超声成像领域,虚拟阵元技术的相关报道甚少。

随着临床诊断需求的不断增加,对超声成像系统的成像质量提出了更高的要求。本章将虚拟阵元技术引入到超声成像系统,结合延时叠加(delay-and-sum,DAS)波束合成方法[2],利用两次延时叠加实现双聚焦波束合成(dual focusing beamforming,DFB)超声成像。该方法通过引入虚拟阵元的概念,结合合成孔径聚焦技术,利用两个波束合成器BF1和BF2以及一个FIFO缓存器通过两次延时叠加,无须再存储大量的低分辨率回波数据,就能解决分辨率与探测深度之间的矛盾,进一步提高超声成像的分辨率,同时不降低成像的深度。

7.1 基于虚拟阵元的双聚焦波束合成方法

在超声成像的发射聚焦过程中,如果信源(signal source)是一个真实的传感器阵元,那么此信源即为实源(real source),否则为虚拟源(virtual source,VS)。Frazier与O'Brien等学者首先研究了合成孔径技术中VS的应用。不同于天线等阵列信号处理领域的虚拟阵元概念,在超声成像发射聚焦过程中,将发射聚焦点视为一个VS,分别向前后发射超声波信号,在接收聚焦过程中,若接收焦点与VS

重合,此时 VS 即为一个虚拟阵元(virtual element,VE)[3]。由于合成孔径聚焦以及延迟叠加波束合成适用于目前现有的任意传感器阵列,如线阵、凸阵以及凹阵探头,本章仅以线性传感器阵列为例来研究和说明超声成像中的虚拟阵元技术。图 7.1(a)即为传统的发射聚焦声场,若发射接收焦点为单一固定的,则焦点即为 1个 VE,如图 7.1(b)所示,分别向前后发射孔径角为 $2\theta_a$ 球面波的声波信号。当存在 2 个及以上虚拟阵元时,虚拟阵元的声场将出现叠加,如图 7.1(c)所示。

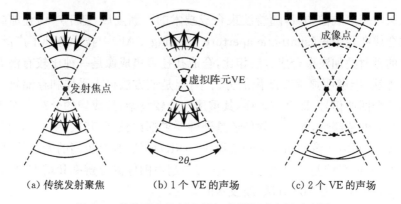

(a) 传统发射聚焦　　　　(b) 1 个 VE 的声场　　　　(c) 2 个 VE 的声场

图 7.1　传统聚焦发射声场与虚拟阵元声场对比图

基于虚拟阵元的双聚焦波束合成(dual focusing beamforming,DFB)原理图如图 7.2 所示。DFB 包含 2 个波束合成器 BF1 和 BF2,以及一个存储 BF1 输出数据的 FIFO 缓存器。DFB 分为两个部分:第一部分利用滑动子孔径,采用定点发射和接收聚焦,将各个通道的回波数据通过波束合成器 BF1 进行延迟叠加波束合成,将 BF1 的输出数据存储在 FIFO 中;第二部分将 FIFO 中的数据作为波束合成器 BF2 的输入,结合逐点聚焦技术,再次进行延迟叠加波束合成,得到最终成像的回波数据。

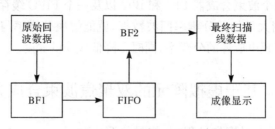

图 7.2　双聚焦原理框图

7.2　波束合成器 BF1 的延迟参数计算

根据上述虚拟阵元双聚焦波束合成的原理,第一阶段波束合成采用滑动子孔径、定点发射接收聚焦模式,利用 BF1 得到 N(其中 N 为滑动子孔径个数)条扫描线数,并且声场发生重叠,如图 7.3(a) 所示,图 7.3(b) 给出了形成第 n 条扫描线时延迟参数的计算示意图。

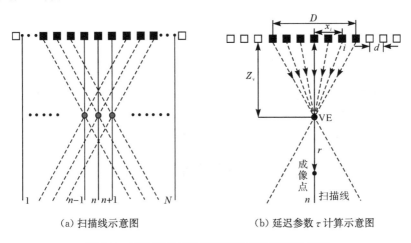

(a) 扫描线示意图　　　　　　(b) 延迟参数 τ 计算示意图

图 7.3　BF1 形成扫描线及延迟参数计算示意图

图 7.3(b) 中,设阵元间距为 d,虚拟阵元深度为 Z_v,聚焦系数为 $F\sharp$,子孔径线性传感器个数 $L=Z_v/F\sharp/d$,子孔径大小 $D=Ld$,将子孔径中心定为参照原点,则子孔径中第 i 个阵元的位置 x_i 为

$$x_i=\left(i-\frac{L+1}{2}\right)d,\quad i=1,2,\cdots,L \tag{7.1}$$

在 VE 处聚焦,声速 c 为已知常数,以子孔径中心作为延迟时间参考点,则阵元 i 的延迟为

$$\tau_i=\frac{\sqrt{x_i^2+Z_v^2}-Z_v}{c} \tag{7.2}$$

则该扫描线数据为

$$S_n(t)=\sum_{i=1}^{L}w(i)s_i\left(t-\frac{r}{c}-\tau_i\right) \tag{7.3}$$

其中,$w(i)$ 为变迹加权系数;$s_i(t)$ 为子孔径中阵元 i 接收到的回波信号;r/c 为声波从像点到子孔径中心的传播时间;τ_i 为第 i 个阵元施加的延迟。利用滑动子孔径的概念,经过第一阶段的波束合成,可以得到 N 条扫描线数据 $S_n(t)$[4]。

7.3　波束合成器 BF2 的延迟参数计算

由图 7.1(c)可知,多个虚拟阵元的存在会出现声场叠加现象,即同一个采样点包含多个像点的信息。然而并不是所有的样本点全都包含在每一个虚拟阵元的声场范围内。考虑任意样本点 ii 是否位于编号为 jj 的虚拟阵元声场范围内,可以参照式(7.4):

$$K_{jj,ii}=\begin{cases}1, & \left|\dfrac{d\_x}{d\_z}\right|\leqslant\tan\theta_a \\[3mm] 0, & \left|\dfrac{d\_x}{d\_z}\right|>\tan\theta_a\end{cases} \tag{7.4}$$

其中,d_x 为样本点到相应虚拟阵元的侧向距离,d_z 为轴向距离。若 $K_{jj,ii}=1$,则该样本点位于相应虚拟阵元的声场范围内,该样本点即为有效样本点。

图 7.4 为虚拟阵元延迟参数计算及声场叠加的示意图。

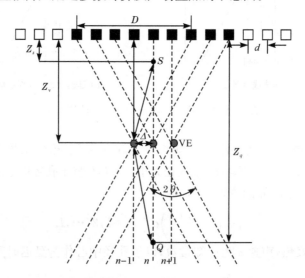

图 7.4　虚拟阵元延迟参数计算及声场叠加

图 7.4 中,$D=Ld$ 为滑动子孔径的大小,Z_v 表示虚拟阵元的深度,Z_q、Z_s 分别为样本点 Q、S 的深度,真实阵元间距 d 以及虚拟阵元间距 Δ,聚焦系数 $F\sharp=Z_v/D$,由几何关系可以得到半孔径角 θ_a:

$$\theta_a=\arctan\frac{D}{2Z_v}=\arctan\frac{1}{2F\sharp} \tag{7.5}$$

孔径角 $2\theta_a$ 决定了虚拟阵元的声场辐射范围以及有效声场叠加的个数。已知声速 c,通过图 7.4 可以计算任意样本点 ii 到虚拟阵元 jj 的延迟参数:

$$\tau_{jj,\ddot{u}} = 2\frac{Z_v \pm \sqrt{(d\_x)^2 + (d\_z)^2}}{c} \tag{7.6}$$

其中,"±"表示样本点在相应虚拟阵元的下方或者上方。

第二阶段采用逐点接收聚焦波束合成的方式,参照式(7.6)可分别计算其他所有样本点的延迟参数,则 BF2 合成的第 n 条扫描线数据可以表示为

$$H_{n,\ddot{u}}(t) = \sum_{jj=1}^{N} w(jj) K_{jj,\ddot{u}} S_{jj,\ddot{u}}(t - \tau_{jj,\ddot{u}}), \quad \ddot{u} = 1,2,\cdots,M \tag{7.7}$$

其中,$w(jj)$ 为相应的变迹加权系数;M 为样本点总数;N 为 BF1 所形成的扫描线总数;$S_{jj,\ddot{u}}(t)$ 为波束合成器 BF1 所形成的第 jj 条扫描线上的第 $\ddot{u}$ 个样本点;$\tau_{jj,\ddot{u}}$ 为样本点 $\ddot{u}$ 相对于编号是 jj 的虚拟阵元的延迟参数[5]。

从上述可知,基于虚拟阵元的双聚焦波束合成方法是在延迟叠加波束合成的基础之上,结合虚拟阵元的概念来实现的,适合现有的超声成像系统。对于有限传感器阵列,随着样本点深度的增加,有效虚拟阵元个数将会超出实际虚拟阵元的个数。因此,越接近传感器阵列边缘的地方,有效样本个数不会再继续增加,此时侧向分辨率会略微下降。同时本算法假定所有成像点为静态点,对于动态目标点成像,原理方法基本类似,这里不做详述。

7.4　仿真结果及讨论

实验仿真主要是基于丹麦理工大学快速超声成像(FUI)实验室提供的 Field Ⅱ仿真平台来实现的。Field Ⅱ是基于线性系统空间相应原理,把传感器表面分为若干小块,将所有小块产生的空间响应叠加在一起。Field Ⅱ仿真的效果与实际成像很接近,已被国际上广泛认同为仿真超声系统的标准。目前许多组织和公司都在使用,包括 Philips、Siemens、General Electric、Aloka。

本章利用 Field Ⅱ进行点散射目标仿真实验,对比了传统动态接收聚焦(DRF)、合成聚焦(SF)以及基于虚拟阵元的双聚焦波束合成(DFB)算法,并重点分析了这三种算法在分辨率和探测深度方面的差异。

仿真过程中均采用定点发射和分段动态聚焦接收模式,成像采用线性阵列,阵元总数为 128,发射信号中心频率为 3.5MHz,采样频率为 50MHz,阵元中心间距为一个波长,声速为 1540m/s。信号仿真时加入了 60dB 的高斯白噪声,成像的动态范围为 40dB。设置虚拟源深度 $Z_v = 20$mm,聚焦系数 $F\sharp = 2$,BF1 的幅度变迹加权系数采用 Hamming 窗,BF2 的幅度变迹加权系数采用 Boxcar 窗。为提高成像效果,采用了滑动子孔径技术,子孔径阵元数目为 48。

目标散射点共 14 个;其中深度 70mm 处设定 5 个散射点,两相邻散射点横向间隔为 2mm,其余散射点分布在深度为 10～100mm 的区域内,轴向间隔为

10mm。图 7.5 为不同方法对不同深度散射点的成像结果。

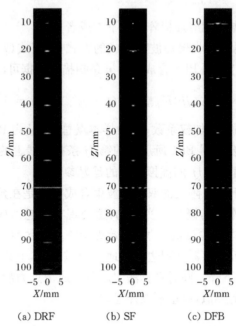

(a) DRF　　　　(b) SF　　　　(c) DFB

图 7.5　动态范围 40dB 时的不同深度散射点仿真成像

　　从图 7.5 可以看出,传统的 DRF 波束合成算法侧向分辨率差,不能将深度 70mm 处的 5 个散射点分辨开来,且随着深度增加,散射点的旁瓣逐渐增加;相比于 DRF 成像,SF 算法虽然提高了侧向分辨率,但是,图像的对比度随着探测深度的增加而急剧下降,且系统复杂度方面远高于 DRF;本书提出的 DFB 算法,在提高图像的侧向分辨率和对比度方面都远远优于 SF 以及 DRF,系统复杂度略高于 DRF,但远低于 SF。

　　为说明本章提出的 DFB 方法在一定程度上调和了探测深度和分辨率之间的矛盾,我们将目标散射点的位置在图 7.5 的基础上整体沿 Z 轴向下移动 30mm 之后,仿真成像效果如图 7.6 所示。由于图 7.5 中 DRF 算法在 70mm 处的分辨率太差,因此仅对 SF 和 DFB 方法做进一步的仿真对比分析。

　　从图 7.6 中可以看出,DFB 算法的仿真成像结果中,目标点成像在 Z 轴方向的宽度明显比 SF 算法成像的宽度细,即轴向分辨率 DFB 优于 SF;对比图 7.5,在图 7.6 中 DFB 以及 SF 的侧向分辨率都有所下降,但 DFB 算法在 100mm 处仍然可以清楚地分辨出轴上点以及轴外点,而 SF 算法在 100mm 处所成的像几乎为一条直线,不能分辨出轴上点以及轴外点,侧向分辨率 DFB 远优于 SF。因此 DFB 算法在一定程度上有效地调和了探测深度与分辨率之间的矛盾。

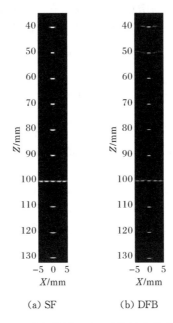

(a) SF　　　　(b) DFB

图 7.6　动态范围 40dB 时散射点仿真成像

为了进一步深入研究不同方法对图像质量的影响情况,图 7.7 分别给出了散射点回波数据的归一化幅值在 −3dB 和 −25dB 处主瓣宽度随探测深度变化的曲线。

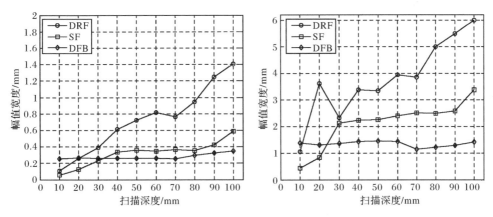

(a) DRF、SF 与 DFB 在 −3dB 的侧向分辨率对比　　(b) DRF、SF 与 DFB 在 −25dB 处主瓣宽度对比

图 7.7　DRF、SF 与 DFB 的横向分辨率及能量衰减对比图

从图 7.7 中可以看出,虽然 DRF 及 SF 算法在近场区域成像的侧向分辨率略

优于 DFB 算法,但随着深度的增加,DFB 算法在－3dB 处的主瓣宽度基本保持不变,成像效果明显优于 DRF 和 SF。由于信号的主瓣宽度在－25dB 处仍然基本保持均匀,从而能量比较集中,因此,DFB 算法能够有效地增加探测深度。

参 考 文 献

[1] Stuart M B,Jensen J A. An architecture and implementation of real-time synthetic aperture compounding with SARUS. IEEE International Ultrasonics Symposium(IUS),Orlando, 2011:1044－1047.

[2] Wang S L,Li P C. High frame rate adaptive imaging using coherence factor weighting and the MVDR method. IEEE Ultrasonics Symposium,Beijing,2008:1175－1178.

[3] 胡鹏. 虚拟阵元波束形成方法研究[硕士学位论文]. 西安:西北工业大学,2006.

[4] Jensen J A. Field:A Program for simulating ultrasound systems. Med. Biol. Eng. Comput. , 1996,34(1):351－353.

[5] Mezzanotte P,Mongiardo M,Roselli L,et al. Analysis of packaged microwave integrated circuits by FDTD. IEEE Transactions on Microwave Theory and Techniques,1994,42(9): 1796－1801.

第 8 章　自适应波束合成算法

传统超声成像时,为了减小旁瓣信号对成像对比度的影响,人们通常采用幅度变迹技术,对不同阵元施加不同的加权值(通常为 Hanning 窗或 Blackman 窗函数)。幅度变迹虽然压制了旁瓣,但增加了主瓣宽度,降低了成像的空间分辨率。产生这个问题的根源在于,用于幅度变迹的加权值都是固定的,同空间散射点的分布以及接收到的数据是无关的。因此,为了提高成像空间分辨率,学者展开了对自适应波束合成的研究,希望由接收到的数据得到动态的加权值。

自适应波束合成是由 Capon 在 1969 年首次提出的,称为最小方差波束合成(MV)[1]。MV 算法使噪声以及来自非信源方向上的任何干扰所贡献的功率最小,同时保持信源方向上的信号功率不变。自适应波束合成算法对于提高成像空间分辨率有其独特的优势,但图像对比度却没有改善;该算法适用于远场、窄带非相关信号,而超声数据具有近场、宽带和很强的相关性等特点;算法的稳定性不如传统的延时叠加法,如果聚焦方向向量不够精确,成像效果会严重下降。针对这三个问题,本章提出了两种改进算法,分别为最小方差波束合成与基于最小方差相干系数融合的超声成像方法、基于特征空间的前后向最小方差波束合成。

8.1　标准的最小方差波束合成算法

假设有 M 个等间距阵元的传感器阵列,在阵列的近场区域存在一些点散射目标。波束合成的输出可表达为

$$y(k) = \boldsymbol{w}^{\mathrm{H}}(k)\,\boldsymbol{x}_{\mathrm{d}}(k) = \sum_{i=1}^{M} \boldsymbol{w}_i(k)\,\boldsymbol{x}_i(k - \Delta_i) \tag{8.1}$$

其中,k 为时间系数;$\boldsymbol{x}_{\mathrm{d}}(k)$ 为经过聚焦延时后的信号,表示为 $\boldsymbol{x}_{\mathrm{d}}(k) = [x_1(k - \Delta_1), \cdots, x_M(k - \Delta_M)]^{\mathrm{T}}$;$w(k) = [w_1(k), \cdots, w_M(k)]^{\mathrm{T}}$ 为加权向量;Δ_i 为各个通道的延时量。当 $w(k)$ 为全 1 的向量时,即为传统的延时叠加法;当 $w(k)$ 由接收到的数据动态计算得到时,即为自适应波束合成算法。

最小方差波束合成算法的核心就是寻找一个最佳的加权向量 w,在保持期望方向增益不变的条件下,使阵列的输出能量最小,其数学表达式为

$$\min_{\boldsymbol{w}} \boldsymbol{w}^{\mathrm{H}}\,\boldsymbol{R}_{i+n}\boldsymbol{w}, \quad \mathrm{s.\,t.} \ \ \boldsymbol{w}^{\mathrm{H}}\boldsymbol{a} = 1 \tag{8.2}$$

其中,$\boldsymbol{R}_{i+n}$ 是 $M \times M$ 干扰加噪声的协方差矩阵;a 为方向向量。最优加权向量为

$$w_{\text{opt}} = \frac{R_{i+n}^{-1} a}{a^H R_{i+n}^{-1} a} \tag{8.3}$$

在实际中,由于很难获得精确的干扰加噪声协方差矩阵,因此式(8.3)中的协方差矩阵被样本协方差矩阵取代。样本协方差矩阵表示为[2]

$$\tilde{R} = \frac{1}{N} \sum_{n=1}^{M} x_d(n) x_d^H(n) \tag{8.4}$$

8.2　稳健的自适应加权波束合成算法

虽然最小方差波束合成算法能得到很好的成像分辨率,但其稳健性远不如传统的延时叠加法。为了增强算法的稳健性,一些具有代表意义的波束合成稳健算法被提出,如对角加载(diagonal loading,DL)法[3]、空间平滑法和特征空间法[4]等。下面详细介绍和分析这些稳健算法。

8.2.1　对角加载法

由 8.1 节可知,最优加权向量的求解表达式中的 R_{i+n} 是通过采样数据估计得到的。研究表明,当采样数据很少时,协方差矩阵估计存在误差,从而导致自适应波束的主瓣失真和旁瓣抬高。Kelly 提出旁瓣等级的预期值等于 $E(\text{SLL}) = 1/(K+1)$,其中 K 为采样的个数。这也意味着要达到 -40dB 的旁瓣等级,需要用10000 个样本点来估计协方差矩阵。但是,在实际情况下,由于干扰与噪声的相关性限制了采样数据的个数。为了保证在有限采样数据条件下,仍然能够得到比较理想的自适应波束图,Carlson 提出了一种修正采样方差矩阵的方法,对估计得到的协方差矩阵进行对角加载,但没有提出如何确定对角加载量。为了确定具体的对角加载值,Ma 提出了一个依赖于采样数据来确定对角加载值的有效方法。该方法得到的对角加载值与协方差矩阵误差有关,协方差矩阵误差越大,对角加载值也越大。本小节将详细介绍对角加载值的确定方法。

在实际应用中,自适应加权值是通过协方差矩阵的估计值 $\tilde{R}$ 求得。但由于采样数据有限,协方差的估计值 $\tilde{R}$ 存在误差,可表示为

$$\tilde{R} = R + \varepsilon B \tag{8.5}$$

其中,R 是真实的协方差矩阵;B 是零均值单位方差的随机矩阵;ε 是个表示采样协方差矩阵估计误差的常量,该值为整数。由此可见,估计误差越大,算法性能越糟糕。

通过对角加载后的协方差矩阵 R_{DL} 为

$$\tilde{R}_{\text{DL}} = R + \varepsilon B + \lambda I \tag{8.6}$$

其中,λ 为对角加载量。假设 $\varepsilon\|\boldsymbol{B}\|\leqslant\|\boldsymbol{R}+\lambda\boldsymbol{I}\|$,对角加载后的协方差矩阵的逆矩阵可近似表示为

$$R_{\mathrm{DL}}^{-1}=(\boldsymbol{R}+\lambda\boldsymbol{I})^{-1}[\boldsymbol{I}+\varepsilon\boldsymbol{B}(\boldsymbol{R}+\lambda\boldsymbol{I})^{-1}]^{-1}$$

$$\approx(\boldsymbol{R}+\lambda\boldsymbol{I})-1\Big[\boldsymbol{I}-\frac{\varepsilon}{\lambda+\delta^2}\boldsymbol{B}(\boldsymbol{I}-\boldsymbol{a}(\boldsymbol{a}^{\mathrm{H}}\boldsymbol{a}+(\delta^2+\lambda)\boldsymbol{\Lambda}^{-1})^{-1})^{-1}\boldsymbol{a}^{\mathrm{H}}\Big]$$

$$(8.7)$$

由式(8.7)可知,第一括号中的部分应接近 $\boldsymbol{R}$,因此对角加载值应该远远小于协方差矩阵 $\boldsymbol{R}$ 的对角元素:

$$\lambda\ll R(i,i),\quad i=1,2,\cdots,M \qquad (8.8)$$

从式(8.7)可以看出,自适应波束合成的降低是由波形括号中的第二项引起的。如果第二项为零,最优的波束合成将被获得。因此希望

$$\frac{\varepsilon}{\lambda+\delta^2}<1\Rightarrow\varepsilon<\lambda+\delta^2 \qquad (8.9)$$

由于 $\delta^2>0$,根据式(8.8)和式(8.9)得

$$\varepsilon\leqslant\lambda<R(i,i) \qquad (8.10)$$

在此方法中,协方差矩阵估计的估计误差 ε 需要已知。但是,在实际应用中真实的协方差矩阵是不可能得到的,因此,我们只能通过采样协方差矩阵去估计真实协方差矩阵的对角元素和估计误差。

误差矩阵 $\boldsymbol{B}$ 是零均值单位方差的随机矩阵,因此,真实协方差矩阵的对角元素可以通过采样协方差矩阵的对角元素的平均值来进行估计,即

$$\hat{\boldsymbol{R}}=\operatorname{trace}(\tilde{\boldsymbol{R}})/M \qquad (8.11)$$

其中,M 是阵元数;$\operatorname{trace}(\cdot)$ 表示矩阵的迹。

使用相同的表达式,对角元素的标准偏差被用来表示采样协方差矩阵的估计误差,即

$$\varepsilon=\operatorname{std}(\operatorname{diag}(\tilde{\boldsymbol{R}})) \qquad (8.12)$$

其中,$\operatorname{diag}(\cdot)$ 表示矩阵的对角元素;$\operatorname{std}(\cdot)$ 表示标准偏差。因此,对角加载的选取应满足[5]

$$\operatorname{std}(\operatorname{diag}(\tilde{\boldsymbol{R}}))\leqslant\lambda<\operatorname{trace}(\tilde{\boldsymbol{R}})/M \qquad (8.13)$$

8.2.2　空间平滑法

在超声成像中,由于超声信号来自于介质散射,各路回波信号存在很大的相关性,存在"信号相消"现象,从而导致自适应波束合成算法的性能大大下降。为了去除超声信号的相关性,Synnevag 首次将空间平滑法应用于超声成像中。空间平滑法是一个去相关的有效方法,由 Shan 和 Kailath 提出,通过此方法可以保持采样协方差矩阵的秩不减小。

1. 空间平滑原理

空间平滑方法就是通过对基阵进行划分、叠加等处理,达到信号相关矩阵的秩等于信号的个数,这样就可以保持矩阵的秩不会减小,是个非相关矩阵。假设有一均匀线阵,阵元数为 M,将 M 个阵元划分成具有相同阵元数的重叠子阵,每个子阵的个数为 L,阵元划分结构示意图如图 8.1 所示。

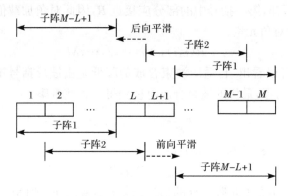

图 8.1　空间平滑阵列划分结构

前向平滑算法利用均匀线阵的平移不变性,把 M 个阵元分为阵元数目为 L 的相互重叠的子阵,分别计算各个子阵的自协方差矩阵,再进行算术平均,从而形成一个等效的 L 阶阵列协方差矩阵。

用 $\boldsymbol{x}_\mathrm{d}^l$ 表示第 l 个前向子阵列的输出向量:

$$\boldsymbol{x}_\mathrm{d}^l(k)=[x_\mathrm{d}^l(k),x_\mathrm{d}^{l+1}(k),\cdots,x_\mathrm{d}^{l+L-1}(k)]^\mathrm{T},\quad 1\leqslant l\leqslant M-L+1 \tag{8.14}$$

则子阵列的协方差矩阵为

$$\boldsymbol{R}_l^\mathrm{f}=E[\boldsymbol{x}_\mathrm{d}^l(k)(\boldsymbol{x}_\mathrm{d}^l(k))^\mathrm{H}] \tag{8.15}$$

前向空间平滑协方差矩阵 $\boldsymbol{R}^\mathrm{f}$ 为前向子阵列协方差矩阵的平均值:

$$\boldsymbol{R}^\mathrm{f}=\frac{1}{M-L+1}\sum_{l=1}^{M-L+1}\boldsymbol{R}_l^\mathrm{f} \tag{8.16}$$

从相关文献可知,前向空间平滑技术虽然有效去除了信号的相关性,抑制了干扰,但却造成阵列孔径的损失。为了减小阵列孔径的损失,提出了修正的空间平滑算法,即前后向空间平滑法。

2. 前后向空间平滑法

为了减少阵列孔径的损失,可以再增加 $M-L+1$ 个后向子阵列,阵列划分方式如图 8.1 所示,定义第一个后向子阵列由 $\{M,M-1,\cdots,M-L+1\}$ 组成,第二个后向子阵列由阵元 $\{M-1,M-2,\cdots,M-L\}$ 组成,以此类推,就可以得到 $M-L+$

1 个后向子阵列。用 $\tilde{x}_d^l(k)$ 表示第 l 个后向子阵列的输出向量:

$$\tilde{x}_d^l(k)=[x_d^{M-l+1}(k),x_d^{M-l}(k),\cdots,x_d^{M-l-L+2}(k)]^H,\quad l=1,2,\cdots,M-L+1$$

(8.17)

则第 l 个后向子阵列的协方差矩阵可表示为

$$R_l^b=E[\tilde{x}_d^l(k)(\tilde{x}_d^l(k))^H]$$ (8.18)

和前向平滑类似,空间平滑后向协方差矩阵 R^b 可表示为

$$R^b = \frac{1}{M-L+1}\sum_{l=1}^{M-L+1} R_l^b$$ (8.19)

将前向空间平滑矩阵 R^f 和后向空间平滑矩阵 R^b 取平均,得到前后向空间平滑矩阵 $\tilde{R}$,表示为

$$\tilde{R}=\frac{R^f+R^b}{2}$$ (8.20)

前后向空间平滑法增加了阵列孔径,能够更加精确地估计协方差矩阵,但需要对子阵进行两次平滑,这样计算量比单独进行一次循环多一倍。为了节省一半的计算量,可以通过对前向协方差矩阵进行适当的数值处理,得到后向协方差矩阵。后向协方差矩阵用前向协方差矩阵可表示为

$$R^b=K(R^f)^*K$$ (8.21)

其中,K 为转换矩阵,该矩阵只有反对角线上的元素为 1,其余为 0,上标 * 表示矩阵共轭。

8.2.3 特征空间法

特征空间法是将输入信号(包括所需要的信号及干扰信号)的相关矩阵 R 分解为两个相互正交的子空间,即信号子空间和噪声子空间。其中较大特征值对应的特征矢量组成信号子空间 E_s,小特征值对应的特征矢量组成噪声子空间 E_n。对 R 进行特征分解:

$$R = \sum_{i=1}^q \lambda_i e_i e_i^H + \sigma_N \sum_{i=q+1}^M e_i e_i^H$$ (8.22)

其中,$\lambda_1 \geqslant \lambda_2 \geqslant \cdots \geqslant \lambda_q > \lambda_{q+1} = \cdots = \lambda_M = \sigma_N$ 是相应的 M 个特征值;$e_i(i=1,2,\cdots,M)$ 为 R 的特征值对应的特征向量。

相关矩阵 R 也可表示为

$$R=E_s \Lambda_s E_s^H + E_n \Lambda_n E_n^H$$ (8.23)

其中,E_s 为信号子空间,表示为 $E_s=[e_1,e_2,\cdots,e_q]$;$\Lambda_s=\text{diag}\{\lambda_1,\lambda_2,\cdots,\lambda_q\}$;$E_n$ 为噪声子空间,表示为 $E_n=[e_{q+1},\cdots,e_M]$;$\Lambda_n=\text{diag}\{\lambda_{q+1},\cdots,\lambda_M\}$。

最小方差波束合成的最优加权向量可写为

$$w_{opt} = \mu R^{-1} a$$

$$= \mu \boldsymbol{E}_s \boldsymbol{\Lambda}_s^{-1} \boldsymbol{E}_s^H \boldsymbol{a} + \mu \boldsymbol{E}_n \boldsymbol{\Lambda}_n^{-1} \boldsymbol{E}_n^H \boldsymbol{a}$$

$$= w_{\text{opts}} + w_{\text{optn}} \tag{8.24}$$

其中

$$\mu = \frac{1}{a^H \boldsymbol{R} a} \tag{8.25}$$

$$w_{\text{opts}} = \mu \boldsymbol{E}_s \boldsymbol{\Lambda}_s^{-1} \boldsymbol{E}_s^H \boldsymbol{a} \tag{8.26}$$

$$w_{\text{optn}} = \mu \boldsymbol{E}_n \boldsymbol{\Lambda}_n^{-1} \boldsymbol{E}_n^H \boldsymbol{a} \tag{8.27}$$

从式(8.24)可知,最优自适应权向量由两部分组成:一部分由信号子空间贡献;另一部分为噪声子空间贡献。在理想情况下,存在于噪声子空间的分量 w_{optn} 应该为零,即 w_{opt} 位于信号子空间中。但由于有限的样本估计、指向误差等因素,会导致 w_{optn} 这项并不为零,从而使得波束合成的算法性能降低。因此,本书提出基于特征结构的自适应波束合成方法,摒弃权矢量在噪声子空间的分量,而仅保留在信号子空间的分量,即采用式(8.26)定义的 w_{opts} 作为最优加权。

文献提出子空间投影方法,将期望信号导向矢量 a 向信号子空间投影,即

$$a_e = \boldsymbol{E}_s \boldsymbol{E}_s^H \boldsymbol{a} \tag{8.28}$$

则最优化权矢量表示为

$$w_{\text{opt}} = \mu_e \boldsymbol{R}^{-1} \boldsymbol{a}_e \tag{8.29}$$

其中,$\mu_e = \dfrac{1}{a^H \boldsymbol{E}_s \boldsymbol{\Lambda}_s^{-1} \boldsymbol{E}_s^H \boldsymbol{a}}$。

8.2.4　广义相干系数

据相关文献报道,在不同类型的人体软组织里,声速存在一定的差异。即使在同类型的软组织里由于组织的不均匀性,声速也存在差异。由声速不均匀性引起的相位畸变是导致超声成像质量下降的一个重要来源。因此,如何减小因声速不均匀性导致超声成像分辨率和对比度的下降是近年来的研究热点。Donnell 等提出了相位校正的相位延时估计方法,有效解决了由于声速不均匀性引起相位畸变,进而导致聚焦特性和成像质量不好的问题。Li 等提出用广义相干系数作为自适应加权应用于传统的延时叠加成像中,提高了系统的鲁棒性[4]。其中,广义相干系数法应用最广泛。

广义相干系数来源于经过适当延时接收孔径数据的空间频谱,它被定义为预先设定低频范围的频谱能量与总能量的比值。其中,频谱的低频部分对应着接收数据的相干部分,频谱的高频部分对应着接收数据的非相干部分。广义相干系数可以作为衡量聚焦质量的指标,同时也被用来作为重建图像的自适应加权系数。为了计算广义相干系数,首先,对阵元域数据进行离散傅里叶变换:

$$p(h) = \sum_{i=0}^{M-1} x_i(k) \mathrm{e}^{-\mathrm{j}2\pi\left(i-\frac{M}{2}\right)d\frac{h}{Md}} = \mathrm{e}^{\mathrm{j}\pi h} \sum_{i=0}^{M-1} x_i(k) \mathrm{e}^{-\mathrm{j}2\pi\frac{ih}{M}} \tag{8.30}$$

其中,M 为阵元数;d 为阵元间距;$p(k)$ 为变换到波束域后的数据。然后根据广义相干系数的定义可知

$$\text{GCF}(m) = \frac{\sum\limits_{h \in (0,1,\cdots,m)} |p(h)|^2}{\sum\limits_{h=0}^{M-1} |p(h)|^2} \qquad (8.31)$$

其中,根据帕斯伐尔定理(Parseval's Relation)可知,$\sum\limits_{h=0}^{M-1} |p(h)|^2 = M\sum\limits_{i=0}^{M-1} |x_i(k)|^2$。

当 $m=0$ 时,得到相干系数的定义:

$$\text{CF} = \frac{|p(0)|^2}{\sum\limits_{h=0}^{M-1} |p(h)|^2} = \frac{\left|\sum\limits_{i=0}^{M-1} x_i(k)\right|^2}{M\sum\limits_{i=0}^{M-1} |x_i(k)|^2} \qquad (8.32)$$

m 为控制 GCF 的低频成分的能量比,通过改变 m 的数值,可以改变算法的性能。广义相干系数在提高算法的鲁棒性和图像对比度方面效果明显。

8.3　最小方差波束合成与基于最小方差相干系数融合的超声成像方法

在医学超声成像中,MV 算法可以有效地提高图像的分辨率,但不能提高图像的对比度。为了进一步提高图像分辨率和对比度,本节提出了一种最小方差波束合成与基于最小方差相干系数融合的医学超声成像方法。其中,基于最小方差的相干系数是对相干系数中相干部分利用 MV 方法进行估计,充分利用 MV 的高分辨率去提高相干信号的估计。

由本章的前言可知,标准 MV 波束合成算法仅适用于窄带、非相关信号。对于窄带信号,方向向量 a 是一组与信号频率有关的复数。然而对于超声成像的宽带信号,方向向量 a 不能再简单地表示为一组复数,并且接收信号高度相关。为了克服这些约束,在接收阶段采用动态聚焦,这样来自焦点的响应可以近似成一个平面波入射阵元,从而得到一个与频率无关的方向向量,表示为全 1 的矢量。

采用前向空间平滑法去除回波信号的相关性,根据式(8.16)得到前向协方差矩阵 R^f。同时,为了得到一个稳健的协方差矩阵,利用对角加载对协方差矩阵进行处理,用 $R^f + \lambda I$ 代替 R^f 得到 R_{DL},λ 的取法可参考式(8.13),本次取 $\lambda = \Delta\text{trace}[R^f(k)]$ 为一恒定常数,其值要大于子阵元的个数。$\text{trace}[R^f(k)]$ 为信号等效功率。

用 R_{DL} 代替 R_{i+n} 代入式(8.3)得到最优加权值,稳健的 MV 波束合成输出为

$$y_{mv}(k) = \frac{1}{M-L+1} \sum_{l=1}^{M-L+1} w^H(k) \, x_d^l(k) \tag{8.33}$$

用最小方差波束合成的输出代替 CF 的相干部分（即分子部分）形成一个高分辨率相干系数（HRCF）：

$$HRCF(k) = \frac{M \, |y_{mv}(k)|^2}{\sum\limits_{m=0}^{M-1} |x_i(k)|^2} \tag{8.34}$$

通过式（8.34）可计算出高分辨率相干系数，并与最小方差波束合成的输出进行加权，得到波束合成的最终输出为

$$y_{hrcf+mv}(k) = HRCF(k) y_{mv}(k) \tag{8.35}$$

其中，子阵长度的选择应该确保协方差矩阵估计是可逆的，L 的上限为 $M/2$。当 $L=1$ 时，相当于 DAS 波束合成，图像的分辨率降低，鲁棒性提高；当 $L=M/2$ 时，图像的分辨率提高，鲁棒性却降低。因此，L 的取值范围在 0 到 $M/2$ 之间，选取何值依具体情况而定[5]。

8.4　基于特征空间的前后向最小方差波束合成

最小方差波束合成算法对于提高成像空间分辨率具有独特的优势，但不能显著提高图像的对比度，并且算法的稳健性不如传统的延时叠加算法。因此，本节提出利用前后向（FB）空间平滑取代传统的前向空间平滑来计算样本协方差矩阵 $\tilde{R}$，提高其精确度，从而提高算法的稳健性；利用特征空间法将计算得到的最优加权向量 w_{opt} 投影到由协方差矩阵特征空间（EIB）构造的信号子空间中，提高图像的对比度。这就是本节所提出的基于特征空间的前后向最小方差波束合成（EIBFB-MV）。该方法的具体实施步骤如下：

（1）根据 8.2.2 节的相应公式，计算前后向协方差矩阵 $\tilde{R}_{FB}$。

（2）将 $\tilde{R}_{FB}$ 代入式（8.3）计算得到加权向量 w_{FBMV}。

（3）同时根据式（8.23），对 $\tilde{R}_{FB}$ 进行特征分解。其中，信号子空间中特征向量个数 q 的选取直接决定了保持主瓣信号和降低旁瓣等级的能力。反之，特征向量个数的选取也与主瓣信号和旁瓣信号有关，会随着环境的变化而变化。主瓣信号的能量主要集中在较大特征值所对应的特征向量，旁瓣信号集中在小特征值所对应的特征向量。因此，一般用大于最大特征值 δ 倍的特征值所对应的特征向量组成信号子空间 E_s。δ 在 0 到 1 之间取值。通过调节参数 δ，可以在对比度以及稳健性之间进行折中。

（4）考虑到在理想情况下，信号的自适应加权向量应该位于信号子空间中，存

在于噪声子空间中的分量应该为零。因此将最优加权值 w_{FBMV} 投影到信号子空间中,得到 w_{EIBFBMV}:

$$w_{\text{EIBFBMV}} = \boldsymbol{E}_s \, \boldsymbol{E}_s^{\text{H}} w_{\text{FBMV}} \tag{8.36}$$

得到波束合成的最终输出为

$$y_{\text{EIBFBMV}}(k) = \frac{1}{M-L+1} \sum_{l=1}^{M-L+1} \boldsymbol{w}_{\text{EIBFBMV}}^{\text{H}}(k) \boldsymbol{x}_{\text{d}}^l(k) \tag{8.37}$$

8.5　仿真结果及讨论

本章利用 Field II 对医学超声成像中常用的点目标和斑目标进行了成像仿真实验。整个仿真实验分为三大组:

(1) 传统延时叠加成像:定点聚焦、动态聚焦、分段动态聚焦的成像效果,以及进行幅度变迹后的成像效果;

(2) 为了验证最小方差波束合成与基于最小方差相干系数融合成像算法的优越性,将该算法与传统的延时叠加波束合成、最小方差波束合成算法、相干系数算法、最小方差波束合成与相干系数融合算法的成像效果进行比较;

(3) 为了验证基于特征空间的前后向最小方差波束合成算法的优越性,将该算法与传统的延时叠加波束合成、最小方差波束合成算法、前后向最小方差波束合成算法的成像效果进行比较。

8.5.1　传统延时叠加成像

Field II 仿真基本参数设置为:64 阵元线性阵列,发射频率为 3MHz,采样频率为 50MHz,声速为 1540m/s,阵元间距为半个波长。7 个散射点空间坐标 (x, y, z) 为 $(-6, 0, 20)$,$(-4, 0, 30)$,$(-2, 0, 40)$,$(0, 0, 50)$,$(2, 0, 60)$,$(4, 0, 70)$,$(6, 0, 80)$。

图 8.2 是对定点聚焦、动态接收聚焦、分段动态聚焦三种模式的成像对比,显示灰度的动态范围为 60dB。图 8.2(a) 为定点聚焦,发射焦点和接收焦点都定在 50mm 处,所以在 $(0, 0, 50)$ 处的散射点分辨率较好;图 8.2(b) 发射焦点定在 50mm 处,但接收采用动态聚焦,与图 8.2(a) 相比,分辨率有所改善,旁瓣等级有所下降,伪像减少;图 8.2(c) 和 8.2(d) 都是分段动态聚焦,不同的是 8.2(c) 分段为 4,发射焦点分别定在 20mm、40mm、60mm、80mm 处,而 8.2(d) 分段为 8,发射焦点定在 10mm、20mm、30mm、40mm、50mm、60mm、70mm、80mm 处。由图 8.2(c) 和 8.2(d) 可知,与定点聚焦、动态接收聚焦相比,分段动态聚焦成像效果最好,同时分段数越多,效果越好,但是帧率会相应下降。

为了研究幅度变迹抑制旁瓣等级的效果,图 8.3 给出了常用的幅度变迹函数的成像效果图。图 8.3(a) 为动态聚焦,发射焦点定在 50mm 处。图 8.3(b)、(c)、 (d)依次采用 Hanning 窗、Hamming 窗、Blackman 窗幅度变迹。由图可知,使用幅度变迹后,图像的旁瓣等级降低,图像的对比度提高,但代价是成像分辨率稍有下降。

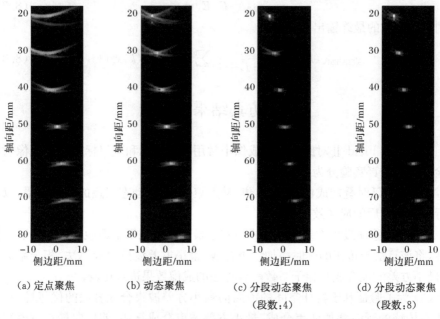

(a)定点聚焦 (b)动态聚焦 (c)分段动态聚焦   (d)分段动态聚焦
　　　　　　　　　　　　　　　　　　（段数:4）　　　　（段数:8）

图 8.2　延时叠加仿真成像比较

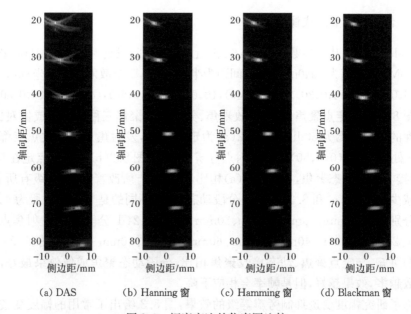

(a) DAS (b) Hanning 窗 (c) Hamming 窗 (d) Blackman 窗

图 8.3　幅度变迹的仿真图比较

为了进一步深入研究不同的窗函数对图像质量的影响情况,图 8.4 给出了点目标在深度 50mm 和 70mm 处的横向截面图。

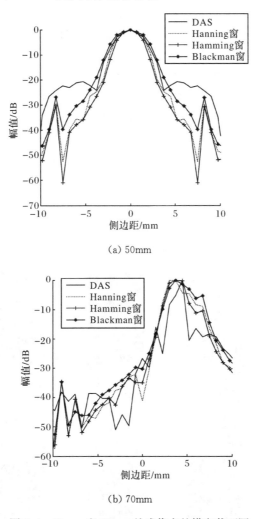

(a) 50mm

(b) 70mm

图 8.4 50mm 和 70mm 处成像点的横向截面图

由图 8.4 可知,Hanning 窗和 Hamming 窗降低旁瓣等级的效果比 Blackman 窗好;同时由于发射焦点定在深度 50mm 处,因此该处的成像横向分辨率较好,使用窗函数后旁瓣等级得到抑制,主瓣宽度也没有增加;而在深度 70mm 处,使用幅度变迹后,主瓣宽度变宽,其中 Blackman 窗的最宽[6]。

综上所述,分段动态聚焦效果最好,但是帧率有所下降;窗函数加权虽然能够提高图像的对比度,抑制旁瓣,但却增加了主瓣宽度,降低了侧向分辨率。针对窗函数加权的缺点,提出采用自适应波束合成算法,实现真正的动态变迹。

8.5.2 最小方差波束合成与基于最小方差相干系数融合的成像

本小节利用 Field Ⅱ 进行仿真实验,通过对接收数据进行算法处理,并将所提的波束合成算法与常规的波束合成算法(传统的延时叠加波束合成)、最小方差波束合成算法、相干系数算法以及最小方差波束合成与相干系数融合的算法在分辨率、对比度以及鲁棒性方面进行了比较。

所有仿真均采用定点发射和动态接收聚焦的工作模式,采用线性阵列,有效阵元数目 M 为 64,发射频率 f_0 为 3.5MHz,系统采样频率 f_s 为 50MHz,阵元间距为半个波长,声速 c 为 1540m/s。为了达到图像分辨率的最好效果,子阵长度 L 为 $M/2$。信号仿真时加入了 60dB 的高斯白噪声,显示动态范围为 60dB。

1. 点散射目标

目标散射点共 6 对,等间隔分布在深度为 40~70mm 的区域内,相同深度两个散射点横向间距为 2mm。图 8.5 为不同方法对不同深度散射点的成像结果。

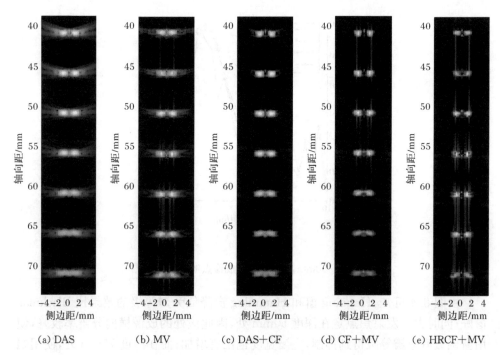

图 8.5　点目标各种成像对比

从图 8.5 中可以看出,DAS 波束合成算法横向分辨率和对比度均为最差;MV 波束合成算法横向分辨率较高,但是仍然有较高的旁瓣等级;CF 算法在提高对比度,降低旁瓣等级方面效果明显;将 MV 算法与 CF 算法结合,图像质量得到一定的提高;HRCF 算法与 MV 算法结合在提高分辨率、对比度以及降低旁瓣等级方面效果最好,但是仍然存在一定的伪像。

为了进一步深入了解不同方法对图像质量的影响情况,图 8.6 给出了点目标在 50mm 和 70mm 处的横向分辨率。从图 8.6 可知,HRCF 算法与 MV 算法结合的主瓣宽度最窄,旁瓣等级最低,其次为 MV 算法与 CF 算法结合,最后依次为 DAS 算法与 CF 算法结合,MV 算法以及 DAS 算法。同时也可以看出随着探测深度越深,主瓣宽度将变宽,图像分辨率下降,对比度也相应地下降。

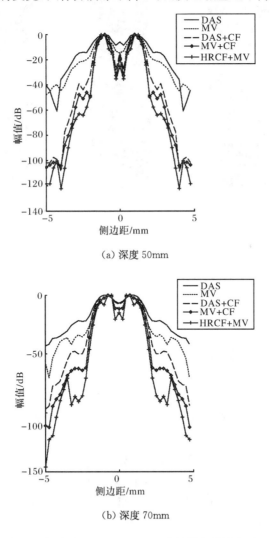

(a) 深度 50mm

(b) 深度 70mm

图 8.6　深度为 50mm 和 70mm 处的横向分辨率对比

由图 8.5 可知,HRCF 与 MV 结合的算法存在一定的伪像。为了降低伪像,我们必须在分辨率和稳健性方面进行权衡。本小节通过降低子阵长度来克服这一问题,子阵长度由 $M/2$ 变为 $M/4$,仿真结果如图 8.7 所示。与图 8.6 中相应的图进行对比可知,伪像得到有效地减少,但图像的横向分辨率有一定的下降。同时,由于 MV 算法分辨率降低,HRCF＋MV 算法的优势没有得到充分体现。

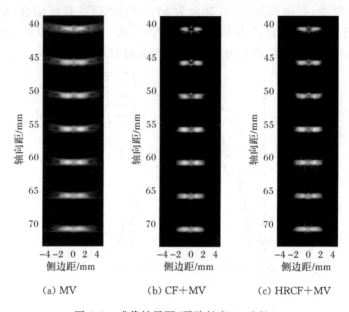

(a) MV　　　　　　(b) CF＋MV　　　　　(c) HRCF＋MV

图 8.7　成像结果图(子阵长度 $L＝M/4$)

2. 吸声目标

吸声目标的成像深度为 $32\sim45\mathrm{mm}$。散射目标是中心位于深度为 $36\mathrm{mm}$、半径为 $3\mathrm{mm}$ 的圆形吸声体,散射体呈高斯分布。图 8.8 为不同波束合成方法的重建图像。

为了直观地评估波束合成的对比分辨率,引入对比度(CR),其定义为中心圆的平均功率与外部背景区域的平均功率之差。表 8.1 列出各种成像方法的对比度。

从表 8.1 可以看出,DAS 算法与 CF 算法结合得到的对比度最高,同时 MV 算法与 CF 算法结合的对比度高于 HRCF 算法与 MV 算法结合。这是由于 CF 算法在提高对比度上效果明显,同时 DAS 算法稳健性最好,MV 算法相对 DAS 算法获得很好的分辨率,但是降低了稳健性。

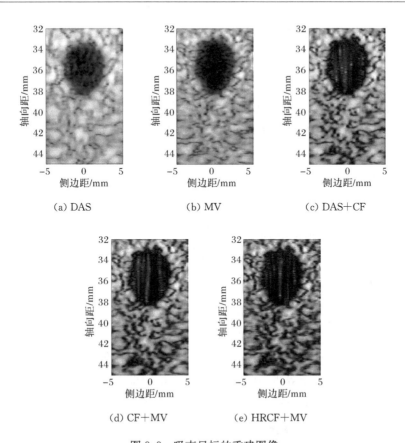

图 8.8　吸声目标的重建图像

表 8.1　吸声目标体对比度

算法	DAS	MV	DAS+CF	MV+CF	HRCF+MV
中心圆的平均功率/dB	−33.97	−41.88	−56.98	−57.28	−54.66
外部的平均功率/dB	−14.38	−18.77	−23.90	−27.93	−31.32
对比度	19.59	23.11	33.08	29.35	23.34

3. 结论

通过点散射目标和斑散射目标的成像实验表明:对于点目标成像,HRCF 算法与 MV 算法结合在提高分辨率、对比度以及降低旁瓣等级方面效果最好,但是仍然存在一定的伪像,针对这个问题,可以通过降低子阵长度在算法稳健性、分辨率方面进行权衡;对于斑目标成像,DAS 算法与 CF 算法结合的对比度最高,这是由于 CF 算法在提高对比度上效果明显,DAS 算法稳健性最好。

8.5.3　基于特征空间的前后向最小方差波束合成的成像

本小节利用 Field Ⅱ进行点散射目标和吸声斑散射目标仿真实验。通过点目标仿真实验评价波束合成的横向分辨率、幅度分辨率以及降低旁瓣等级的能力；吸声斑散射目标仿真实验评价波束合成的对比度和算法的稳健性。其中，算法的稳健性通过外部背景区域的方差来衡量。其中仿真部分的参数设置与 8.5.2 节一致。

1. 点散射目标

目标散射点共 14 个，分布在深度为 30～60mm、宽度为 10mm 的区域内。图 8.9 为不同方法对不同深度散射点的成像结果。

从图 8.9 可以看出，DAS 算法横向分辨率和降低旁瓣等级效果均为最差；与 DAS 算法相比，没有进行对角加载的 MV 算法（MV($L=M/2$, NO DL)）虽然有较好的横向分辨率，但是成像中点目标的幅度被估低；为了补偿成像中点目标的幅值，对 MV 算法进行对角加载，加载量分别为 $\Delta=1/100L$ 和 $\Delta=1/10L$（见图 8.9(c)和图 8.9(d)）；没有进行对角加载的 FBMV 算法在保持 MV 算法高分辨率的同时，能够精确估计点目标的幅度；EIBFBMV 算法在保持 FBMV 算法优势的同时，进一步降低了旁瓣等级。因此，在综合权衡图像的横向分辨率、幅度分辨率以及降低旁瓣等级的能力，EIBFBMV 算法效果最好。

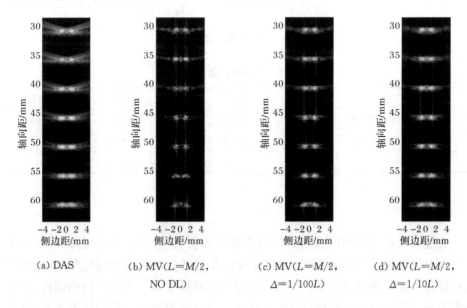

(a) DAS　　　　(b) MV($L=M/2$,　　　(c) MV($L=M/2$,　　　(d) MV($L=M/2$,

　　　　　　　NO DL)　　　　　$\Delta=1/100L$)　　　　$\Delta=1/10L$)

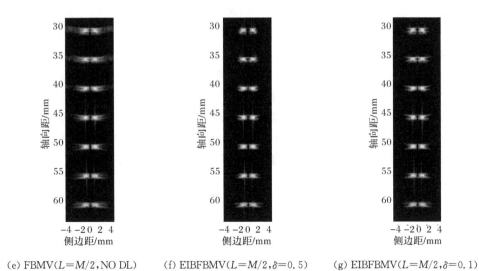

(e) FBMV($L=M/2$,NO DL)　　(f) EIBFBMV($L=M/2,\delta=0.5$)　　(g) EIBFBMV($L=M/2,\delta=0.1$)

图 8.9　点目标的各种成像对比

　　为了进一步深入研究不同方法对图像质量的影响情况,图 8.10 给出了点目标在深度 50mm 处的横向截面图,并且图中点目标的幅度估计都是按照 DAS 波束合成的峰值进行归一化的。

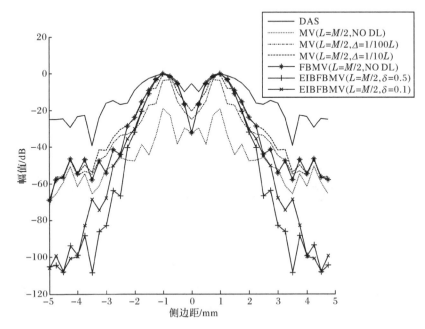

图 8.10　深度 50mm 处成像点的横向截面图

从图 8.10 可以看出,DAS 算法旁瓣等级高,横向上相邻的两个点很难被辨别。与 DAS 算法相比,MV($L=M/2$,NO DL)算法的主瓣宽度较窄,但点目标的幅值被估低 20dB;MV($L=M/2$,$\Delta=1/100L$)算法更精确地估计点目标的幅值,但仍然被估低 3dB;MV($L=M/2$,$\Delta=1/10L$)算法补偿这部分幅值。从以上分析可知,MV 算法的性能与对角加载参数的选取有关。但是,FBMV 算法不用对角加载就能精确估计点目标的幅值,并且横向上相邻的两个点能够更好地被辨别。与 EIBFBMV($L=M/2$,$\delta=0.5$)算法相比,EIBFBMV($L=M/2$,$\delta=0.1$)算法的旁瓣幅度提高了 5dB 左右。这是由于参数 δ 设置为 0.1 时,增加了信号子空间的数量,引入了噪声信号。

2. 吸声斑散射目标

吸声斑散射目标的成像深度为 32~45mm。散射目标是中心位于深度为 36mm、半径为 3mm 的圆形吸声体,散射体呈高斯分布。图 8.11 为不同波束合成方法的重建图像。

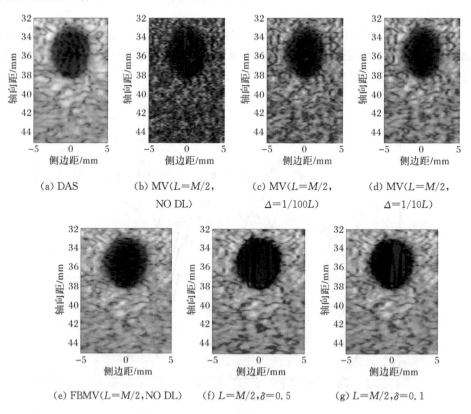

　(a) DAS　　　　(b) MV($L=M/2$,　　(c) MV($L=M/2$,　　(d) MV($L=M/2$,
　　　　　　　　　　　NO DL)　　　　　$\Delta=1/100L$)　　　　$\Delta=1/10L$)

　(e) FBMV($L=M/2$,NO DL)　　(f) $L=M/2$,$\delta=0.5$　　　(g) $L=M/2$,$\delta=0.1$

图 8.11　吸声斑散射目标的重建图像

为了直观地评估波束合成的对比分辨率,引入图像对比度(CR)和对比噪声比(CNR),其中 CR 定义为中心圆的平均功率与外部背景区域的平均功率之差,CNR 定义为 CR 除以外部背景区域的方差。表 8.2 列出各种成像方法的对比度和对比噪声比。

表 8.2　吸声斑散射目标体对比度和对比噪声比

波束合成算法	中心圆的平均功率 S_1/dB	外部的平均功率 S_2/dB	CR/dB	CNR/dB	背景区域方差(std)/dB
DAS	−36.59	−15.30	21.29	3.23	6.6
MV($L=M/2$,NO DL)	−52.13	−37.75	14.38	1.36	10.61
MV($L=M/2,\Delta=1/100L$)	−44.70	−25.51	19.19	2.14	8.96
MV($L=M/2,\Delta=1/10L$)	−43.42	−21.56	21.86	2.66	8.23
FBMV($L=M/2$,NO DL)	−42.01	−17.32	24.69	3.63	6.8
EIB+FBMV($L=M/2,\delta=0.5$)	−51.63	−19.04	32.59	4.47	7.3
EIB+FBMV($L=M/2,\delta=0.1$)	−49.23	−18.00	31.23	4.46	7.0

从表 8.2 可知,没有对角加载的 MV 算法得到的 CR 和 CNR 最低。这是由于该算法在降低中心圆的平均功率时,外部背景区域的平均功率降低得更多,导致较低的 CR,背景区域的方差最大,所以 CNR 也最低。对 MV 算法进行对角加载后,CR 和 CNR 得到提高,并且对角加载参数 $\Delta=1/10L$ 比 $\Delta=1/100L$ 高。没有对角加载的 FBMV 算法得到的 CR 和 CNR 比 MV($L=M/2,\Delta=1/10L$)算法高 2.83dB 和 0.54dB。使用特征空间法后,图像的对比度得到进一步提高,其中本书所提的 EIB+FBMV 算法得到的 CR 和 CNR 远远高于其他成像方法,并且参数 $\delta=0.5$ 时比 $\delta=0.1$ 时高。

背景区域的方差(std)作为衡量背景区域散射噪声的标准,也可以作为衡量算法稳健性的标准。从表 8.2 可知,MV($L=M/2$,NO DL)算法得到方差最大,表示背景区域散射噪声大,算法稳健性差;为了提高算法的稳健性,对 MV 算法进行对角加载,但稳健性仍不如 DAS 算法;而 FBMV 算法的稳健性与传统的 DAS 算法近似相等;使用特征空间法后,稳健性略有下降,并且参数 $\delta=0.5$ 时比 $\delta=0.1$ 时低。

3. 结论

通过点散射目标和斑散射目标的成像实验表明:MV 算法在提高图像横向分辨率方面具有独特的优势,同时 MV 算法的幅度分辨率、稳健性与对角加载量的选取有关,加载量越小,点目标的幅值被估低越多,稳健性越差;FBMV 算法可以不依赖于对角加载参数的选取就能获得良好的横向分辨率、幅度分辨率及稳健性，但是图像的对比度有待改善；而本书提出的 EIBFBMV 算法不仅保持 FBMV 算法的优势，而且通过特征空间法来提高图像对比度及对比噪声比，且这种方法可以通过调节参数 δ，来调节对比度和稳健性。

参 考 文 献

[1] 吴文寿,蒲杰. 最小方差波束形成与广义相干系数融合的医学超声成像方法. 声学学报, 2011,36(1):66—72.

[2] 王平,许琴,范文政,等. 超声成像中基于特征空间的前后向最小方差波束形成. 声学学报, 2013,38(1):65—69.

[3] 王平,许琴,范文政,等. 最小方差波束形成与基于最小方差相干系数融合的超声成像方法. 重庆大学学报,2013,36(1):81—85.

[4] Synnevag J F, Austeng A. Adaptive beamforming applied to medical ultrasound imaging. IEEE Transactions on Ultrasonics,Ferroelectrics and Frequency Control,2007,54(8):1606 —1613.

[5] Li J,Stoica P,Wang Z S. On robust capon beamforming and diagonal loading. IEEE Transactions on Ultrasonics,Ferroelectrics and Frequency Control,2003,51(7):1702—1714.

[6] 刘翔. 自适应数字波束形成技术研究[硕士学位论文]. 西安:西安电子科技大学,2012.

第 9 章　Chirp 码与自适应加权融合的鲁棒双聚焦超声波束合成

超声波在人体传播中相对于距离呈指数衰减,离传感器较远的目标所接收的超声信号很弱,携带位置信息的回波信号的信噪比就很小,导致远处目标成像受噪声干扰严重,成像质量下降,甚至不能成像。解决这个问题最直接的方案就是增加发射超声信号的强度,但由于高功率的超声发射对人体有一定的影响,同时提高发射信号强度也提高了成像系统对电源的消耗,不利于系统的小型化和设备的便携。因此,增加发射超声信号强度的方案基本上是不可行的。另一种方案就是采用超声编码激励发射技术,它可以在不增加发射信号功率的前提下,提高信号的发射能量,并借助匹配滤波处理技术,提高传感器接收信号的信噪比,最终提高整个目标域的成像质量。

9.1　Chirp 编码信号

线性调频信号通常称为 Chirp 信号,最早应用于雷达成像系统中,同时也引起了广大超声研究工作者的重视:Rao 等首先将其应用到超声成像中;Misaridis 和 Jensen 对其进行了深入研究;Pollakowski 和 Ermert 讨论了非线性调频信号的设计等。Chirp 信号是研究最早而且应用最广泛的一种编码激励信号,在信号持续发射期间内,频率线性地变化,并且通过匹配滤波器实现脉冲压缩,其脉冲压缩比等于信号的时间带宽积,正是由于 Chirp 信号的这种特性,作为激励信号时能提高系统的信噪比,从而改善超声图像的质量,增加穿透性。

Chirp 信号的复数表达式为

$$p(t) = \alpha(t) \cdot \exp\left(\mathrm{j}2\pi\left[\left(f_0 - \frac{B}{2}\right)t + \frac{B}{2T}t^2\right]\right), \quad 0 \leqslant t \leqslant T \tag{9.1}$$

其中,$\alpha(t)$ 为幅度;f_0 为信号中心频率;T 为信号持续时间;B 为频带宽度。其瞬时频率为[1]

$$f_i = \frac{\mathrm{d}\left(\left(f_0 - \frac{B}{2}\right)t + [B/(2T)]t^2\right)}{\mathrm{d}t} = f_0 - \frac{B}{2} + \frac{B}{T}t \tag{9.2}$$

其中,B/T 为调频斜率。显然,Chirp 信号的频率呈线性变化,变化范围为 $[f_0 - B/2, f_0 + B/2]$。

9.2　匹配滤波器与脉冲压缩

1. 匹配滤波器

根据信噪比 SNR 的定义

$$\mathrm{SNR}=\frac{\max(|r_m(t)|^2)}{P_N} \tag{9.3}$$

其中，$r_m(t)$ 是滤波器的输出信号；P_N 是平均噪声功率。设一无源滤波器，其传递函数为 $H(f)$。那么信号通过该滤波器后，得到的幅度值为

$$|r_m(t)|=\left|\int_{-\infty}^{\infty} R_{\mathrm{input}}(f)H(f)\mathrm{e}^{\mathrm{j}2\pi ft}\mathrm{d}f\right| \tag{9.4}$$

其中，$R_{\mathrm{input}}(f)$ 为输入信号的频谱。

通过该滤波器后，噪声的平均功率变为

$$P_N=P_0\int_{-\infty}^{\infty}|H(f)^2|\mathrm{d}f \tag{9.5}$$

其中，P_0 为噪声的功率谱。利用 Schwartz 不等式得

$$\left|\int_{-\infty}^{\infty}|R_{\mathrm{input}}(f)H(f)\mathrm{d}f\right|^2\leqslant\int_{-\infty}^{\infty}|R_{\mathrm{input}}(f)^2|\mathrm{d}f\int_{-\infty}^{\infty}|H(f)^2|\mathrm{d}f \tag{9.6}$$

从而得到

$$\mathrm{SNR}\leqslant\frac{\int_{-\infty}^{\infty}|R_{\mathrm{input}}(f)|^2\mathrm{d}f}{P_0} \tag{9.7}$$

等号成立时，SNR 最大，此时有

$$H(f)=G_{\mathrm{a}}\left[R_{\mathrm{input}}(f)\mathrm{e}^{\mathrm{j}2\pi ft_1}\right]^* \tag{9.8}$$

即

$$H(f)=G_{\mathrm{a}}R_{\mathrm{input}}^*(f)\mathrm{e}^{-\mathrm{j}2\pi ft_1} \tag{9.9}$$

能使式（9.7）取得最大值。其中，t_1 为固定延迟，G_{a} 通常为取 1 的常数。我们把系统冲击响应取式（9.9）（即输入信号频谱的复共轭）的滤波器称为匹配滤波器。这样，匹配滤波器的脉冲响应是输入信号的镜像，但在时间轴上平移了 t_1，即为

$$h(t)=G_{\mathrm{a}}r_{\mathrm{input}}(t_1-t) \tag{9.10}$$

匹配滤波器能获得最大的 SNR，其传递函数为输入信号频谱的共轭[2]。

2. 脉冲压缩

一般来讲，如果一个宽带信号的频谱分量同相，则它的持续时间 T 将是比较窄的，但如果对一个宽带信号各频谱分量附加一随频率做线性变化的相位值，则

此宽带信号将具有很长的持续时间,这种附加非线性相位的过程称为信号的展宽过程。将展宽后的信号通过匹配滤波器,由于匹配滤波器的系统响应频谱是输入信号的共轭,具有校正非线性相位值使之同相的功能,因此在匹配滤波器输出端将得到窄脉冲信号,这个过程就是脉冲压缩。脉冲压缩的意义就是系统发射宽度相对较宽而峰值功率较低的脉冲,在接收端通过匹配滤波器处理以获得时间短、高峰值功率的窄脉冲,从而提高系统的分辨率和探测性能。

Chirp 信号的脉冲压缩比(compression ratio,CR)定义为

$$CR = TB \tag{9.11}$$

其中,T 为信号持续时间;B 为频带宽度。

因此可以在保持带宽 B 不变的情况下,增加信号的持续时间 T 来提高脉冲压缩比,提高信号的能量,从而提高信噪比和成像的对比度。但是 Chirp 编码激励不能提高超声成像的分辨率。

从上述可知:脉冲压缩就是在接收端对回波信号进行匹配滤波。对于无衰减回波信号,匹配滤波器的输出就是信号的自相关。若式(9.1)中 $a(t)$ 取矩形信号 rect(t/T),则匹配滤波器的输出为

$$R_{pp}(\tau) = \int_{-\infty}^{\infty} p(t)p^*(t+\tau)\mathrm{d}t = T\frac{\sin\left(\pi Y\frac{\tau}{T}\left(1-\frac{\tau}{T}\right)\right)}{\pi Y\frac{\tau}{T}}\mathrm{e}^{-\mathrm{j}2\pi f_0\tau} \tag{9.12}$$

其中,$Y=TB$。图 9.1 分别给出了传统的短脉冲信号和 10μs 的 Chirp 信号以及脉冲压缩后的 Chirp 信号波形。

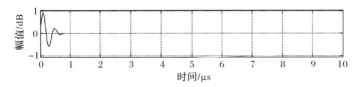

(a) 短脉冲信号

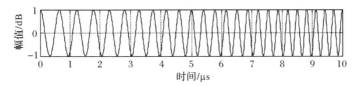

(b) Chirp 信号

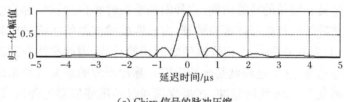

(c) Chirp 信号的脉冲压缩

图 9.1　信号波形图

9.3　基于 Chirp 码与自适应加权的鲁棒超声双聚焦波束合成

由图 9.1 所示,匹配滤波器输出波形形似 sinc 函数,虽然接近 δ 函数,消除了频率调制,但仍然存在较高的旁瓣等级,影响成像质量。而第 8 章中的自适应加权技术能够显著抑制旁瓣等级,因此在虚拟阵元双聚焦的基础上将 Chirp 码与自适应加权相融合,本节提出基于 Chirp 码与自适应加权的鲁棒超声双聚焦波束合成(chirp-coded adaptive robust dual focusing beamforming,CARDFB)方法,其原理如图 9.2 所示[3]。

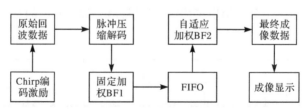

图 9.2　CARDFB 原理框图

基于 Chirp 码与自适应加权的鲁棒超声双聚焦波束合成主要包含 1 个延迟叠加波束合成器 BF1 和 1 个自适应加权波束合成器 BF2,以及一个存储 BF1 输出数据的 FIFO 缓存器。它分为两个部分:第一部分利用 Chirp 编码激励,以虚拟阵元(VE)为焦点进行发射和接收聚焦并进行脉冲压缩,然后将各通道的回波数据通过 BF1 进行波束合成,将 BF1 的输出存储在 FIFO 中;第二部分利用 FIFO 中的数据实时计算最优变迹加权向量,通过 BF2 进行自适应加权波束合成,得到最终成像的回波数据。该方法的具体步骤为:

(1) 参考第 7 章计算 CARDFB 的 BF1 和 BF2 相应的聚焦延迟参数;

(2) 参考第 8 章计算自适应加权波束合成器 BF2 的自适应加权向量。

则 BF2 合成的第 n 条波束扫描线数据为

$$H_{n,\ddot{u}}(t)=\sum_{jj=1}^{N}W_{BF2}(jj)K_{jj,\ddot{u}}S_{jj,\ddot{u}}(t-\tau_{jj,\ddot{u}}),\quad \ddot{u}=1,2,\cdots,M \quad (9.13)$$

其中，$W_{BF2}=w_{opt}$ 为相应的自适应加权系数；M 为样本点总数；N 为 BF1 所形成的扫描线总数；$S_{jj,\ddot{u}}(t)$ 为波束合成器 BF1 所合成的第 jj 条波束扫描线上的第 $\ddot{u}$ 个样本点；$\tau_{jj,\ddot{u}}$ 为样本点 $\ddot{u}$ 相对于编号为 jj 的虚拟阵元的延迟[4]。

9.4　仿真结果及讨论

本章通过引入 Chirp 编码激励和自适应加权并对接收数据进行相应算法处理，利用 Field Ⅱ进行点散射目标仿真实验，将所提的波束合成算法分别与动态接收聚焦 DRF、自适应加权波束合成 AB、双聚焦波束合成 DFB、双聚焦自适应加权波束合成 DFAB 在成像的分辨率、旁瓣等级以及鲁棒性方面进行了对比和分析。

利用 Field Ⅱ进行仿真过程中的参数设置：均采用定点发射和分段动态聚焦接收模式，采用线性阵列成像，阵元总数 N 为 128，发射信号中心频率 f_c 为 3.5MHz，采样频率 f_s 为 50MHz，相邻阵元的中心间距 d 为 0.48mm，声速 c 为 1540m/s。显示灰度取对数标度，归一化取值为 $-40\sim0$dB。

对于 DFB、DFAB 和 CARDFB 算法，设置 VE 深度 $Z_v=20$mm，聚焦系数 $F\sharp=2$；CARDFB 算法选取持续时间为 10μs 的 Chirp 码。对于有噪声的情况，添加了理想的高斯白噪声。

1. 无噪声成像实验

目标散射点共 16 个，分布在深度为 60~95mm，宽度为 16mm 的区域内，轴向间隔为 5mm，横向间隔为 2mm。图 9.3 为理想情况下不同方法对不同深度散射点的仿真成像结果及在 85mm 处侧向方向的图像曲线对比图。

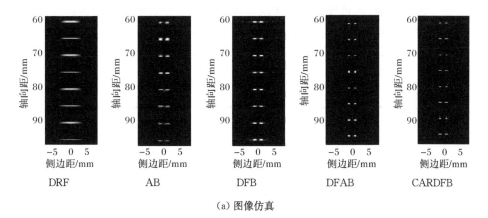

(a) 图像仿真

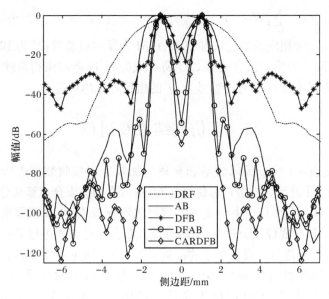

(b) 85mm 处侧向曲线

图 9.3 动态范围 40dB 无噪声时仿真对比

如图 9.3(a)所示,DRF 算法分辨率最差,不能分辨相邻的两个目标点,而其他算法的分辨率较 DRF 算法显著提高。为了深入研究个算法的分辨率性能和压制旁瓣能力,对侧向曲线做进一步分析,如图 9.3(b)所示。DRF 算法主瓣最宽,分辨率最差,AB 算法次之,而 DFB、DFAB 和 CARDFB 算法在 -6dB 处主瓣的宽度分别约为 0.58mm、0.46mm 和 0.4mm,分辨率相当,CARDFB[5] 算法略优。

2. 噪声鲁棒性实验

在实际应用中,各种噪声干扰无法避免。图 9.4 分别为理想高斯白噪声与传统短脉冲激励和 Chirp 编码激励的回波信号叠加,叠加后信号的 SNR 为10dB。

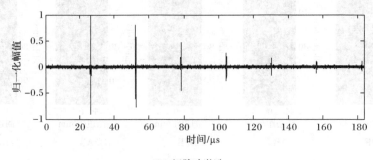

(a) 短脉冲激励

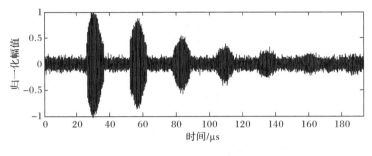

(b) Chirp 编码激励

图 9.4　原始回波信号与受噪声污染的回波信号

图 9.5 是在噪声干扰下的重建图像。可以看出,存在噪声干扰时,各种方法的图像质量都有所下降。DRF 算法对噪声没有明显的抑制能力;AB 算法也具有一定的抗噪能力,但同时伴随严重的伪像;DFB 算法抗噪性能差,但仍有较好的分辨率;DFAB 算法抗噪性能比 DFB 算法有很大提高,但仍不理想;采用 Chirp 激励的 CARDFB[6]算法,回波信号中的噪声经过匹配滤波器和自适应加权双重过滤后,其成像质量相比于其他算法有很大程度的提高。

图 9.5(b)是图 9.5(a)中深度为 85mm 处像点沿侧向方向的图像曲线,即像点在轴向方向的投影。主旁瓣比(main-to-side lobe ratio,MSR),即主瓣与最高旁瓣的归一化幅度的比值。MSR 越大,说明主瓣能量越集中,旁瓣级别越低,伪影就越少,对比度越好。由图 9.3(b)和图 9.5(b)可以得到添加噪声前后 85mm 处侧向曲线的 MSR,如表 9.1 所示。由于 DRF 算法主瓣太宽,已覆盖应有旁瓣,故不进行对比分析。

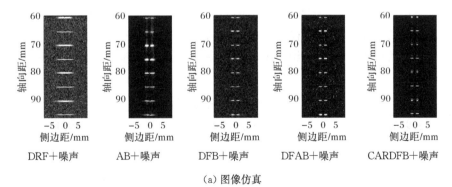

(a) 图像仿真

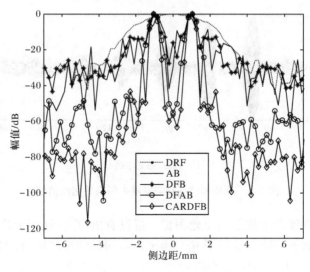

(b) 85mm 处侧向曲线

图 9.5　高斯白噪声对重建图像的影响

表 9.1　添加噪声前后各算法的 MSR 对比

成像算法	无噪声/dB	有噪声/dB	变化率/%
AB	30	13	57
DFB	60	12	80
DFAB	58	46	21
CARDFB	82	75	9

　　由表 9.1 可以看出,无噪声时,CARDFB 算法的 MSR 最大,旁瓣最低;存在噪声时,虽然各算法的 MSR 均有所下降,但 CARDFB 算法仍有最大 MSR 且对噪声具有良好的鲁棒性。表 9.2 给出了各种波束合成方法在理论仿真时的主要性能对比列表。

表 9.2　波束合成方法主要性能对比

波束合成方法	相应的系统复杂度	对波束的控制效果
DRF	低	差
FB	较低	好
AB	高	较差
DFAB	较高	较好
CARDFB	最高	最好

　　由表 9.2 以及前面的成像仿真结果可以看出,虽然本书所提的 DFB 算法和 CARDFB 算法的复杂度要高于传统的 DRF 波束合成方法,但是所提方法对波束的控制效果远远优于其他波束合成方法,考虑某些场合超声诊断对图像质量的特殊要求,本书所提方法能够显著提高图像质量,具有重要的参考价值。

参 考 文 献

[1] 郑驰超,彭虎. 基于编码发射与自适应波束形成的超声成像. 电子与信息学报,2010,32(4): 959-962.

[2] 王靓. 医学超声成像中编码激励的研究与应用[硕士学位论文]. 南京:东南大学,2008.

[3] 王平,高阳,曹世超,等. 超声成像中基于虚拟阵元的双聚焦波束合成方法. 重庆大学学报, 2013,36(5):75-79.

[4] Li P C,Li M L. Adaptive imaging using the generalized coherence factor. IEEE Transactions on,Ultrasonics,Ferroelectrics and Frequency Control,2003,50(2):128-141.

[5] Jensen J A. Users' guide for the Field Ⅱ program. Technical University of Denmark,2001, 2800.

[6] Jensen J A. Field:A program for simulating ultrasound systems. 10th Nordicbaltic Conference on Biomedical Imaging,1996,4(1-1):351-353.

第 10 章　数字超声系统设计中的
若干问题与解决方法

超声成像的基本原理是发生超声波,接收回波进行成像。成像原理虽然很简单,但是超声成像系统的设计方法和技术细节等问题则决定了超声成像系统的图像质量。超声成像质量直接决定了超声诊断设备的核心竞争力,这是许多超声诊断厂家不断追求的目标。本章针对数字超声系统设计中的若干问题,从控制策略和硬件电路设计等方面,提出了一些解决方法与思路。

10.1　控制策略与性价比的问题

在目前主流的超声成像系统中,仍然是采用合成孔径的相关技术。合成孔径技术主要分为合成孔径聚焦技术(SAFT),多阵元合成孔径聚焦(MSAF)、合成聚焦(SF)、合成接收孔径(SRA)与合成发射孔径(STA)[1],其成像性能比较如表10.1所示。

表 10.1　合成孔径总结比较

合成孔径技术	子孔径大小	子孔径数目	系统复杂度	帧率	波束控制效果
SAFT	1	N	远低于 DAS	F	比 DAS 好,但信噪比低
MSAF	K	$N-K+1$	低于 DAS	$NF/(N-K+1)$	比 DAS 好
SRA	K	N/K	低于 DAS	KF	与 DAS 相同
SF	1	N	远高于 DAS	F	最好
STA	K	N/K	高于 DAS	KF	好

首先,从表10.1可以看出,超声图像质量的提升,一般来说都是随着通道数的增加而增加。通道数越多,聚焦成像的效果一般来说会越好,而通道数的增加,必然导致 AD 转换通道数的增加,对应的硬件后处理电路的成本增加,从而使得超声设备的硬件成本增加。其次,由于超声成像的帧率受制于超声回波传播速度的限制,从传统的方法来说,发射一次,只能形成一条扫描线。为了实现快速成像,提高帧率,就必须采用多波束技术,多波束技术的采用,必然导致硬件系统复杂度的大幅度增加[2]。

因此,超声诊断设备性能的提升一般来说会带来硬件系统的复杂度、硬件成本的增加。如何进行优化设计,从整体上实现最高的性价比,这也是设计人员必须考虑的。因此,要想提升超声成像设备的核心竞争力,必须通过对现有方法、控制策略和技术细节的改进来提高成像质量。

10.1.1　分时复用的四波束控制策略

在工程实际中,对于探测深度为 240mm 时,受制于超声波速度的限制,一般帧率需要达到 16 帧。而目前对于超声诊断设备已要求达到 30 帧/s,因此,必须采用多波束技术。结合工程实际,本节给出了一种性价比较高的超声扫描线的控制策略和方案。该方案的特点是,在保持 AD 通道数不变的情况下,通过分时复用的方式增大聚焦孔径,提高聚焦效果,通过多波束技术提高帧率,从而最终提高超声图像质量[3]。该控制策略主要从发射与接收的控制方法上进行一定的改进,如图 10.1 所示。

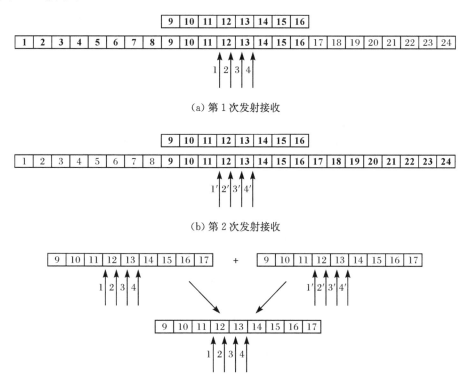

(a) 第 1 次发射接收

(b) 第 2 次发射接收

(c) 第 1 次扫描线叠加

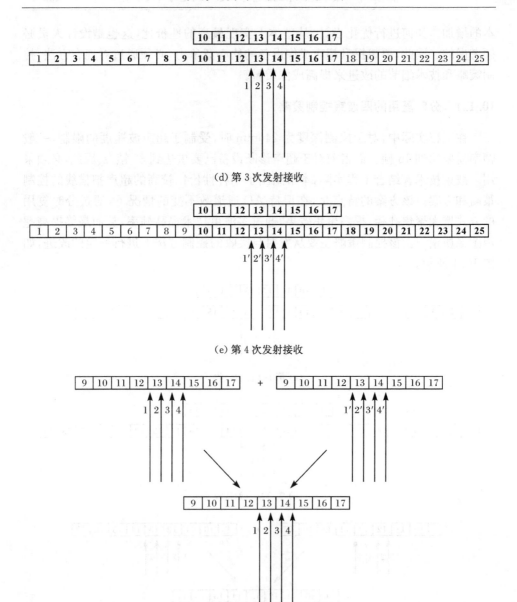

(d) 第 3 次发射接收

(e) 第 4 次发射接收

(f) 第 2 次扫描线叠加

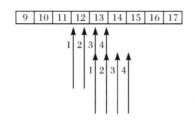

(g) 第 1、2 次扫描线叠加

图 10.1　四波束控制策略

工作原理如下:首先 9~16 阵元发射,1~16 阵元接收,在阵元 12 和 13 之间形成 1、2、3、4 扫描线,如图 10.1(a)所示;第二次 9~16 阵元发射,9~24 阵元接收,在阵元 12 和 13 之间形成 $1'$、$2'$、$3'$、$4'$ 扫描线,如图 10.1(b)所示;将 1、2、3、4 扫描线与 $1'$、$2'$、$3'$、$4'$ 扫描线进行叠加,形成新的 1、2、3、4 扫描线,如图 10.1(c)所示;然后发射中心向右移动一个阵元,10~17 阵元发射,2~17 阵元接收,在阵元 13 和 14 之间形成 1、2、3、4 扫描线,如图 10.1(d)所示;第二次 10~17 阵元发射,10~25 阵元接收,在阵元 13 和 14 之间形成 $1'$、$2'$、$3'$、$4'$ 扫描线,如图 10.1(e)所示;将 1、2、3、4 扫描线与 $1'$、$2'$、$3'$、$4'$ 扫描线进行叠加,形成新的 1、2、3、4 扫描线,如图 10.1(f)所示;最后,将图 10.1(c)中的扫描线与图如图 10.1(f)中的扫描线按图 10.1(g)所示方式进行叠加[4]。

这里需要指出的是:由于该发射与接收控制策略进行了多次扫描线的叠加,例如,由图 10.1(a)和图 10.1(b)生成图 10.1(c)的过程中,动态幅度变迹系数需要做适当的处理,避免在扫描线生成的过程中,阵元 9~16 接收的信号被两次重复相加。

该发射与接收控制策略进行数字波束合成的优势主要表现在以下几个方面:

(1) 采用四波束合成,扫描线数增加,图像清晰度明显得到提高。

(2) 采用四波束合成,一次发射所形成的扫描线数增加,图像帧率提高。

(3) 对扫描线进行多次叠加,可以有效抑制系统的随机噪声,提高目标点的清晰度。

(4) 采用 16 通道的硬件系统结合分时复用技术,该方案虽然适当增加了硬件系统的复杂度,但是它能够有效提高图像质量和帧率,通过分时组合的方法,实现了 24 通道的成像效果,从整体上说,大大降低了硬件系统的成本。

(5) 设计人员可在该方案的基础上进行灵活改进,也可在图像清晰度和帧率之间进行折中调整。

图 10.2(a)给出了 1 个 16 通道超声硬件系统,采用 MSAF 方式的成像效果图,图 10.2(b)是采用上述改进方法后的成像效果图。

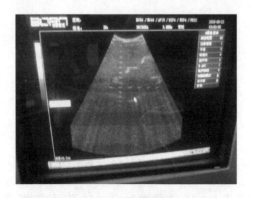

(a) 单波束成像效果图

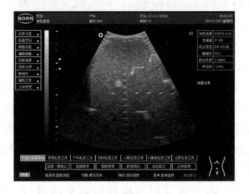

(b) 多波束成像效果图

图 10.2　单波束和多波束实验成像效果对比图

从图 10.2 可以看出,通过发射与接收控制策略的改进,成像效果的提高非常明显。不但使近场的横向分辨率得到提高,探测深度也得到明显提升,图像噪声明显下降,显示效果更加柔和、细腻。

10.1.2　数据码流的降频处理问题

数字化超声最基本的特点就是对超声回波信号进行数字信号处理,但是在超声数字信号处理过程中,需要使用大量的数字滤波器,而数字滤波器的设计和硬件资源消耗却与采样频率直接相关。例如,超声回波信号的有效带宽一般为1.5~4.0MHz,在回波信号的处理中,需要设计一个带通滤波器。假设回波信号的采样率为 40MHz,带通滤波器的通带频率为 1.5~4.0MHz,阻带衰减要求大于30dB。通过 MATLAB 的 Filter Designer 工具箱设计结果如图 10.3 所示。从图10.3 可知:设计这样一个满足要求的带通滤波器的阶数为 63 阶。

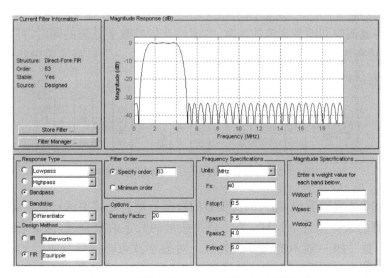

图 10.3　采样率为 40MHz 的带通滤波器设计

如果 AD 转换器的采样率降低为 20MHz,同样设计一个通带频率为 1.5～4.0MHz,阻带衰减要求大于 30dB 的带通滤波器。采用 MATLAB 的 Filter Designer 工具箱设计结果如图 10.4 所示。从图 10.4 可知:设计这样一个满足要求的带通滤波器的阶数为 31 阶。

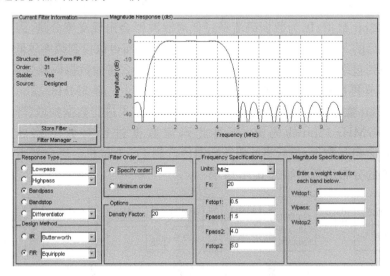

图 10.4　采样率为 20MHz 的带通滤波器设计

对比图 10.3 与图 10.4 可以看出:在相同滤波器特性的条件下,采样率的降低,可以有效降低滤波器的阶数,从而节省宝贵的硬件资源。因此在超声回波信号的后续处理环节中,可以根据工程实际的应用需求,在保证超声图像质量的前提下,恰当地调整回波数据流的速度,实现回波信号数字处理的同时,可以大幅度地节省硬件资源,降低硬件系统的功耗。图 10.5 为一个典型的黑白超声回波信号的数据处理流程图。

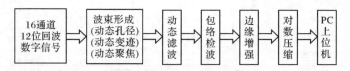

图 10.5　黑白超声回波信号的数据处理流程图

从图 10.4 可以看出,超声回波信号的数据处理首先需要进行波束合成,假定AD 转换器的采样率为 40MHz,为实现高质量的数字波束合成,保证通道之间的聚焦精度,这一级一般不能做降频处理。对数字波束合成信号进行动态滤波处理,考虑到动态滤波器 FIR 滤波的阶数问题,这一级可以考虑进行 2 分频处理,将数据码流速度降低到 20MHz,这样在保证动态滤波器特性的同时,滤波器阶数可以降低 1 倍,也就意味着可以将动态滤波器硬件资源的消耗量降低 1 倍,滤波器相应的功耗降低 1 倍。实验测试表明:在动态滤波环节适当降低数据码流速度,对图像质量基本没有影响。对于包络检波电路部分,数字彩超一般采用正交解调技术提取包络线,并计算血流速度,而黑白超则可以对该数据码流进行取绝对值,然后用带宽为 3MHz 的 4 阶 Butterworth IIR 低通滤波器包络检波后,输出一路 20MHz 12bit 数据;因为数据码流经过低通滤波器会出现交流分量,因此需要将包络检波后的 20MHz 12bit 数据取再次绝对值,从而可以得到频率较低的包络信号。考虑到包络信号频率较低,已经可以不需要那么高的数据码流速度,所以可以在此环节再次进行降频处理,降低 4 倍后,得到 1 路 5MHz 12bit 数据;将 5MHz 12bit 数据进行边缘增强处理,对于处理的结果进行数据抽取(降频),可以得到 1.667MHz 12bit 的码流,再将此码流数据进行对数压缩处理,输出 1.667MHz 8bit 数据;最后将此码流数据传输到 PC 上位机。黑白超声数据处理码流速度的分布示意图如图 10.6 所示。

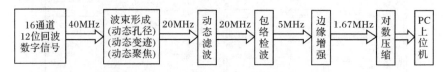

图 10.6　黑白超声数据处理码流速度的分布示意图

这里需要说明的是:对于一个实际的超声成像系统,每一个技术环节的处理,都需要结合实际情况进行调整。在 FPGA 内部,适当地降低数据处理码流的数据,在保证数据处理质量的同时,可以极大地降低对硬件资源的消耗,但是降频多少,则需要设计人员结合自身的设计,进行仔细的测试与数据分析。

10.2　超声硬件系统设计的噪声问题

超声成像的基本原理是接收超声波回波进行成像,但是超声回波在人体组织内部的传播过程中将被生物组织吸收,其吸收系数主要由超声频率、传播距离、媒质黏滞性等决定。实验结果表明:当超声频率在 1~15MHz 时,超声波被人体组织吸收的系数几乎与频率成正比,其吸收系数为 0.5dB/(cm·MHz)。例如,超声波在人体软组织中平均吸收系数为 0.8dB/(cm·MHz),在腹腔吸收系数为 0.6dB/(cm·MHz)。因此,当发射中心频率为 3.5MHz 的超声波进行腹腔探测时,假设探测深度为 24cm,那么回波信号的衰减将达到 100~134dB。由此可见超声回波信号是极其微弱的。所以必须对超声回波信号进行放大处理,其中典型的前置放大电路是通过 TGC(时变增益控制器)[5] 来实现。但是,需要注意的是:TGC 对微弱的超声回波信号进行放大的同时,电子电路的系统噪声也会因此随之放大。当放大倍数较大时,电子电路的系统噪声可能淹没超声回波信号,从而降低超声成像系统的探测深度。虽然在超声回波信号后续处理的电路中,运用数字信号处理和图像处理等滤波手段,可以去除一定的噪声,但是过大的系统噪声始终会对成像系统的图像质量造成一定的影响。因此为了提高超声成像系统的图像质量,从根本上说,减小超声硬件系统的电子电路噪声就显得至关重要了。

在超声电子电路的设计中必然存在各种噪声,如何降低电路中的噪声,一般来说,需要从以下几个方面进行解决:

(1) 改进硬件拓扑结构的布局,对系统的功能结构进行合理划分;

(2) 合理选择恰当的元器件参数;

(3) 合理的电路板布局、信号共地等。

10.2.1　超声硬件拓扑结构布局问题

在传统的超声成像系统中,硬件系统的组成框图如图 10.7 所示。探头内部主要是压电振子,主要功能是发射与接收超声波信号。但是考虑到当探测深度为 24cm,3.5MHz 超声回波信号的衰减将达到 100~134dB。可以说,中远场的超声回波信号的幅度在微伏级,甚至更小。这样微小的高频回波信号需要经过 1~1.5m 的电缆过程中,很容易受到外界的各种干扰,然后经过 TR 开关,由超声前置放大器 LNA 和 TGC 再对其进行前置放大处理,必然导致信噪比的降低。

为了进一步提高信噪比,可以考虑将 HV 开关阵列、TR 电路、超声回波前置

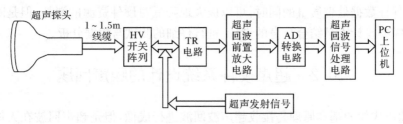

图 10.7　超声硬件系统组成框图

放大电路 LNA 和 TGC 放大集成到超声探头内部,如图 10.8 所示。

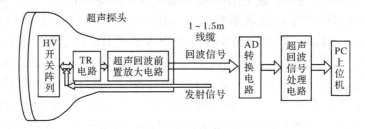

图 10.8　改进后的超声硬件系统组成框图

从图 10.8 可以看出,超声回波信号在探头内部直接经过 HV 开关阵列和 TR 电路后,直接进行前置放大和 TGC 放大处理。将放大处理后的回波信号经过线缆传输到超声回波信号的处理电路。由于超声回波信号得到了放大与增强,经过 1~1.5m 线缆后的抗干扰能力得到明显增强,信噪比明显增加。前期研究测试表明:对于 1 个 16 通道的成像系统,采用图 10.7 所示的硬件系统拓扑结构,探测深度一般只能达到 200~220mm,而将其改为图 10.8 所示的超声硬件系统拓扑结构,回波信号的信噪比可以提升 3~10dB,探测深度提升大约 10~25mm,可以达到 240mm。

这里需要指出的是:采用图 10.8 所示的硬件系统拓扑结构,该方案集成度高,噪声控制效果好,但是由于受到超声探头体积的限制,回波通道数难以做得很高。与此同时,在过小的探头内部,如果电路板的设计不合理,超声回波信号的信噪比也难以明显提升。由于这种类型的集成探头大多由厂商根据需要而设计与定制,这类超声集成探头的通用性也将受到极大的限制。

10.2.2　超声电路的元器件参数选择问题

在高于绝对 0°(−273℃)的任何温度下,物质中的电子都在持续地热运动。由于其运动方向是随机的,任何短时电流都具有不相关性,但是连续的随机运动序列可以导致 Johnson 噪声或热噪声。电阻热噪声的幅度和其阻值有下列关系:

$$V_n^2 = 4K_b TRB \quad (\text{单位 } V^2/Hz) \tag{10.1}$$

其中，V_n 是噪声电压，单位为 V；K_b 是玻尔兹曼常数，数值为 1.38×10^{-23} J/K；T 是温度，单位为 K；R 是电阻，单位为 Ω；B 是带宽，单位为 Hz。图 10.9 所示为电阻 25℃时在 50Ω 终端电阻上产生的热噪声功率。

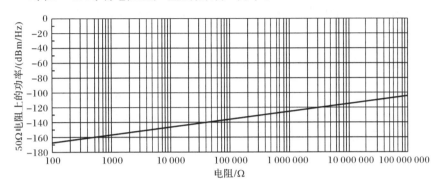

图 10.9 热噪声和电阻的关系及电阻在 25℃的热噪声[6]

虽然该噪声电压和功率很低，如果该电阻在一个高增益的有源放大器中，噪声就可能会很明显。由于噪声与温度和电阻值平方根成正比。带宽越宽，总功率越大，因此即使单位为 dBm/Hz 的功率幅度看上去很小，但在给定带宽内的总功率也会很高。如果把 V^2 噪声/R 转换成功率，其中 R 是噪声终端电阻，然后乘上以 Hz 为单位的总带宽，则所得到的整个带宽上的总噪声功率将非常大，这对于一些低噪声应用可能是不可接受的。

对于一个已知满量程输入的 N 位转换器，可以用式(10.2)计算出信噪比和最低有效位大小，即

$$\begin{cases} \text{SNR} = 20\lg(V_{\text{signal-rms}}/V_{\text{noise-rms}}) \\ \text{LSB} = \text{Fullscale}/2^N \end{cases} \tag{10.2}$$

因此，对于一个 80MSPS、SNR=80dB、输入满量程电压为 $2V_{\text{pp}}$ 的典型 12 位模数转换器来说，其噪声 $V_{\text{noise-rms}} = 70.7\mu V\text{rms}$，或 LSB 值为 173$\mu V\text{rms}$。

根据电阻噪声的定义式(10.1)可知，一个 1kΩ 的电阻在 1Hz 带宽内将增加约 4nV 的噪声。那么在 40MHz 带宽内，一个 1kΩ 的电阻意味着电阻噪声有 25μV。这个幅度虽然不算太大，但是当信号链中的增益为 100 时，一个 1kΩ 的电阻引起的噪声就相当于 2500$\mu V\text{rms}$，相当于 3~4 个 LSB。如果在整个超声信号链中使用更大的电阻和增益时，系统的总噪声将很容易使信噪比变差。因此，在超声回波信号放大的信号链中，对电阻参数的选择和增益分配一定要小心，因为各种负面因素的效应会在信号放大链路中很快叠加。因此，在超声前置放大电路中，运算放大器本身也存在噪声，为了降低超声回波链路的系统噪声，不能选择普

通的运算放大器,而应该选用针对超声应用的超低噪声放大器,从而降低系统噪声,提高整个前置放大电路的信噪比。

这里需要指出的是:前置放大电路中,电阻阻值选得过小,可能导致系统功耗增加,而电阻阻值选得过大,虽然系统功耗下降,但是噪声会增加,因而需要进行一个综合的权衡与折中考虑,必要时,还需要进行实验测试与分析来决定放大链路中的参数选择。

10.2.3　超声电路中的电源波动引入噪声问题

超声回波信号经过 HV 高压开关阵列后,需要经过 TR 电路进行隔离限幅处理,然后才能进行前置放大处理。所以在进行前置放大处理之前,必须尽可能地减小电源电路带来的噪声干扰。图 10.10 是典型的 TR 隔离电路模型和对应的仿真结果。

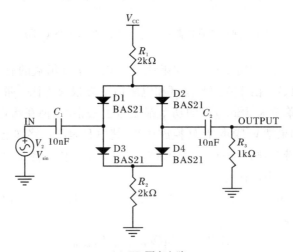

(a) TR 隔离电路

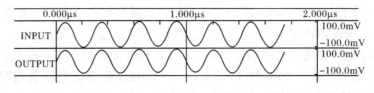

(b) 信号的隔离传输仿真结果

图 10.10　TR 电路的信号隔离与仿真

从图 10.10 可以看出,TR 电路在信号隔离方面具有非常好的性能,可以将有效地抑制超声发射时产生的过大幅值,将输出幅值限制在 $V_{CC}/2$ 的范围内,而超声回波的幅值一般都较小,可以顺利通过 TR 电路。但是在工程实际中,当输入信号为"0"时,电源 V_{CC} 发生微弱波动的时候,其仿真结果如图 10.11 所示。

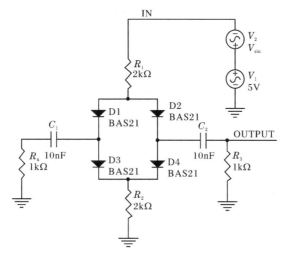

(a) TR 电源波动电路

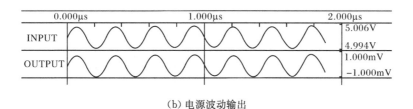

(b) 电源波动输出

图 10.11　TR 电路的电源波动输出仿真

在图 10.11 中,设定 V_{CC} 电源的扰动信号 V_2 的正弦信号峰峰值为 10mV,输入信号的内阻为 1kΩ 时,从图 10.11(b)可以看出:此时输出信号的峰峰值为 2mV,如果将此信号经过后面的超声前置放大器 LNA 和时间增益控制器 TGC 放大后,输出信号的幅值将非常大,完全可能淹没有用的超声回波信号。因此,通过图 10.11 的仿真可以看出,超声回波信号链路中的 TR 电路对供电电源质量具有比较高的要求,因此 TR 电路的供电最好是独立供电,在电源电路的设计方面,还应当选用具有超低噪声的 LDO 电源芯片供电,从而减少由于电源电压波动而引入的噪声信号。

10.2.4　超声电路中信号传输阻抗匹配问题

超声回波信号范围一般为 2～6MHz,属于射频信号,在电路的传输过程中,存在电磁波的反射问题。因此,对于超声信号的传输,需要考虑传输线的阻抗匹配问题,通过合理的阻抗匹配,可以有效地降低信号反射,从而减小系统的噪声。

当信号源发射一个信号进入传输线时,信号的幅值取决于电压、缓冲器的内阻和传输线的阻抗。初始电压 V_1 将沿着传输线传播,直到它到达终端。V_1 的幅值决定于内阻和线阻抗之间的分压:$V_1 = V_s \dfrac{Z_0}{Z_0 + Z_s}$。当信号从驱动端向接收端传播的过程中,由于阻抗的不连续,存在两个反射点,一个是始端反射,一个是终端反射,图 10.12 是终端接阻性负载的电路图。

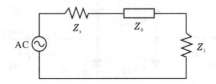

图 10.12　终端接阻性负载的电路图

图 10.12 中,终端反射 $\rho_2 = \dfrac{Z_1 - Z_0}{Z_1 + Z_0}$,始端反射 $\rho_1 = \dfrac{Z_s - Z_0}{Z_s + Z_0}$。

因此传输线的工作状态由传输线的特性阻抗和负载决定,主要存在三种情况:

(1) 行波状态:传输线上只有入射波,没有反射波的工作状态。当 $Z_1 = Z_0$ 时,终端阻抗等于传输线阻抗,$\rho_2 = 0$,反射为 0,称为终端匹配。

(2) 驻波状态:当终端短路或开路时,终端阻抗为 0 或无穷大,$|\rho_2| = 1$,发生全反射。

(3) 行驻波状态:当终端负载和传输线特性阻抗既不匹配,也不存在驻波时,传输线上的波形是行波和驻波的混合体。

当信号源转变为 V_s,传输线上的初始电压 V_i 决定于分压时 $V_i = V_s \dfrac{Z_0}{Z_0 + Z_s}$。当 $t = TD$ 时,初始电压 V_i 到达负载 Z_i。此时产生幅值为 $\rho_2 V_i$ 的反射分量,它和初始电压叠加在负载处产生总电压 $V_i + \rho_2 V_i$。波的反射分量 $\rho_2 V_i$ 接着传回到源端,并在 $t = 2TD$ 时产生一个 $\rho_1 \rho_2 V_i$。反射和逆反射将持续到线上电压趋近稳态直流值。若终端不匹配,反射需要经过一段长的时间才能稳定下来,并会对一些重要的时序产生影响。

多次反射会引起一系列的信号完整性问题,其中典型的有过冲、下冲、振铃和环绕振荡。过冲是第一个峰值或谷值超过设定电压。对上升沿是最高电压,对下降沿则是最低电压。过分的过冲将引起保护二极管工作,导致其过早地失效。过分地下冲能够引起时钟或数据错误。振铃是反复出现过冲和下冲。信号的振荡是由线上过渡的电感和电容引起。振铃属于欠阻尼状态,而环绕振荡属于过阻尼状态。当负载阻抗不等于特性阻抗时,它不能完全吸收到达的电磁能量,有一部分能量将从接收端反射回来,形成反射波。在传输线上的各点反射波和入射波产生合成波,这种合成波称为驻波。由于一般传输线很难达到完全匹配的状况,所以信号反射在高频信号的传输中是普遍存在的,如图 10.13 所示。

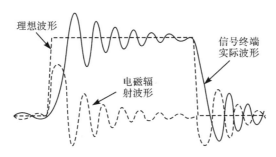

图 10.13　PCB 中高频信号的实际波形

从前面的推导可以看出:如果负载反射系数或源端反射系数二者任一为零,反射将被消除,所以传输线的端接通常采用两种策略来消除反射:①使负载阻抗与传输线阻抗匹配,即并行端接;②使源阻抗与传输线阻抗匹配,即串行端接。

1. 并行端接

并行端接主要是在尽量靠近负载端的位置加上拉或下拉阻抗以实现终端的阻抗匹配,根据不同的应用环境,并行端接又可分为以下几种类型:

1) 简单的并行端接

采用图 10.14 的这种端接方式简单地在负载端加下拉电阻,需要驱动端必须能够提供输出高电平所需的驱动电流以保证通过端接电阻的高电平电压满足门限电压的要求,由于这种方式需要消耗很大的负载电流,一般很少采用。

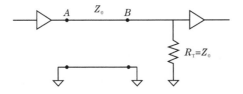

图 10.14　简单的并行端接

2) 戴维宁并行端接

采用上拉电阻 R_1 和下拉电阻 R_2,通过 R_1 和 R_2 吸收反射,如图 10.15 所示。戴维宁等效阻抗可表示为 $R_T = \dfrac{R_1 R_2}{R_1 + R_2}$。这种方案要求 R_T 等于传输线阻抗 Z_0 以达到最佳匹配。此端接方案虽然降低了对源端器件驱动能力的要求,但是对 R_1 和 R_2 的选择有一定的要求,R_1 的最大值由可接受信号的最大上升时间决定,R_1 的最小值由驱动源的吸收电流数值决定。R_2 的选择应当满足当传输线断开时电路逻辑高电平的要求。由于这种端接方式在电源和地之间直接存在直流电阻,因此直流功耗较大。

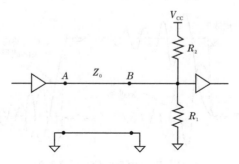

图 10.15　戴维宁并行端接

3) 并行 AC 端接

并行 AC 端接使用电阻和电容网络(串联 RC)作为端接阻抗,如图 10.16 所示。端接电阻 R 要小等于传输线阻抗 Z_0。并联终端匹配的理论出发点是在信号源端阻抗很小的情况下,通过增加并联电阻使负载端输入阻抗与传输线的特征阻抗相匹配,达到消除负载端反射的目的。

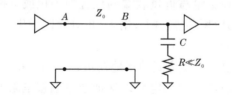

图 10.16　并行 AC 端接

2. 串联终端匹配

串联终端匹配的理论出发点是在信号源端阻抗低于传输线特征阻抗的条件下,在信号源端和传输线之间串接一个电阻 R,使源端的输出阻抗与传输线的特征阻抗相匹配,抑制从负载端反射回来的信号发生再次反射,如图 10.17 所示。

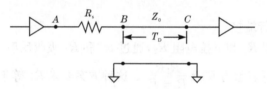

图 10.17　串行端接

相对并联匹配来说,串联匹配不要求信号驱动器具有很大的电流驱动能力。选择串联终端匹配电阻值的原则很简单,就是要求匹配电阻值与驱动器的输出阻抗之和与传输线的特征阻抗相等。理想的信号驱动器的输出阻抗为零,实际的驱动器总是有比较小的输出阻抗,而且在信号的电平发生变化时,输出阻抗可能不同。因此,由于超声信号的传输电路不可能有十分准确的匹配电阻,只能进行折中考虑,考虑到超声信号的频率在 3.5MHz 左右,串联匹配电阻的选择一般在 $100\sim300\Omega$。串联匹配是最常用的终端匹配方法,它的优点是功耗小,不会给驱动器带来额外的直流负载,也不会在信号和地之间引入额外的阻抗,而且只需要一个电阻元件。从电磁能量的角度来看,串联终端匹配可以看成是对电磁能量的阻尼作用,可以快速消耗传输线上由于阻抗不匹配引起的电磁反射能量。所以,在超声回波信号传输的链路中,需要适当增加阻抗匹配的措施,降低或抑制超声回波信号在信号链路中因反射而引入的噪声。

10.2.5　超声电路中的信号串扰问题

超声成像是对多通道超声回波信号进行接收处理成像,属于阵列成像范畴。因此,一般的超声成像系统回波通道数都比较多。串扰的产生就是指一条线上的能量耦合到其他传输线上,它是由不同结构引起的电磁场在同一区域里的相互作用而产生的,串扰产生的根本原因是因为信号线之间存在互感和耦合电容。因此,通道之间的回波信号串扰将不可避免,但是通过仔细分析串扰产生的机理,采用特定的一些处理措施,可以减小超声回波通道之间的串扰。

通过使用等效电路来进行串扰建模是最为普遍的串扰分析方法,图 10.18 描述了将两条耦合传输线按照 SPICE 模型分为 N 段的等效电路模型,只有这样建立的电路模型才能较为真实地表征连续的传输线特性,而不是一些集总的电感、电容和电阻的特性。

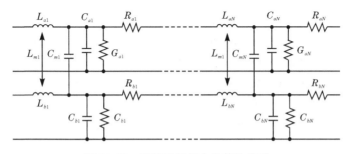

图 10.18　两传输线耦合的等效模型

当多根传输线相互之间靠得很近的时候,传输线之间的电场和磁场将以各种特殊的方式相互作用,传输线上的信号状态决定了这种特殊方式。这种相互作用的重要性在于能改变传输线等效的特性阻抗和传输速率。图 10.19 是差模和共模情况下推导阻抗和速度变化的等效电路图。

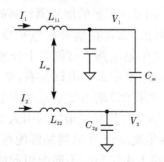

图 10.19　差模和共模情况下阻抗和速度变化的等效电路图

图 10.20 描述了在两简单耦合的传输线系统中差模和共模情况下的电磁场分布。

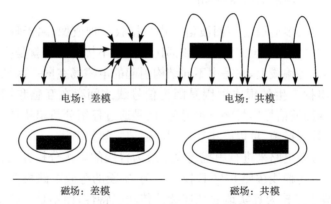

图 10.20　两简单耦合的传输线系统中差模和共模情况下的电磁场分布

由于串扰引起的阻抗变化取决于互感和互容的幅度大小,而这些相互耦合的寄生参数又在很大程度上与导线的截面几何尺寸有关,因此阻抗的变化也就和传输线的截面尺寸有很大关系。当 PCB 板材的介电常数一定的情况下,低阻抗传输线上因为串扰引起的阻抗变化会比高阻抗线上的来得小些,这是因为低阻抗传输线和参考平面的耦合比较大。如果传输线与参考平面的耦合加强,那么它与相邻线之间的耦合将减弱。低阻抗传输线通常通过增加传输线的线宽和减少介质的厚度实现。然而,这些选择都有负面效果。线宽太大将占用更大的布线空间,介质太薄将大大提高成本,过低的传输阻抗也容易导致信号传输过程中的阻抗不匹配问题。一般来说,在超声成像系统中,减小超声回波信号的串扰可以从以下几个方面入手:

（1）将两条信号传输线之间的距离增大到规则允许的最大情况；

（2）在设计目标阻抗时，应该尽量使传输线可以紧密地与地平面进行耦合，这样可以减少对临近信号线的干扰；

（3）对于要求严格的网络在系统设计时可以使用差分线技术；

（4）如果相邻层的传输线有较严重的耦合存在时，走线时应彼此正交；

（5）最小化信号间平行走线的长度；

（6）合理布局，防止布线时出现拥挤。

10.2.6　超声回波信号的屏蔽问题

超声回波信号由于受到人体软组织的吸收而衰减，考虑到当探测深度为 24cm、3.5MHz 超声回波信号的衰减将达到 100～134dB。可以说，中远场的超声回波信号的幅度在微伏级，甚至更小。对于这样微小的超声回波信号很容易受到电磁辐射的干扰，从而导致图像质量的下降。

电磁干扰源与受干扰装置间的耦合可以归纳为三个途径：辐射、感应和传导。辐射发生在远场的环境中，感应属于近场的环境。不管近场还是远场，统称为辐射 EMI。通常远场和近场以 $\lambda/(2\pi)$ 为区分标准，大于该距离即为远场，反之为近场[7]。对于高速数字电路设计人员来说，当频率超过 1GHz 时，4.8cm 距离就要看做远场环境。

对于数字超声成像系统而言，系统内部涉及大量的高速数字电路，因此印刷电路板上的逻辑组件本身除了扮演干扰源外，同时也是受干扰源。数字电路的辐射干扰主要有共模辐射和差模辐射两种。其中差模辐射主要发生在数字电路的磁场回路，而共模辐射则是由于 I/O 带状线或者控制线出现双极的情形，对于共模和差模引起的辐射问题，可以应用电偶极子和磁偶极子的模型来分析。事实上，共模电流产生的辐射干扰是 PCB 上 EMI 形成的主要根源，将对超声回波信号造成严重的干扰。

1. 差模辐射

图 10.21 为印刷电路板上两个 IC 形成的电流回路，电流回路所产生的磁通量会形成差模辐射，电流回路的大小直接影响到辐射量的大小。

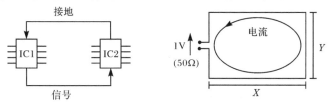

图 10.21　电流回路产生差模辐射

在超声系统的高速数字电路中,由于电场强度与电流的大小以及电流回路的面积成正比,与回路电流的频率平方成正比。通过 FLO/EMC 软件仿真,在电流回路为正方形,回路面积为 64cm^2 和 256cm^2 的仿真结果如图 10.22 所示。

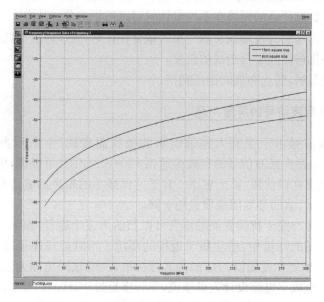

图 10.22　不同回路面积辐射强度的仿真结果

从图 10.22 可以看出,随着回路电流面积增大,电流频率的增加,差模辐射增强,因此抑制差模辐射的方法就是设法降低电流回路的面积和电流大小以及高频的电流谐波分量,减小对超声回波信号的干扰。

2. 共模辐射

共模辐射主要是由接地噪声所造成的。该噪声会在电路板的接地层间形成一个电位差,这个电位差的能量可以直接经由印刷电路板的 I/O 带状电缆或者是经由空中传送出去,如图 10.23 所示。

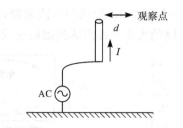

图 10.23　I/O 带状电缆共模辐射示意图

经由 I/O 带状电缆所辐射出去的共模辐射公式为

$$|E| = \frac{4\pi \times 10^{-7}}{d} I f l \tag{10.3}$$

其中，I 为共模噪声的电流，单位 mA；f 为共模噪声的频率，单位 MHz；l 为 I/O 带状电缆的高度（参考点为地端），单位 m；d 是观察点与 I/O 带状电缆间的距离，单位 m；

为了减少共模辐射的干扰，最简单的方法就是将 I/O 带状电缆贴着机壳布线。为了抑制由 I/O 带状电缆所传递出去的共模辐射，常采用铁磁材料的共模扼流圈。铁磁材料电气阻抗高，涡流损失较少，故拥有极佳的高频特性，它的饱和磁通密度很低，常用磁珠隔离高频的共模辐射。

在超声成像系统的电路板设计与实际制作过程中，首先需要注意硬件电路的空间布局结构，通过物理结构的安排和布局，尽量减小超声回波信号受到的电磁辐射概率；其次对于一些电磁辐射较强的超声回波处理电路，如高速 FPGA 电路部分，则一般需要安装屏蔽板，减弱电磁辐射对超声回波信号的影响；然后，对于微弱的超声回波信号进入电路板之前，也需要安装屏蔽板，减弱外界电磁辐射对回波信号的干扰，如图 10.24 所示。

图 10.24　屏蔽板的安装图

从图 10.24 可以看出，该数字超声成像系统在物理布局上就进行了处理，将超声成像系统的回波信号放大与数字处理电路在物理上进行彻底的分割，减弱了数字电路对超声回波信号预处理电路的干扰。其次，在超声回波信号入口处增加了屏蔽板,减弱了来至外界电磁辐射信号的干扰,对于高频数字电路的 FPGA 部分,则增加了屏蔽板,有效抑制了电磁辐射对外界的影响。

10.2.7　超声电路中的信号隔离与共地问题

从电路系统的角度来看,数字超声成像系统是一个典型的模拟数字混合系统。对于模拟数字混合系统的信号隔离与共地设计就显得非常重要了。这是因为,超声回波信号是极其微弱的高频信号,对各种干扰噪声比较敏感,而超声发射电路,可以视为一个功率脉冲电路,在超声发射瞬间,具有较强的输出功率,可能对接收电路产生影响,甚至导致高频数字电路不能正常工作,而高频数字电路需要对多通道 AD 转换器的数据进行实时接收与数字信号处理,高频数字电路在工作过程中必然产生各种噪声干扰,如果不做很好的处理,这些噪声干扰必然对超声回波接收与放大电路产生干扰,当这些噪声干扰混入极其微弱的超声回波信号中,再经过超声回波的 LNA 与 TGC 放大后(这两个环节对超声回波的放大幅度在 40~60dB),噪声将变得非常严重,过强的噪声干扰将淹没有用的超声回波信号,最终直接影响图像质量和探测深度。因此,如何实现这三块电路的电气连接,减小高频数字电路,脉冲功率发射电路对超声回波接收与放大电路的影响具有重要的意义。

首先,考虑电路板上噪声产生的来源主要分为三类:①电阻元件:二极管,三极管,运放的白噪声;②电磁辐射的噪声;③电路板的传导噪声,因为电路板的信号线路本身存在电阻、电容和电感。对于第一类的噪声是电子元器件固有的噪声,这部分噪声主要通过器件选型和参数选择来调整;对于第二类电磁辐射的噪声,主要通过改进硬件系统的布局结构,采用金属屏蔽来解决。本节重点研究第三类由数字电路和功率脉冲电路产生的噪声:在高频数字电路中,当门输出电平从低变为高时,电源不仅要保持输出电流,还要给寄生电容充电,使这个电流峰值达到饱和。由于电源线有不同程度的电阻、电感和寄生电容,因此高低电平发生反转的时候,输出电流必然发生突变时,当产生上述尖峰电流的同时,地线上也会流过电流,特别是当输出电平从高变为低时,寄生电容放电,地线上的峰值电流将进一步叠加。由于地线总有不同程度的电感,也会因电流的突变而感应出电压,这就形成了所谓的地线噪声。地线和电源线上的噪声不仅会使电子元器件运行状态受到影响,还会产生较强的电磁辐射。

虽然解决地线噪声电压的方法可以在 PCB 线路板上设置电源线网格来减小电感量,但要占有大量的布线空间。为了减小电源线电感量,可采取下面的方法:

采用储能电容,其作用是为芯片供给电路输出状态发生变化时所需的大电流,这样就减小了感应出的噪声电压,避免了电流突变。储能电容将电流变化限制在较小的范围内,减小了辐射,所以在 PCB 线路板上使用电源线网格或电源线面(电源系统具有很小的电感)时增加一些储能电容。采用上述手段可以有效地降低电路系统噪声,通过将各个电路部分进行有效的分析,可以减小它们之间的相互影响,但是这里面有一个关键的细节问题容易被忽略,那就是系统间的等电位问题,如图 10.25 所示。

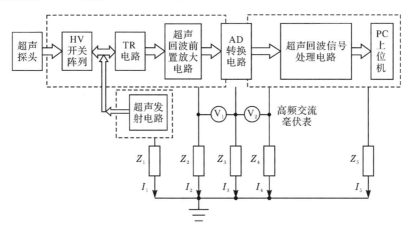

图 10.25　数字超声电路系统的接地原理框图

从图 10.25 可以看出:数字超声电路系统分成五个部分接地:超声发射电路、超声模拟前端放大电路、AD 转换电路、超声回波信号处理电路和 PC 上位机。Z_1、Z_2、Z_3、Z_4 和 Z_5 分别是它们地线的等效阻抗。这里需要注意的是:不同的地线分割可以有效地减小各个电路部分之间的干扰,但是在数字超声成像系统中,各个电路部分之间必然存在一定的信号联系,所以即使各个部分的地线进行了分割,噪声干扰仍然可能通过信号线在系统之间进行传递。

1. 超声电路中的信号隔离

这里以超声发射电路和超声回波的数字信号处理电路为例来说明,超声发射电路的发射信号和超声回波处理电路可能来自于同一个 FPGA,这时,虽然它们在地线上进行了分离,但是信号线仍然联系在一起,如图 10.26 所示。

从图 10.26 可以看出:一般来说,I_1 与 I_4 不相等,阻抗 Z_1 与 Z_4 也不相等,当超声发射电路不工作时,I_1 很小,Z_1 端的电位接近 0V。而超声回波信号处理电路中涉及大量的数字电路,通过 Z_4 的电流 I_4 必将是一个包含丰富频率分量的脉动电流,因此连接 Z_1 与 Z_4 的高频交流毫伏表 V_2 必然存在电位差,并且这个电位差里面包含了极其丰富的频率分量。因此,即使超声发射电路与回波信号处理电路在共地上进行了分离,但是发射电路的发射脉冲信号仍然由 FPGA 给出,这就将超声发射电路与回波处理电路联系在了一起,连接 Z_1 与 Z_4 的 V_2 必然存在电位差,

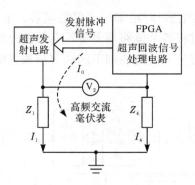

图 10.26　超声发射与回波处理电路
的连接示意图

I_0 电流将不为 0。从 FPGA 自身来看,即使输出的高低电平分别为较为纯净的 V_H 和 V_L,但是从超声发射电路这端来看,FPGA 输出的高低电平分别为 $V_H + Z_4 I_4$ 和 $V_L + Z_4 I_4$,由于 I_4 中往往含有较多的杂波,高频分量较为丰富,因此,FPGA 输出的高低电平都存在较强的噪声干扰,由于 V_2 不为 0,FPGA 部分将必然存在 I_0 电流经过超声发射电路流入电源地,从而造成了对发射电路的噪声干扰。

　　因此降低超声发射电路的噪声干扰,主要的措施就是减小 I_0 电流,抑制FPGA 输出高低电平中的频率分量 $Z_4 I_4$,一般具体的措施就是增加隔离环节,如图 10.27 所示。

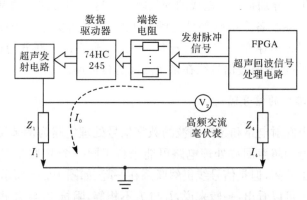

图 10.27　发射脉冲信号隔离示意图

　　从图 10.27 可以看出,在超声回波信号处理电路与超声发射电路之间增加了端接电阻和数据总线驱动器 74HC245,考虑到 74HC245 具有较高的输入阻抗,为了抑制数字信号的反射,增加了端接电阻,减小了超声回波处理电路部分噪声的产生。因为 74HC245 具有较高的输入阻抗,I_0 电流将减小,从而减弱了超声回波处理电路对发射电路的噪声影响。其次 74HC245 是一个天然的高低电平滤波器,当输入电平高于 3.6V 时输出高电平,低于 0.8V 时输出低电平。所以 FPGA 输出的高低电平分别为 $V_H+Z_4I_4$ 和 $V_L+Z_4I_4$ 时,对于 74HC245 来说存在一定的干扰,但是 74HC245 输出的高低电平 V_H 和 V_L 对于超声发射电路来说,则可以认为没有干扰。所以说,74HC245 的引入可以有效隔离超声发射电路的与超声回波处理电路之间的信号干扰[8]。

这里需要注意的是:74HC245 的供电只能由超声发射电路部分的电源供给,不能由超声回波处理电路部分供电,否则无法起到信号隔离和干扰隔离的作用。如果对系统间的噪声要求很严格时,可以将 74HC245 与端接电阻换成高速数字隔离器 ISO7240 或者是高速光电耦合器 TLP117 等,彻底进行电气隔离,抑制超声回波处理电路噪声的影响。

2. AD 转换器的共地问题

从图 10.25 可以看出,阻抗 Z_2、Z_3 和 Z_4 不可能完全一样,流过它们的电流 I_2、I_3 和 I_4 也不可能完全一样,这必然造成高频交流毫伏表 V_1、V_2 的电压不为 0,但是这三部分电路之间的一些电信号又必须连接在一起。AD 转换器作为一个模拟信号与数字信号桥接的一个中间器件,只有当电路系统的噪声较低时,采用高精度 12bit 的 AD 转换器才具有工程实际意义。根据图 10.25 可以得到一个简化的超声回波前置放大电路,AD 转换电路和超声回波信号处理电路的信号地电位分析示意图如图 10.28 所示。

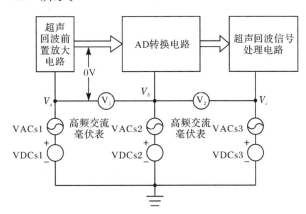

图 10.28　超声电路中的地电位模型简图

由于地线存在阻抗,流过地线的电流往往是脉动的直流,因此超声回波放大电路、AD 转换电路和超声回波信号处理电路的信号地电位 V_a、V_b 和 V_c 可以用一个简单的直流电源和一个交流电源来模拟。假设 AD 转换器的基准电压为 V_{REF},这里需要注意的是:AD 转换器的基准源相对电位是 V_b。所以,当超声回波前置放大电路输出"0V"时,输出的实际电压其实是 V_a。此时,对于 AD 转换器来说,输入的电压为 V_a-V_b,该输入电压对于 AD 转换器来说,其实就是系统噪声。其次,超声回波处理电路的"0"电位为 V_c,AD 转换器系统的输出电压相对于超声回波处理电路的电压差是 V_b-V_c。在 PCB 电路板的设计中,V_b 与 V_c 的电位差通过覆铜处理后,一般不会太大,容易控制在 ±0.3V 内。但是,如果 AD 转换器输出的数据信号是 LVDS 信号,LVDS 差分信号的峰峰值为 350mV,此时就需要特别注意了,如果该部分电路处理不好,V_b 与 V_c 的高频交流电位差完全可能达到 350mV,此时,即使 LVDS 数据采用差分传输,有一定的抗干扰能力,也有可能出现 LVDS 数据的接收错误。

因此,通过我们的上述分析可以看出,控制好超声回波放大电路 AD 转换电路和超声回波信号处理电路之间的噪声,不仅需要进行电源与地线的分割,关键是还必须降低 V_a、V_b 和 V_c。而从图 10.28 中可以看出,它们分别由直流分量和交流分量组成。对于直流分量 VDCs1、VDCs2 和 VDCs3 主要是通过覆铜覆地加以解决,对于交流分量的 VACs1、VACs2 和 VACs3 的降低,则需要通过合理地放置滤波耦合电容来加以去耦抑制。关于如何降低 PCB 噪声涉及较多的知识,本书不做进一步的详述。

最后需要说明的是:降低超声成像系统的电路噪声看似小问题,其实在超声成像系统的硬件设计中具有极其重要的意义,因为电路噪声问题将直接影响超声的图像质量。虽然在超声回波的后处理中,可以通过带通滤波器、动态滤波、在超声发射的时候可以采用发射编码信号、在接收的时候采用匹配滤波等手段加以抑制、在上位机中进行帧相关,以及图像滤波处理等手段来抑制噪声。但是根据前期的产品研发经验表明:降低超声成像系统的电路噪声仍然是第一位的,噪声问题处理好了,其他很多步骤都可以简化,甚至省略掉;相反,如果噪声控制不好,其他手段再好,也很难从根本上提高超声成像系统的图像质量和探测深度。因此,从这个意义上可以说超声电路噪声问题解决的好坏甚至可以决定一个超声成像硬件系统设计的成功与失败。

10.3　高速 AD 转换器的时钟设计

常用的超声回波信号中心频率一般是 3.5MHz,而超声成像系统中 AD 转换器的频率为 25~60MHz。对于这一类 AD 转换器来说,一般可以认为是高速 AD 转换器了。对于高速、大动态范围内的 AD 转换器,设计一个具有较小抖动的精密时钟源是极其重要的。因为 AD 转换器的时钟优化可以明显提升系统的性能,如果时钟抖动性变差,将直接导致 AD 转换器 SNR 的下降。在数字超声成像系统中,特别是彩色多普勒成像,为了获得良好的效果,一般要求 AD 转换器的速度大于 60MHz/s,如果 AD 转换器的时钟抖动较大,AD 转换器的性能将严重下降,所以在这些应用场合,对 AD 转换器的时钟抖动也有严格的要求。因此,在超声成像系统的硬件电路设计中,设计人员有必要正确理解时钟抖动的产生,根据应用实际的需求,确定 AD 转换器能够允许多的抖动范围,从而根据需求,设计高速 AD 转换器的时钟。

10.3.1　AD 转换器时钟的抖动问题

时钟抖动是指时钟边沿的位置发生变化,这将产生定时误差,直接导致 AD 转换器对信号幅度量化的精度和误差,如图 10.29(a)所示。模拟输入信号频率的增加将导致输入信号的斜率增加,这将使得 AD 转换器对模拟信号的转换误差放大,如图 10.29(b)所示。

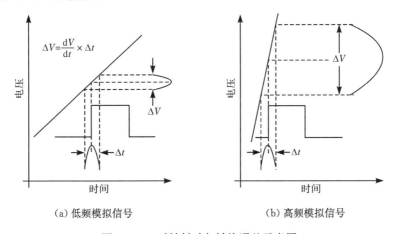

（a）低频模拟信号　　　　　　　　　　（b）高频模拟信号

图 10.29　时钟抖动与转换误差示意图

从图 10.29 可以看出,随着 AD 转换器分辨率和模拟输入信号频率的增加,时钟抖动引起的误差必须考虑。因此,在超声硬件系统 AD 转换器设计的时候,工程师必须分析 AD 转换器性能和编码时钟抖动之间的关系,最终确定 AD 转换器可接受的时钟抖动量。式(10.4)定义了理想 AD 转换器(具有无穷大分辨率)SNR(dB)与频率的关系。式(10.5)定义了 N(10、12、14 和 16)位理想 AD 转换器的 SNR(dB),图 10.30 是根据这两个公式得出的曲线图。

$$\mathrm{SNR}_{\mathrm{ideal}} = 20\lg\left(\frac{1}{2\pi f t_{\mathrm{jitter}}}\right) \tag{10.4}$$

$$\mathrm{SNR}_{\mathrm{bits}} = 6.02N + 1.76 \tag{10.5}$$

用户可以在曲线交点处确定给定模拟输入信号频率时可容忍的总时钟抖动量。在低频信号下,精度受到 AD 转换器分辨率的限制。随着输入信号频率的增加,在大于某个频点之后,AD 转换器的性能将受制于系统的总时钟抖动,而位于

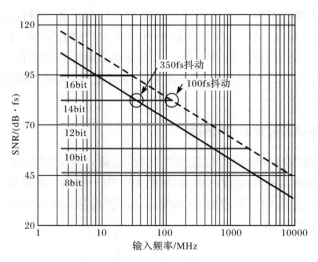

图 10.30　模拟输入信号频率与时钟抖动对理想
AD 转换器的 SNR 的影响

该频点左侧的输入信号频率,无须考虑小抖动的问题。

从图 10.30 可以看出,时钟抖动越大,SNR 性能受控于时钟系统抖动的频点就越低。在工程实际中,除了理解时钟抖动和分辨率对 AD 转换器性能影响外,还必须考虑 AD 转换器的量化噪声和模拟信号的输入幅度。式(10.6)给出了 AD 转换器的 SNR 计算:

$$\mathrm{SNR} = -20\lg\sqrt{(2\pi f_{\mathrm{a}} t_{\mathrm{jrms}})^2 + \frac{2}{3}\left(\frac{1+\varepsilon}{2^N}\right)^2 + \left(\frac{2\sqrt{2}V_{\mathrm{NOISErms}}}{2^N}\right)^2} \qquad (10.6)$$

其中,SNR 为信噪比(dB);f_{a} 为满量程正弦波的模拟输入频率;t_{jrms} 为内部 AD 转换器抖动和外部时钟抖动的组合均方根抖动;ε 为 AD 转换器的平均差分非线性(DNL)(LSB);N 为 AD 转换器的分辨率(bit);V_{NOISErms} 为 AD 转换器的有效输入噪声。

根据式(10.6),图 10.31 给出了输入频率、时钟抖动和量化噪声对 SNR 的影响。

从图 10.31 可以看出,输入频率、时钟抖动和量化噪声都对 AD 转换器的 SNR 造成了影响。在数字超声成像系统中,一般采用 12bit 的 AD 转换器,假设超声成像系统回波信号的最高频率分量为 10MHz,根据式(10.4),结合图 10.31 可以计算得出,该超声成像系统必须把时钟抖动度控制在 8.95ps 以内,否则将引起 AD 转换器的 SNR 下降,导致 AD 转换器性能的下降,最终影响超声系统的图像质量和多普勒血流的测量。

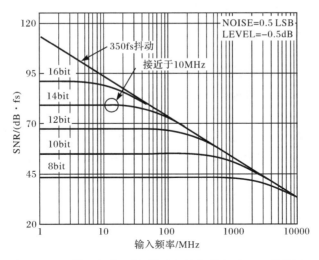

图 10.31　输入频率、时钟抖动和量化噪声对 SNR 的影响

10.3.2　抑制 AD 转换器时钟的抖动

超声硬件电路系统中的串扰、EMI(电磁辐射)和电源噪声等都将对 AD 转换器时钟的抖动产生影响。因此,为了减少这些源引起的抖动,首先必须有良好的布线和恰当的电路布局。最重要的是将模拟电路和数字电路限制在各自的区域内。为确保良好的隔离,每个电路层也应当合理地安排。在设计中,还应该特别理解回流如何相对于源来流动,以及如何避免模拟和数字电路之间的越界。简而言之,就是特别注意 AD 转换器的时钟布线,尽量地把它"隐藏"起来,减少外界对它的干扰。

考虑到高速 AD 转换器的时钟是高速时钟,对于数字电路中的许多常规门电路的使用也要非常小心,表 10.2 列出了时钟驱动器门及其增加的抖动量。

表 10.2　时钟驱动器门及其增加的抖动

逻辑器件	抖动参数/ns
FPGA	33~55(普通 IO 口)
74LS00	5
74HC00	2.2
ADCLK9XX,ECL 时钟驱动器	0.1

从表 10.2 可以看出,在高速 AD 时钟电路设计中,应当避免使用 FPGA 的IO 管脚或者是门电路作为 AD 时钟的驱动器,因为这些器件驱动时钟信号时将产生较大的抖动,如果将它们应用于实际的电路系统中,这些器件还可能受到

外界干扰或者是电路系统中的其他电路对它们的干扰,此时,这些器件输出的抖动参数可能会更大。从表10.2还可以看出,对于低抖动时钟的设计,应当选用专门的时钟驱动器。顺便指出,如果需要使用FPGA进行时钟的驱动设计,也应当使用FPGA中的特殊IO管脚,如PLLout管脚进行时钟输出,因为FPGA的PLLout管脚对于输出时钟的抖动进行了优化设计处理,具有较小的时钟抖动参数。

顺便指出,对于许多高速AD转换器的时钟,为了增强AD时钟的抗干扰能力,降低AD转换器时钟的EMI电磁辐射,一般要求都是差分时钟,特别是在超声成像系统中,对应AD转换器的时钟是LVDS差分形式。表10.2告诉我们,差分时钟不能通过简单的反相器门电路实现,在工程实际应用中,应当使用信号隔离变压器来实现,如图10.32所示。

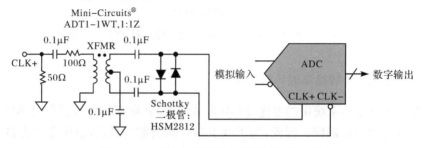

图10.32　隔离变压器实现单端转差分时钟

这是因为信号隔离变压器本身是无源器件,不会将抖动添加到整体时钟信号中,变压器可以为时钟信号提供一定的增益,这将使得时钟源幅度增加,摆率增加,然后使用背对背的Schottky二极管对时钟进行箝位,从而使得时钟幅度与AD转换器时钟输入电平兼容。最后需要指出的是,信号隔离变压器其实本身就是一个天然的带通滤波器,在提供时钟信号增益的同时,对时钟信号进行了滤波处理,从而有效抑制了时钟抖动的产生。该方法在高速AD转换器的时钟输入接口设计中经常会采用。

10.3.3　多路AD转换器同步时钟的设计

在超声成像系统中,一般大都是采用多路同步AD转换器。目前,许多针对超声成像应用的AD芯片中都集成了8路AD转换器,但是超声成像系统的AD采样通道一般为32道,对于32通道AD采样系统,需要4片这样的AD转换器芯片同步工作。为了确保4片AD转换器芯片时钟的"完全"同步,且具有较小的时钟抖动,这里我们选用了美国国家半导体公司的时钟芯片LMK03000C,该芯片的时钟频率可以输出1～785MHz,并且时钟的输出频率可以通过命令控制字动态设定。图 10.33 是采用美国国家半导体公司的时钟设计工具软件(National's Clock Design Tool),针对 LMK03000C 器件,采用时钟设计工具软件的向导,设计了 4 路同步输出的 50MHz 的 AD 时钟,并且该软件向导还给出了 LMK03000C 的初始化参数配置。图 10.34 给出了 CLKout4 的时钟性能参数。

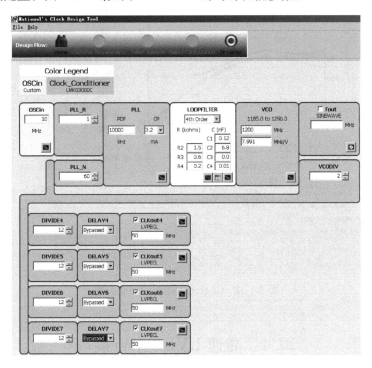

图 10.33　输出 4 路 50MHz 时钟的 LMK03000C 初始化参数配置

从图 10.34 可以看出,采用时钟芯片 LMK03000C 后,CLKout4 的时钟抖动可以控制在 400fs 以内,如果将超声硬件系统的电路噪声、EMI 辐射和串扰等噪声控制好,设计出符合要求的高性能 32 通道同步 AD 采样是完全可以的。最后需要指出的是:为使该芯片达到最佳的时钟输出性能,Loopfilter 的电阻电容参数需要根据图 10.33 进行设置。

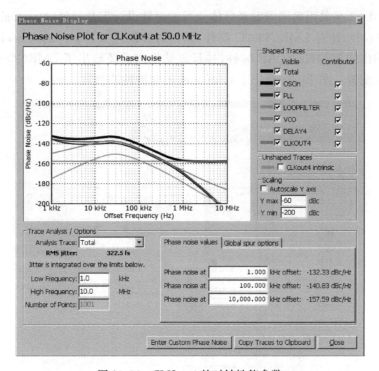

图 10.34 CLKout4 的时钟性能参数

10.4 高速 LVDS 串行接口

在数字超声成像系统的设计中,为了降低功耗和硬件成本,减小超声成像硬件系统的体积,AD 转换器一般都采用 8 通道的集成 AD 芯片,如 AD9271、AFE5805 等。这类 AD 芯片一般都是采用 LVDS 接口,采用 LVDS 接口的好处是可将 AD 转换结果通过 2 根 LVDS 差分线进行传输,从而极大地减少了 AD 采样系统与 FPGA 之间的连线,有效减小了 AD 采样系统的硬件体积。但是由于 AD 转换器具有较高的采样速度,在超声成像系统中,一般为 25~60MHz。以 TI 公司的 8 通道 AD 转换器 AFE5805 为例:它是 12 位、8 通道、50MHz 的 AD 转换器,当 AD 转换器的采样速度为 50MHz/s 时,通过 LVDS 接口输出的串行码流速度将达到 50MHz/s×12bit＝600Mbit/s。在这样高速串行码流情况下,每一个串行数据位在总线上的持续时间仅为 1.667ns,对于这样的 32 通道同步 AD 采样数据的接收就必须认真处理了。

10.4.1 AFE5805 的 LVDS 数据连接

目前,TI 和 ADI 等公司都陆续推出了针对超声成像应用的集成 AD 芯片,本小节以 AFE5805 为例说明 LVDS 的数据连接。图 10.35 给出了 32 通道的 AD 采样系统的原理框图。

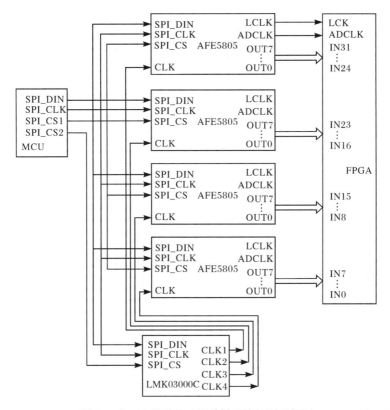

图 10.35 32 通道的 AD 采样系统的原理框图

从图 10.35 可以看出,MCU 对 LMK03000C 进行初始化,产生 4 片 AFE5805 所需的同步时钟,为了确保 4 片 AFE5805"完全"同步工作,此处的同步时钟将非常关键,必须仔细测量,确保 4 片 AFE5805 保持"绝对"同步工作。由于采用了专用的时钟芯片 LMK03000C,通过合理的布局布线,可以确保供给 4 路 AFE5805 的时钟具有较低的时钟抖动。这里需要指出的是,如果 4 片 AFE5805 的时钟不能"绝对"同步,可以参考图 10.33,通过微调 4 路时钟的 DELAY 参数,使其 4 路时钟保持"完全"同步。当 4 片 AFE5805 同步工作后,可以只用 1 片 AFE5805 的 LCLK 和 ADCLK 时钟供给 FPGA,作为 32 路 LVDS 串行数据的接收时钟。

10.4.2　LVDS 数据线的匹配设计

考虑到超声成像系统中 32 路 LVDS 数据的通信速率较高,AFE5805 的 LVDS 输出数据的最高速率可达 600MHz/s,因此在 PCB 布线时必须对 LVDS 数据线进行等长处理和阻抗匹配设计。在 LVDS 数据线设计过程中需要从以下几个方面考虑:

1) PCB 设计

(1) 至少使用四层 PCB 板(从顶层到底层):LVDS 信号层、地层、电源层、TTL 信号层分开;

(2) 使 TTL 信号和 LVDS 信号相互隔离,否则 TTL 信号可能会耦合到 LVDS 线上,造成通信数据错误,最好将 TTL 和 LVDS 信号放在由电源/地层隔离的不同层上;

(3) 保证 LVDS 器件电源质量,使用分布式的多个电容来旁路 LVDS 设备,表面贴电容靠近电源/层管脚放置。

2) 差分线设计

(1) 使用与传输媒质的差分阻抗和终端电阻相匹配的受控阻抗线,这样可以减少信号反射并能确保耦合到的噪声为共模噪声;

(2) 使差分线的长度相互匹配以减少信号扭曲,防止引起信号间的相位差而导致电磁辐射;

(3) LVDS 布线应当优先手动布线,且应仔细修改以实现差分阻抗匹配并实现差分线之间的有效隔离;

(4) 尽量减少过孔和其他会引起线路阻抗特性不连续的因素;

(5) 避免将导致阻值不连续性的走线,应当使用圆弧走线;

(6) 在差分线内,两条线之间的距离应尽可能短,以保持接收器的共模抑制能力,在印制板上,两条差分线之间的距离应尽可能保持一致,以避免差分阻抗的不连续性;

(7) 对于多通道 LVDS 高速差分线设计,必须进行等长处理,确保 32 路 LVDS 差分线等长。

3) 终端阻抗匹配

使用终端电阻实现对差分传输线的阻抗匹配,LVDS 的阻抗匹配值一般在 90～130Ω,对于 Cyclone 系列的器件,一般需要使用外接阻抗匹配电阻,而对于 Stratix 系列的器件,可以用芯片内置的 LVDS 匹配电阻进行终端阻抗匹配设计。

4) 仿真验证

对于设计好的 32 路 LVDS 串行布线,最好是采用 PCB 仿真软件,例如,Hyperlynx等进行预仿真,这样可以提前发现 LVDS 布线中存在的问题,及时修改存在的问题。

图 10.36 给出了某超声成像设备的 LVDS 布线设计图,该设计采用了带状线,差分线宽 6mil,差分线间距 8mil,差分线长控制为 60±5mm,差分线阻抗控制在 100Ω,PCB 选用了罗杰斯板材(带宽 20GHz)。通过 Hyperlynx 进行预仿真,可以达到较好的信号传输效果。电路的实际测试表明:该 LVDS 总线的数据速率在 600MHz/s 时,没有误码的产生。

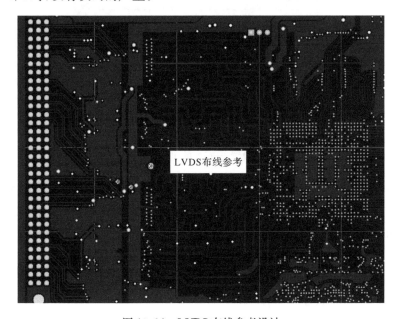

图 10.36　LVDS 布线参考设计

这里需要说明的是:差分线阻抗控制在 100Ω,这个设计要求一般需要向 PCB 厂家提前声明,请生产厂家在 PCB 制作的过程中对 LVDS 差分线的差分阻抗进行特殊处理与控制,否则也不一定能够达到预期效果。

10.4.3　LVDS 数据的串行接收

对于多通道 LVDS 串行数据的接收,在电子电路设计的时候,必须将 LVDS 数据线连接到 FPGA 的 LVDS 数据口上,以 Altera 公司的 FPGA 为例来说明。

在 FPGA 的开发软件中,必须确保 AD 转换器的 LVDS 数据线连接到 FPGA 的数据口上,并且要符合 LVDSp,LVDSn 对应连接关系,并且需要将 FPGA 的对应管脚属性设置为 LVDS 属性,如图 10.37 所示。

由于连接 FPGA 的管脚设置为 LVDS 属性,相应 FPGA 的 BANK 供电也需要根据器件需要进行设计。

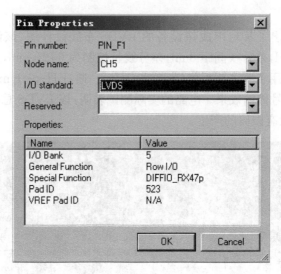

图 10.37　设置 FPGA 的 IO 属性为 LVDS

对于高速 LVDS 的数据接收,在 Altera 的 FPGA 中,一般大都采用 Altera 公司提供的 altlvds_rx 模块进行串行 LVDS 数据接收,如图 10.38 所示。LVDS 模块的配置向导如图 10.39 所示。

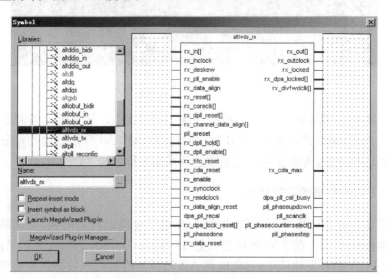

图 10.38　altlvds_rx 模块选择

关于多通道 LVDS 串行数据接收模块的参数配置完成后,需要进行编译,重点是检查 FPGA 的时序是否闭合,只有时序闭合,且留有一定的时间裕量,才能确

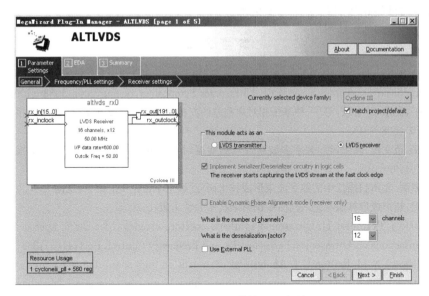

图 10.39　altlvds_rx 模块配置向导

保 LVDS 数据接收的正确。在必要的时候,可能需要考虑对 rx_inclock 进行延时处理,增加串行数据与时钟之间的时间冗余度。对于某些 FPGA 设计,还需要设计 SDC 时序约束文件,关于 SDC 文件设计的相关内容,此处不做详述。

10.4.4　LVDS 数据的测试与分析

超声成像的 32 通道同步 AD 采样板是否工作正常,AD 转换数据是否存在误码,必须进行严格测试,重点是测试 LVDS 数据的正确率。本小节以 AFE5805 来说明 LVDS 数据的通信测试,具体步骤如下:

(1) MCU 将 AFE5805 的 LVDS 输出数据切换到测试模式,此时可以看到 AFE5805 循环依次输出测试数据 0~4095,可以采用 Quartus 中的 SignalTap II 逻辑分析仪观察 AFE5805 输出的测试数据。

(2) 编写测试数据判断模块,对每通道接收的数据进行判断,因为 AFE5805 在累加测试模式下输出的数据是按"1"递增的。

(3) 在确保(1)、(2)步骤正常的情况下,启动数字超声成像系统工作,特别需要启动超声发射与接收模块,因为超声信号发射时将对电路系统产生较大的冲击,可能造成 LVDS 数据接收的错误。

(4) 在确保(1)、(2)、(3)步骤正常的情况下,通过 MCU 将 AFE5805 的工作模式切换为采样输出模式,将各个 AD 采样通道的输入置"0",计算各个通道的偏移量,并对各个 AD 通道的数据进行修正。这里需要注意的是,在对 AD 采样数据进行偏移量修正的时候必须考虑采样数据上下限的问题,避免数据溢出。

参 考 文 献

[1] Park S,Karpiouk A B,Aglyamov S R,et al. Adaptive beamforming for photoacoustic imaging using linear array transducer. IEEE Ultrasonics Symposium,Beijing,2008:1088—1091.

[2] 王平,高阳,范文政,等. 一种基于相对声程差的高精度逐点聚焦实现方法. 声学学报,2012,37(5):508—515.

[3] 王平,范文政,高阳,等. 数字多波束逐点聚焦延时参数的压缩算法. 重庆大学学报,2012,35(9):99—105.

[4] 舒淑丽. 超声扫描仪中的数字波束形成技术研究[硕士学位论文]. 南京:东南大学,2008.

[5] 彭虎. 超声成像算法导论. 合肥:中国科学技术大学出版社,2008.

[6] Ylitalo J T,Ermert H. Ultrasound synthetic aperture imaging:Monostatic approach. IEEE Transactions on Ultrasonics,Ferroelectrics and Frequency Control,1994,41(3):333—339.

[7] Pothecary N M,Railton C J. Analysis of cross-talk on high-speed digital circuits using the finite difference time-domain method. International Journal of Numerical Modelling:Electronic Networks,Devices and Fields,1991,4(3):225—240.

[8] Misaridis T X,Jensen J A. An effective coded excitation scheme based on a predistorted FM signal and an optimized digital filter. IEEE Ultrasonics Symposium Proceedings,1999,2:1589—1593.

第 11 章　超声弹性成像基本原理
和成像关键方程

如果对生物组织施加一个内部(包括自身的)或外部的动态、静态/准静态或者动态的激励,在弹性力学物理规律作用下,会造成组织的弹性形变,相应的形变组织将对超声波产生一个响应,形成组织的某些物理参数发生改变,如位移、应变、速度、声压等。简单来说,弹性模量较大即较硬的组织应变较小,或者振动的幅度较小或速度较大。利用超声成像、磁共振成像或者光学成像等方法,结合数字信号处理或者数字图像处理的技术,可以估计出组织内部的相应情况,从而反映组织内部的弹性模量、声阻抗等力学属性的差异,从而获得临床诊断需要的物理量或者成像参数。这就是超声弹性成像的基本出发点。

对组织施加不同的激励,不同的激励位置包括:①外部:静态/准静态的微小压缩、低频振动;②内部:心脏的收缩-舒张、血压的变化、呼吸、声辐射力。由于组织的弹性力学、生物力学等规律的不同,不同组织响应包括位移、应变、应变率、速度,同时振动或剪切波的位移、幅度、相位、(相)速度、波长等也相应改变。因此估计组织力学属性包括:线弹性(杨氏模量、剪切模量、泊松比、拉梅常数)、黏弹性、孔弹性、非线性等。

对弹性模量(杨氏模量)分布求解方法如下:求弹性模量的分布也即是求组织应变分布(一般为纵向应变),对组织施加一个微小的应变(如 1% 的量级),对组织压缩前、后的射频或者包络信号进行散斑跟踪(speckle tracking),估计得到组织内部的位移分布(一般为纵向位移),从而得到组织的应变分布(一般为纵向应变)。得到的应变分布以灰度图或者伪彩图的形式表示,称为弹性图像(弹性成像)(elastogram,elasticity image)或者应变图像(strain image)[1~7]。

根据采用的成像模态的不同,弹性成像主要包括超声弹性成像和磁共振弹性成像,以及光学相干断层弹性成像等。

根据组织激励方式的不同,超声弹性成像可以分为采用静态/准静态压缩的弹性成像、血管弹性成像、心肌弹性成像、采用低频振动激励的声弹性成像、基于脉冲激励和超快速超声成像系统的瞬时弹性成像或者脉冲弹性成像、采用声辐射力激励的声辐射力脉冲成像、辐射力成像、剪切波弹性成像超音剪切成像、利用超声激励的声发射技术的振动声成像和简谐运动成像等。

一般采用互相关函数的最大值位置或者相位为零的位置作为位移的估计。

为了提高计算速度,也可以采用绝对值差和或者平方差和代替互相关函数。射频信号包含了比包络信号更丰富的信息,能够提高位移估计的精度和分辨率,而包络信号得到的结果更为平滑。超声组织定征是近年来超声研究的热点,弹性成像(elasto graphy)是其中一个重要分支。弹性成像是提取组织的弹性特征并进行成像的一种新技术,主要通过应用超声、核磁共振、CT等不同影像技术对组织进行激励,提取与组织弹性有关的参数,并通过图像反映出来,所得到的图像称为弹性图,其中,用超声对组织弹性参数成像的方法又称为声弹性成像(sono elastography)。本章对应用超声技术对组织弹性特征提取和成像研究的进展综述如下。

11.1　弹性成像的形成背景

一直以来,触诊是医生在临床诊断中不可缺少的一种手段。通过对软组织的触诊,可以感知组织内质地及其弹性的变化,从而判断组织的正常与否,尤其对于肿瘤组织的探察,常通过触诊感知其质地、活动度及与周边关系等,用来推断肿瘤的良恶性,因此,一般认为软组织质地的变化与其病理过程有着密切关系。从生物力学角度来说,软组织质地变化意味着其力学特性的改变,也就是说,当组织发生病变时,组织的弹性特征会随之而改变。虽然随着影像学技术的发展,其对软组织内病变和肿瘤的发现有了很大的帮助,但是有些病变虽有组织的弹性改变,却没有或仅有不明显的影像学表现,而这些现有的传统成像方法显示的信息与组织的弹性特征没有直接联系,因此仍有不少病变不能通过这些方法得到明确诊断或判断其良恶性。因此,有学者提出对组织的力学特性即弹性特征进行成像,期望能准确反映组织的质地,得到更多的与病理组织结构有关的信息,为临床诊断提供帮助。

11.1.1　超声弹性成像的原理和方法

弹性成像反映的是关于内部组织弹性特征的新信息,而这些信息用其他方法是得不到的。弹性成像的基本原理是当一定的外力(或力学激励)作用于组织时,因应力而产生的应变是局部力学参数的函数,即分别采集组织压缩前后的射频信号,利用在时间延迟估计中应用非常广泛的互相关分析方法对信号进行分析,得到组织内部的应变分布。已应用的成像方法主要有以下两种:①施以动态应力:对被试验组织从外部给以低频振动(20~1000Hz)来激发组织内部的振动,被周围软组织包绕的硬而不均质的组织在正常振动特征的模式里产生干扰,应用多普勒探测计算程序形成实时振动图像;②施以静态应力:给弹性组织施加一定的静态或半静态压力,对加压前后的回波信号利用一定的方法进行分析,从而得出沿换能器轴方向组织内的应变剖面图。无论是静态应力或者动态应力,对于均质各向同性的弹性体都有一定的应变常数,但是当组织内部弹性分布不均匀时,其应变分布也会有变化。测量换能器表面所接触的应力范围并校正组织内非均匀应力范围,在得到应力和应变的范围后,计算组织的弹性模量剖面,将这些信息重建后显示为弹性图。

11.1.2　弹性图与声像图的区别

传统声像图是通过组织回波信息表达组织相应的解剖结构情况,弹性图则是与组织的局部应变、Young 模量及 Poisson 率有关,通过组织的弹性特征反映出组织质地变化。弹性图的建立一般需要三步:①计算组织应变量、Young 模量及 Poisson 率等;②通过逆运算;③图像重建。通常,弹性系数的大小以明暗不同的灰度图来表示,从而显示出病变组织与周围组织的区别及与周边的关系。一般来说,弹性参数与声成像参数无直接关系。

11.1.3　与超声弹性图质量有关的重要参数及理论方面的进展

1) 时间延迟(timedelay,TD)

从加压前后回波信号间互相关函数峰值的位置来计算,用于评估局部组织的位移,而组织轴向位移的程度决定了组织的应变,因此,弹性图的质量有赖于时间延迟评估程序的质量。时间延迟的估计要求组织的压缩量非常小,小于组织深度的 1%,这样可以尽量减小组织的压缩回波波形的畸变,从而提高时间延迟估计的精度和弹性成像的质量。

2) 对比转移效率(contrast-transferefficiency,CTE)

指从弹性图中测得的被观察的应变对比与潜在的实际弹性模量对比的比值。理想状态下,弹性成像中的应变对比度完全反映了组织内部的弹性系数对比度,对比转移率为 1,但实际应用中是存在差异的,这也是弹性成像的一个局限性。提高对比转移效率可以提高弹性图质量。

3) 对比噪声比(contrast-to-noiseratio,CNRa)

通过超声成像系统和信号处理程序的特征与具有简单几何形状组织的弹性对比特性(如 CTE)结合来判定,是与病变探测有关的重要变量。其描述了弹性成像检测组织内病变的能力,并影响弹性成像中参数的选择。

4) 应变滤波器(strain filter,SF)

描述分辨力、动态范围、敏感度和信号噪声比(signal-to-noise ratio,SNRa)之间的关系,描述组织实际应变与弹性图上显示的相关应变评估关系的转移特性。应变滤波器是分析不同参数和算法对弹性成像效果影响的通用理论框架。从应变滤波器波形可以获得判断弹性成像质量好坏的重要参数,能够用来分析不同的超声系统参数(如带宽、中心频率)以及不同算法对弹性图质量的影响。

5) 分辨率的研究

近年来,研究人员开始研究弹性成像的分辨率,包括纵向分辨率和横向分辨率。结果表明,弹性成像的纵向分辨率与超声波的波长在一个数量级上,即与超声图像的纵向分辨率相当,主要由超声系统的参数(包括探头中心频率及其带宽)决定。当系统参数确定时,成像算法中参数的选择对纵向分辨率有影响,纵向分辨率可以表示为互相关分析中的数据窗长和间隔的双线性函数。Alam 对自适应拉伸的位移估计方法的楔形异物仿真研究表明,数据窗间隔的作用较大。而 Srinivasan 对一般的位移估计方法的理论分析表明,数据窗长和间隔的作用是一样的。Righetti 等对均匀组织里面分布的两个异物可分辨距离进行了纵向分辨率和横向分辨率的仿真研究。Srinivasan 还给出了横向分辨率的理论公式。Liu 等则从频域角度,利用局部脉冲响应(local impulse response)和局部调制传递函数(local modulation transfer function)来研究超声弹性成像的纵向分辨率。

6) 参数的折中、权衡(trade off)

Varghese 等系统分析了不同参数对应变滤波器和对比度噪声比的影响,从而研究参数之间的折中或权衡。这些参数包括超声系统的参数(探头中心频率、带宽、信噪比、波束宽度)、信号处理的参数(数据窗的长度和间隔)、力学和组织的参数(施加应变、组织纵向应变、横向位移与垂直于扫描平面的位移噪声的解相关(decorrelation)、超声的衰减、组织弹性对比度、应力-应变的非线性关系)。例如,数据窗的长度增大能够提高信噪比和对比度噪声、灵敏度、动态范围;但是当施加应变较大的时候,则需要选择较小的数据窗长度,而且数据窗长度增大也将降低纵向分辨率。Srinivasan 等研究了纵向分辨率与弹性成像信噪比和对比度噪声比的折中或权衡,包括数据窗长度、间隔、探头带宽、施加应变、应变对比度等参数的影响。结果表明,在一定的条件下,弹性成像信噪比与超声波长的 3/2 次方成正比,对比度噪声比与波长的平方成正比,纵向分辨率则与波长呈线性关系。因此,纵向分辨率与信噪比及对比度噪声比存在矛盾,参数的选择需要折中或权衡。Srinivasan 等还研究了自适应拉伸算法的分辨率与信噪比和对比度噪声比的折中或权衡。

7) 利用不同组织有不同声阻抗的特点,可望对目标进行超声波检测

只要从超声波的回波信号提取出有用信息(声阻抗),并找到组织内部声阻抗分布,便可以发现不同生物组织内部的异物或病变。事实上,由于超声波在传播路线上遇到不均匀物质的界面时就要发生反射形成回波信号,这个回波信号包含了超声波和生物组织的各种信息,只需提取出人们关心的有用信息,就可对目标进行超声波检测和压力测试。

11.1.4　算法方面的进展

1) 信号拉伸和多次压缩

目前公认的比较好的方法是信号拉伸或者压缩扩展(temporal stretching, companding)的方法、多次压缩(multi-compression)的方法。信号拉伸或者压缩扩展的方法通过对压缩后信号的合适拉伸,提高了与压缩前信号的相关性;接着,人们还提出了自适应拉伸的方法,最大限度地提高信号的相关性,并且利用拉伸系数直接估计组织的局部应变;为了克服自适应拉伸计算量大的问题,Alam 还提出只利用少数几个拉伸系数的方法来估计应变。为了克服组织压缩量较大时对位移估计的影响,有人提出了多次压缩的方法,将大位移分解为小位移之和,逐次对组织施压一个小的位移量,计算出相应的应变分布,最后将多幅应变分布叠加或者平均,进一步提高成像质量。

2) 非纵向位移的估计

弹性成像算法方面一个重要进展是非纵向(transverse)位移的估计方法。基本的思路是对射频信号进行横向插值,利用互相关的方法估计得到组织的横向位移,从而得到横向(lateral)应变分布。横向位移的结果还可以用来补偿由于组织的横向位移对纵向位移估计的影响,从而提高纵向位移分布的精度。通过横向应变和纵向应变结合,又可以计算出组织内部的泊松比分布情况。进一步地,可以研究多孔介质随时间变化的属性即孔弹性(poroelasticity),称为孔弹性成像(poroe-lastography)。通过组织纵向位移和横向位移的结果,可以得到组织的剪切应变分布。这对于乳腺癌的检查有重要意义,因为剪切应变与组织的可移动性(mobility)有关。良性的乳腺肿瘤具有平滑的边界,与周围正常组织结合松散,因此,具有比较好的移动性;而恶性的乳腺肿瘤边界比较复杂而不规则,如呈星状,由于渗透到周围的组织内而与周围组织结合紧密,因此,其移动性不好。因此,通过剪切应变的估计,有可能区分良性肿瘤与恶性肿瘤。类似地,还可以估计出组织垂直于扫描平面方向(elevational)的位移和应变分布。

3) 组织弹性模量的重建

超声弹性成像一般只得到组织的应变分布,包括力学方面的伪像和信号处理方面的伪像。前者包括应力衰减引起的目标硬化(target hardening)、异物附近的应力集中造成的力学阴影以及对比度传递效率低于 100% 造成的伪像;后者包括对互相关函数进行抛物线有偏插值引起的"斑马"伪像(zebra artifacts)、当相邻数据窗间隔较小时的"蠕虫"伪像(worm sartifacts)以及射频数据幅度突然变化引起的"突出"伪像(under line artifacts)等。一般采用改进的算法来减小信号处理方面的伪像。为了减小力学方面的伪像,利用组织的应变分布估计或位移分布估计,重建出医生可能更感兴趣的组织绝对的或者相对的弹性模量分布,弹性成像逆问题的求解,引起了许多研究人员的兴趣。应变分布不仅与组织的弹性模量分布有关系,还与组织的几何结构与边界条件有关。因此,弹性模量的重建比较复杂,要根据具体的实际情况合理地假定先验知识或者充分利用边界条件。

组织弹性模量重建的方法主要分为直接法和迭代法,利用的信息可以是组织的一个方向或多个方向的位移分布,也可以是一个方向或多个方向的应变分布,或者同时利用两方面的信息,得到的结果可以是绝对的弹性模量分布,也可以是相对的弹性模量分布。直接法一般是通过组织的应力-应变关系(即物理方程、本构方程、广义胡克定理),消去组织内部的应力参数,将弹性模量作为未知量,然后通过解析公式、离散化或者数值积分等方法重建出组织的弹性模量分布。迭代法的思路如下:首先假设组织弹性模量分布的初始值,一般为均匀分布,然后计算组织模型的位移分布、应变分布,将结果与实际测量的数据(位移或者应变)比较,然后根据迭代公式不断更新组织的弹性模量,直到模型的输出接近测量的数据(位移或者应变),一般采用有限元网格的离散形式,在每次迭代中利用有限元方法进行正问题的计算。

4) 应变估计中的差分问题

弹性成像的算法可大致分成三个问题:① 如何精确估计组织的位移;② 在 ① 的基础上如何准确估计组织的应变;③ 应变的结果在多大程度上反映了组织的弹性差异。第一个问题已经得到较充分的研究,一般采用信号拉伸和多次压缩的方法。对于第三个问题,通过对各种伪像的理解和对比度传递效率的分析,可以更好地解释应变分布的结果;通过逆问题的求解,可以得到组织的弹性模量分布。关于第二个问题,应变在理论上是位移的导数(微分),在实际计算重要采用数值微分(差分)的方法,然后数值微分操作对于噪声非常敏感,即很小的噪声能够引起数值微分结果的很大误差。目前一般的操作是对位移估计去除噪声,如利用移动平均、低通滤波器、中值滤波器和小波分析等方法,或者利用最小二乘法进行分段直线拟合。从数字信号处理的角度,数值微分操作可看做一个差分滤波器。理想差分滤波器的频率响应与频率成正比,而误差或者噪声一般表现为高频成分。因此,理想差分滤波器对噪声特别是高频噪声具有很强的放大作用。

超声弹性成像中一般采用常用的两点差分公式计算纵向应变,其对噪声的放大作用也非常明显,特别是为了保证纵向分辨率而选择较小的数据窗间隔的时候。为了在计算纵向应变的同时去除差分操作对高频噪声的放大作用,作者等采用某些低通差分滤波器来计算组织的纵向位移。已有的一些方法也可统一在该研究框架下。例如,Kallel 等提出的最小二乘应变估计方法等价于一种 Savitzky-Golay 差分器;Srinivasan 等提出来的交错(staggered)应变估计方法则可以看做高阶的简单差分器。同时,低通差分滤波器具有计算速度快的优点。

进一步地,作者等还采用连续小波变换和离散小波变换的方法来计算组织的纵向应变。采用平滑函数的一阶导数作为小波函数,可以从组织纵向位移估计中计算出组织的纵向位移。该方法具有将去除噪声、数值微分和卷积结合在一起的性质,计算简便;离散小波变换还可采用高效的快速算法;通过选择合适的小波函数和伸缩因子或分解级数,可以取得很好的效果。

5）基于频谱的方法

基于互相关的方法要求组织和系统保持相对的稳定,但是由于呼吸、心脏跳动、血压脉搏波的影响,不太好满足这种条件。压缩后的射频信号在时域压缩的同时,在频域扩展。因此,可以利用压缩后射频信号频谱中心的移动或者带宽的变化、压缩前后射频信号的频谱互相关或者频谱自适应拉伸的方法,直接估计组织的纵向应变。结果表明基于频谱的方法在牺牲一定精度基础上更加稳定。

综上所述,超声弹性成像是一种对组织力学特征成像的新技术。从原理上来说,超声弹性成像可以应用于任何可用超声探测成像的、可以接受静态或动态压力的组织系统,因此有着宽广的应用前景。尽管刚刚起步,超声弹性成像提供了与传统影像学不同的、有助于临床诊断的新信息,已取得的进步给我们展示其优势,也预示着今后会有很好的发展和应用。

11.2　弹性波与物质相互作用及超声弹性成像的物理基础

随着物理学的不断发展,物理学同高新技术的关系越来越密切,可以说一切高新技术都与物理学有关。越来越多的物理现象和物理效应,特别是电、光、声与物质相互作用已有越来越多的应用。一个成功的应用便是 1895 年伦琴发现的 X 射线。X 射线在医学上的成功应用开辟了放射医学的先河。

物理学在医学影像中的应用有 X 射线成像、磁共振成像、放射性核素成像以及超声成像等。与普通声波相比,超声波具有方向性好、强度高和穿透力强等特点。在超声成像中,主要利用超声波同物质相互作用时,发生反射、透射、散射、吸收以及多普勒效应等物理现象实现成像。

超声波是机械振动在介质中的传播。超声波与介质相互作用后的信号(包括回波信号)将携带介质(客体)和超声波(主体)信息,如何从回波信号中提取介质的有用信息就是超声检测的全部任务和最终目的。

超声成像的研究最早可追溯到 1920 年。从这一年开始,苏联科学家 Sokolov 对超声成像进行 20 年研究,并于 1935 年,研制成功了液面成像装置。此后,由于技术上的原因,超声成像研究进展十分缓慢。60 年代末,由于电子技术、计算机技术和信息技术的飞速发展,超声成像技术又恢复了生机。70 年代超声成像形成了几种比较成熟的方法,并在医学诊断中得到了广泛应用。

超声成像就是利用超声波获得物体的可见图像,大致可分为扫描超声成像、超声波显像、超声全息、超声显微、相控阵法、ALOK 超声成像、合成孔径聚焦成像和超声 CT 等。

20 世纪 50 年代，Wild 和 Reid 首先把超声成像应用到医学上，B 型超声（B-超）就是在这个时代研制成功并用于临床的，但接下来，超声的医学应用发展却很缓慢。从 A 超到实时超声断层成像和血流成像花了几十年时间。传统的 B-超成像系统所提供的是人体组织某一断面的二维图像，医生必须根据自己的经验对多幅二维图像进行整合，在大脑中形成可以理解的三维解剖结构。这就对医生提出很高的要求，其结果具有极大的人为因素和很大的不确定性。

三维超声成像的概念是 1961 年，由 Baun 和 Greewood 提出的，他们正是在采集一系列平行的人体器官二维超声截面的基础上，利用叠加方法得到了生物组织的三维图像。直到现在，这仍然是获取三维图像的常用方法之一；获取三维图像的第二种方法是一体化三维探头在线获取方法。与传统的二维超声成像相比，三维超声成像具有明显优势：①图像显示直观；②可以进行医学诊断参数的精确测量；③可以大大缩短医生诊断需要的时间。对含液性结构和病变或被液体包围的结构和病变有着显著的临床应用价值。

三维超声成像可以显示感兴趣区域（ROI）的立体形态与内部结构，显示表面特征和空间位置等。三维超声成像的关键技术包含了探测技术与图像采集、图像分割和图像重构等。

超声在医学（特别是在人体组织）上的成功应用，不断激励着人们试图把这一应用进一步推广，颅内血肿或水肿的检测便是人们关注的问题之一。

颅内血肿或水肿是脑组织对不同病因引起的病理反应，若能够正确测量出颅内脑组织的病变情况，就能够帮助医生作出正确的诊断。遗憾的是目前还没有一项技术能对这种病变做到临床实时监测，特别是三维的临床实时监测。注意到，不同生物组织有不同的电导率，只要测出电导率分布便可揭示不同组织的病变情况。近年来发展起来的电阻抗成像技术（EIT）可望实现颅内血肿或水肿的监测。但是，由于电极与生物体之间接触不理想、图像重构的精度差以及颅骨的高电阻率等因素，限制了 EIT 对颅内血肿和水肿的临床监测。于是，有人提出了无接触的磁感应成像技术（MIT）。MIT 利用电磁感应，直接从感应电流的磁效应导出电导率分布，可望实现颅内血肿或水肿的临床检测。

注意到不同的组织有不同的声阻抗，测出生物组织的声阻抗分布便可揭示组织的病变情况。如果能够根据这一物理（生物）现象设计出一台仪器即可检测不同生物组织的内部结构。表 11.1 给出了不同生物组织的声阻抗。从表 11.1 可以看出，颅骨的声阻抗最大，超声波不容易穿透，要试图利用超声检测颅内血肿或水肿难度比较大。但是，颅骨也不是不可以穿透的，只要仪器的灵敏度足够高，这个困难依然是可以克服的。

表 11.1　人体正常组织的声阻抗

介质	声阻抗（瑞利）
水	1.513
血液	1.656
大脑	1.599
小脑	1.514
脂肪	1.410
软组织	1.524
肌肉	1.684
肝脏	1.648
胎体	1.540
羊水	1.493
水晶体	1.874
颅骨	5.571
空气	0.000407

　　超声波的最大优点是无电离辐射，对人体无害，设备便宜、简单，在生物医学和工程技术等领域中都有着广泛应用，特别是在生物医学中，如何利用超声波技术制造出高质量的像 X 射线和 CT 一样的成像设备已成了新一代超声工作者追求的目标。超声波的一个特点是在同物质相互作用时，对不同的物质结构敏感度比较高；如果是生物体，则可对不同生物组织提供不同的信息，利用这一特点比较容易探测体内异物。当然，也正是这个特点，负面影响也比较大，例如，由于其敏感度高，提供的信息量大，而且内容十分丰富，就使得"有益"信息的提取变得困难和复杂。而这一困难正是摆在超声理论工作者面前的艰巨任务。本书就试图对这一问题进行探索。本节强调了不同生物组织有不同的声阻抗，指出了利用声阻抗分布对生物组织（如颅内脑血肿或脑水肿）进行超声检测的可能性，并对超声波同物质相互作用进行了理论描述。

11.2.1　弹性波在生物组织中传播的物理方程

　　弹性波与物质相互作用的物理问题可用 Helmholtz 方程来描写[8]。齐次和非齐次 Helmholtz 方程分别描述了弹性波在均匀和非均匀介质中的传播行为。Fredholm 把微分方程成功地表示为 Fredholm 积分方程后，求解微分方程的问题就转化为求解 Fredholm 积分方程。由于 Fredholm 积分方程一般没有严格的解析解，而数值解也十分复杂。也许，正是这个原因引起了人们极大兴趣，并对其进行专门研究。首先，用矩量法对 Fredholm 方程进行离散，把积分方程转化为矩阵方程;然后在玻恩近似下,采用 Tikhonov 正则化方法和截断奇异值方法把不适定问题转化为适定问题;用 L-曲线方法确定了正则化参数。

利用不同组织有不同声阻抗的特点,可望对目标进行超声波检测。只要从超声波的回波信号提取出有用信息(声阻抗),并找到组织内部声阻抗分布,便可以发现生物组织内部的异物或病变。事实上,由于超声波在传播路线上遇到不均匀物质的界面时就要发生反射形成回波信号,这个回波信号包含了超声波和生物组织的各种信息,只需提取出人们关心的有用信息,就可对目标进行超声波检测。反射信号的强度 I_r 与入射强度 I_i 成正比,比例系数与组织的声阻抗 Z 有关,且可表示为

$$I_r = \kappa I_i \tag{11.1}$$

其中

$$\kappa = \left(\frac{\Delta Z}{Z_2 + Z_1}\right)^2, \quad \Delta Z = Z_2 - Z_1 \tag{11.2}$$

角标 1、2 表示相邻两层介质的物理量(声阻抗)。当声波传播方向垂直于两介质的界面时,声阻抗与考察点的声压 p 成正比,与该点速度 v 成反比,且可表示为

$$Z = \frac{p}{v} \tag{11.3}$$

与电学中的欧姆定律相似,声阻抗常用复数形式表示,实部表示声阻,虚部表示声抗。测出式(11.3)中的声压 p,就可确定声阻抗 Z。

11.2.2　波动方程的导出

1. 齐次波动方程

声波是机械振动在介质中的传播,其频率范围为 20～20000Hz。而超声波则是指频率大于 20kHz 的波。声波是纵波,它的传播方向和粒子振动方向一致,声波是弹性波,它服从弹性波与物质相互作用的基本方程。注意到声波常在气体或液体中传播,为简化问题,我们首先考虑一维情况,然后再将它推广到三维。为了导出超声波在理想介质中的运动方程,考虑图 11.1 中所示的介质体元。假设这一体元的尺寸远小于波长,则体元内的物理量可视为不变;同时,这一体元的尺度又远大于内部的原子、分子,内部物质可视为由连续粒子组成。设波沿 x 方向传播,体元长度为 Δx,截面积为 S,物质密度为 ρ,则体元的质量为 $m = \rho \Delta x S$。

注意到介质的压强 p 将沿 x 轴方向变化,而介质中各质点的振动速度 v 也将是 x 的函数。对于介质体元,由牛顿第二定律有

$$F = ma = m\frac{dv}{dt} = m\left(\frac{\partial x}{\partial t} + \frac{\partial v}{\partial x}\frac{dx}{dt}\right) \tag{11.4}$$

其中,F 为作用在体元上的合力,a 为加速度。速度 v 定义为

$$v = \frac{\mathrm{d}x}{\mathrm{d}t} \tag{11.5}$$

则式(11.4)可改写为

$$F = m\left(\frac{\partial v}{\partial t} + v\,\frac{\partial v}{\partial x}\right) \tag{11.6}$$

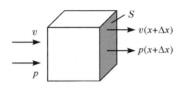

图 11.1 介质的体积元

作用在体元上的力 F 为体元两侧的压强差：

$$F = (p(x) - p(x + \Delta x))S \tag{11.7}$$

将式(11.6)和式(11.7)合并,可得

$$\frac{p(x) - p(x + \Delta x)}{\Delta x} = \rho\left(\frac{\partial v}{\partial t} + v\,\frac{\partial v}{\partial x}\right) \tag{11.8}$$

当 $\Delta x \to 0$ 时,式(11.8)可化为如下形式的微分方程：

$$-\frac{\partial p}{\partial x} = \rho\left(\frac{\partial v}{\partial t} + v\,\frac{\partial v}{\partial x}\right) \tag{11.9}$$

注意到在线性近似下,密度可表示为

$$\rho = \rho_0 + \Delta\rho \quad \text{且} \quad \Delta\rho \ll \rho_0 \tag{11.10}$$

其中,ρ_0 为平均密度,$\Delta\rho$ 为密度的变化量,而 p、$\Delta\rho$、$v\,\frac{\partial v}{\partial x}$、$\frac{\partial v}{\partial t}$ 均为一阶小量,而它们的乘积则为高阶小量。将式(11.10)代入式(11.9),并略去高阶小量,可得

$$\frac{\partial p}{\partial x} + \rho_0\,\frac{\partial v}{\partial t} = 0 \tag{11.11}$$

方程(11.11)是线性近似下声波传播理论的一个基本微分方程,其中声压和质点振动速度是两个基本变量。这是声压与质点振动速度之间的第一个时空关系。

另一方面,根据连续性方程,单位时间内离开这一体元的物质应等于体元总物质的减少

$$s(\rho(x + \Delta x)v(x + \Delta x) - \rho(x)v(x)) = -s\Delta x\,\frac{\partial p}{\partial t} \tag{11.12}$$

令 $\Delta x \to 0$,可得

$$\frac{\partial(\rho v)}{\partial x} + \frac{\partial\rho}{\partial t} = 0 \tag{11.13}$$

再由式(11.10),并略去高阶小量有

$$\rho_0\,\frac{\partial v}{\partial x}+\frac{\partial(\Delta\rho)}{\partial t}=0 \tag{11.14}$$

为了反映介质的特性,引入绝热压缩系数

$$K=\frac{\Delta\rho}{\rho_0}\frac{1}{p} \tag{11.15}$$

由此定义则有

$$\frac{\partial(\Delta\rho)}{\partial t}=K\rho_0\,\frac{\partial p}{\partial t} \tag{11.16}$$

将式(11.16)和式(11.14)合并,可得

$$\frac{\partial p}{\partial t}+\frac{1}{K}\frac{\partial v}{\partial x}=0 \tag{11.17}$$

这就是声压与质点振动速度之间的另一个时空关系。

　　将式(11.11)对 x 求偏微商,式(11.17)对 t 求偏微商,合并两式消去 v,可得

$$\frac{\partial^2 p}{\partial x^2}-\frac{1}{c^2}\frac{\partial^2 p}{\partial t^2}=0 \tag{11.18}$$

这就是关于声压的一维波动方程,其中波速

$$c=\frac{1}{\sqrt{\rho_0 K}} \tag{11.19}$$

可以证明,波动方程的达朗贝尔解可以表示为

$$p=f(\omega t\pm kx) \tag{11.20}$$

对于平面波,还可具体表示为

$$p=A_1\mathrm{e}^{\mathrm{j}(\omega t-kx)}+A_2\mathrm{e}^{\mathrm{j}(\omega t+kx)} \tag{11.21}$$

其中,A_1、A_2 为常数;ω 为圆频率;k 为波数,且

$$\frac{\omega}{k}=c=\frac{1}{\sqrt{\rho_0 K}} \tag{11.22}$$

这一关系称为色散关系。可以看出,超声波的传播速度仅由介质的机械参数决定。而

$$\lambda=\frac{2\pi\omega}{k}=\frac{c}{f} \tag{11.23}$$

给出了波长、频率和速度之间的关系。在式(11.21)中,右边第一项表示沿 x 正向传播的波,第二项表示沿 x 负向传播的波(如反射波)。

　　将一维波动方程(11.19)推广至三维,则三维波动方程可表示为

$$\nabla^2 p-\frac{1}{c^2}\frac{\partial^2 p}{\partial t^2}=0 \tag{11.24}$$

其中,$\nabla^2=\dfrac{\partial^2}{\partial x^2}+\dfrac{\partial^2}{\partial y^2}+\dfrac{\partial^2}{\partial z^2}$ 为直角坐标系中的拉普拉斯算符。它的达朗贝尔解可

形式上表示为

$$p(\boldsymbol{r}) = f(\omega t \pm \boldsymbol{k} \cdot \boldsymbol{r}) \tag{11.25}$$

其中,$\boldsymbol{r} = (x, y, z)$ 为三维坐标系中的位置矢量;$\boldsymbol{k} = (k_x, k_y, k_z)$ 为波矢量。

方程(11.24)是一个偏微分方程,可用分离变量法求解。令 $p(\boldsymbol{r}, t) = p(\boldsymbol{r}) \mathrm{e}^{-\mathrm{j}\omega t}$,方程(11.24)可化为矢量形式的齐次 Helmholtz 方程:

$$(\nabla^2 + k^2(\boldsymbol{r})) p(\boldsymbol{r}) = 0 \tag{11.26}$$

其中,$k(\boldsymbol{r}) = 2\pi/\lambda = \omega/c$。对均匀介质,波数 $k(\boldsymbol{r}) = k_0$ 为常数,相应的波动方程变为

$$(\nabla^2 + k_0^2) p(\boldsymbol{r}) = 0 \tag{11.27}$$

注意到在断层扫描或层析成像中,遇到的通常是二维问题。对于二维情况,式(11.27)可具体表示为

$$\frac{\partial^2 p(\boldsymbol{r})}{\partial x^2} + \frac{\partial^2 p(\boldsymbol{r})}{\partial y^2} + k_0 p(\boldsymbol{r}) = 0 \tag{11.28}$$

这就是声波在二维均匀介质中传播的齐次 Helmholtz 方程,它描述了声波在均匀介质中的传播特性。

齐次波动方程是一个线性二解微分方程,它的通解可表示为平面波的线性叠加。在二维情况下,声场 $p(\boldsymbol{r})$ 可表示为

$$p(\boldsymbol{r}) = \frac{1}{2\pi} \int_{-\infty}^{\infty} \alpha(k_y) \mathrm{e}^{\mathrm{j}(k_x x + k_y y)} \mathrm{d}k_x + \frac{1}{2\pi} \int_{-\infty}^{\infty} \beta(k_y) \mathrm{e}^{\mathrm{j}(-k_x x + k_y y)} \mathrm{d}k_y \tag{11.29}$$

其中

$$k_x = \sqrt{k_0^2 - k_y^2} \tag{11.30}$$

由式(11.30)可知,当 $k_0^2 < k_y^2$ 时,k_x 是复数,于是,在式(11.29)的指数项上有一个负的实数,使得声场 $p(\boldsymbol{r})$ 的振幅指数形式衰减。以指数形式衰减的波称为瞬逝波,一般地,瞬逝波只在不同介质之间的边界处形成,当远离边界时会迅速消失,对于非均匀介质,在 10 个波长外就可以忽略不计。

2. 非齐次波动方程

在层析成像问题中,我们感兴趣的是波同非均匀介质的相互作用,此时 $k(\boldsymbol{r}) = \dfrac{\omega}{c(\boldsymbol{r})} = \dfrac{\omega}{c_0} \dfrac{c_0}{c(\boldsymbol{r})} = k_0 n(\boldsymbol{r})$ 是介质折射率 $n(\boldsymbol{r})$ 的函数,且可用下列形式表示:

$$k(\boldsymbol{r}) = k_0(1 + n_\delta(\boldsymbol{r})) \tag{11.31}$$

$n(\boldsymbol{r})$ 表示介质内部 r 点处的折射率:$\dfrac{c_0}{c(\boldsymbol{r})} = n(\boldsymbol{r})$,而

$$n^2(\boldsymbol{r}) - 1 = (c_0^2/c^2(\boldsymbol{r})) - 1 \tag{11.32}$$

定义为物体的对比度,$n_\delta(\boldsymbol{r})$ 表示折射率的变化量,k_0 表示介质内的平均波数。c_0 表示声波在物体周围均匀介质中的传播速率,$c(\boldsymbol{r})$ 表示物体内 r 点处声波的传播

速率。由式(11.31),方程(11.38)可改写为

$$(\nabla^2+k_0^2)p(\boldsymbol{r})=-k_0^2(n^2(\boldsymbol{r})-1)p(\boldsymbol{r}) \tag{11.33}$$

若令

$$o_0(\boldsymbol{r})=k_0^2(n^2(\boldsymbol{r})-1) \tag{11.34}$$

为目标函数,则波在非均匀介质中传播的波动方程

$$(\nabla^2+k_0^2)p(\boldsymbol{r})=-o_0(\boldsymbol{r})p(\boldsymbol{r}) \tag{11.35}$$

为非齐次 Helmholtz 方程。

11.2.3　非齐次波动方程的 Fredholm 解

通常,超声波与物质相互作用产生的声(压)场可以表示为 $p(\boldsymbol{r})=p_0(\boldsymbol{r})+p_s(\boldsymbol{r})$,其中 $p(\boldsymbol{r})$ 是全场,$p_0(\boldsymbol{r})$ 是入射场。入射场 $p_0(\boldsymbol{r})$ 表示物体不存在时(即声波穿过均匀背景介质时)的场,它满足齐次 Helmholtz 方程

$$(\nabla^2+k^2(\boldsymbol{r}))p(\boldsymbol{r})=0 \tag{11.36}$$

而 $p_s(\boldsymbol{r})$ 称为散射场,声波穿过不均匀介质时,由于介质的不均匀性产生的场,即物体存在时的场,它满足非齐次 Helmholtz 方程

$$(\nabla^2+k_0^2)p_s(\boldsymbol{r})=-o_0(\boldsymbol{r})p(\boldsymbol{r}) \tag{11.37}$$

下面用格林函数方法求解方程(11.37)。所谓格林函数就是指下述微分方程的解:

$$(\nabla^2+k_0^2)G(\boldsymbol{r}|\boldsymbol{r}')=-\delta(\boldsymbol{r}-\boldsymbol{r}') \tag{11.38}$$

注意到方程右端是 δ 函数,可见方程(11.38)是一个点源激励的 Helmholtz 方程。在二维时,方程(11.38)的解(即格林函数)可以由第一类零阶 Hankel 函数给出

$$G(\boldsymbol{r}|\boldsymbol{r}')=\frac{\mathrm{j}}{4}H_0^{(1)}(k_0R) \tag{11.39}$$

其中零阶 Hankel$H_0^{(1)}$ 可用平面波的叠加表示为

$$H_0^{(1)}(k_0R)=\frac{1}{\pi}\int_{-\infty}^{\infty}\frac{1}{v}\exp(\mathrm{j}[k(x-x')+v(y-y')])\mathrm{d}k \tag{11.40}$$

其中,$\boldsymbol{r}=(x,y)$,$\boldsymbol{r}'=(x',y')$ 表示散射源点和接收点的二维坐标。注意到格林函数 $G(\boldsymbol{r}|\boldsymbol{r}')$ 均是距离 $\boldsymbol{r}-\boldsymbol{r}'$ 的函数,有时又将格林函数表示为 $G(\boldsymbol{r}-\boldsymbol{r}')$。由 δ 函数的性质

$$o_0(\boldsymbol{r})p(\boldsymbol{r})=\int\delta(\boldsymbol{r}-\boldsymbol{r}')o(\boldsymbol{r}')p(\boldsymbol{r}')\mathrm{d}\boldsymbol{r}' \tag{11.41}$$

可将声波入射物体后的散射场表示成这些点源散射场的叠加

$$p_s(\boldsymbol{r})=\int G(\boldsymbol{r}-\boldsymbol{r}')o(\boldsymbol{r}')p(\boldsymbol{r}')\mathrm{d}\boldsymbol{r}' \tag{11.42}$$

在数学上,表达式(11.42)称为第一类 Fredholm 积分方程。由此可得物体内部的全场

$$p(\boldsymbol{r}) = p_0(\boldsymbol{r}) + p_s(\boldsymbol{r}) = p_0(\boldsymbol{r}) + \int G(\boldsymbol{r} - \boldsymbol{r}') o(\boldsymbol{r}') p(\boldsymbol{r}') \mathrm{d}\boldsymbol{r}' \quad (11.43)$$

式(11.43)称为第二类 Fredholm 积分方程。式(11.42)和式(11.43)是研究逆散射问题的基础,通常称式(11.43)为全场方程,称式(11.42)为散射场方程。至此,我们把声波同物质相互作用问题化为了数学问题。剩下的问题是如何求解第一类和第二类 Fredholm 积分方程。

11.2.4　声波与生物组织相互作用

鉴于超声波与生物组织之间的相互作用比较复杂,人们从不同角度引入了不同的物理量来研究这个问题。正是根据这些研究来建立超声波信号与生物组织之间的关系,并根据不同的信号来提取生物组织的不同特征。

1. 常用声学参数

1) 声阻抗

从方程(11.11)可以看出,压强 p 和质点振动速度 v 是相互关联的,而这种关系是超声波与介质本身的性质所决定。根据这一关系,我们可以定义一个物理量——声阻抗来描述介质特性:

$$Z = p/v \quad (11.44)$$

声阻抗可以是复数形式,其相角表示声压与振动速度之间的相位差。对于无衰减平面波,声阻抗为实数,且

$$Z = \rho c \quad (11.45)$$

声阻抗决定了超声波在界面上的反射率与透射率。

2) 声强

垂直于声波传播方向的单位面积上,单位时间内流过的声能量称为声强。常用符号 I 表示,瞬时声强由下面公式给出:

$$I(t) = pv = Zv^2 = p^2/Z \quad (11.46)$$

而平均声强则定义为

$$I_{\mathrm{over}} = \frac{1}{\lambda} \int_0^\lambda \frac{p^2}{Z} \mathrm{d}x \quad (11.47)$$

对于平面波有

$$I_{\mathrm{over}} = \frac{A^2}{2Z} \quad (11.48)$$

其中,A 为平面波振幅。比较式(11.46)与式(11.48)可见,平均声强仅为瞬时声强的一半。

3）反射系数和透射系数

当超声波遇到两种介质的交界面时，将发生反射和透射。设 θ_i 为入射角，θ_r 为反射角，θ_t 为折射角，在入射波为单色波的情况下，折射角 θ_t 与入射角 θ_i 之间满足折射定律

$$\frac{\sin\theta_i}{v_i} = \frac{\sin\theta_t}{v_t} \tag{11.49}$$

其中，v_i 和 v_t 分别为声波在第一种介质和第二种介质中的声速。

反射系数 R 和透射系数 T 分别定义为

$$R = \frac{p_r}{p_i} = \frac{Z_{c2}\cos\theta_i - Z_{c1}\cos\theta_t}{Z_{c2}\cos\theta_i + Z_{c1}\cos\theta_t}, \qquad T = \frac{p_t}{p_i} = \frac{2Z_{c2}\cos\theta_i}{Z_{c2}\cos\theta_t + Z_{c1}\cos\theta_i} \tag{11.50}$$

其中，p_i 为入射声压；p_r 为反射声压；p_t 为透射声压；Z_{c1} 和 Z_{c2} 表示两种介质的声阻抗。声压反射系数和声压透射系数是超声波传播过程中的两个重要参数。当声波传播方向垂直于两介质的界面时，上述关系式简化为

$$R = \frac{Z_2 - Z_1}{Z_2 + Z_1}, \qquad T = \frac{p_t}{p_i} = \frac{2Z_1}{Z_2 + Z_1} \tag{11.51}$$

从式（11.62）可以看出，当声波从一种介质传播到另一种介质时，其反射与透射声能的多少，不仅与两种介质本身的性质有关，还与入射角有关。

2. 生物组织的声学特征

1）生物组织的声学参量

生物活组织中最基本的单元是细胞。在人体中细胞的形态和大小各异，但是尺度多在 $10\sim100\mu m$。超声波对活细胞的作用，与声强的大小有关，对于低强度超声波（诊断用），细胞仅受到微小机械损伤或微小温度变化；而对高强度超声波，细胞将被杀死、毁坏或发生不可逆变化。

在人体中，细胞的组织集团形成了各种生物组织，根据这些组织的功能，可将其分为上皮组织、肌肉组织、神经组织和结缔组织四种基本类型。上皮组织一般很薄，是覆盖在身体表面的组织。肌肉组织一般指细胞集合成束状的软组织。它的密度、声速、声阻抗、声衰减系数等参数都高于水或其他松散结构的生物软组织。神经组织分散在体内各处，但在脑和脊髓中较为集中。结缔组织可分为几种类型，其中有两种对超声波的传播影响大，其一为骨组织，其二为血液。骨组织的密度一般为软组织的 1.7 倍，骨组织的可压缩性也远小于软组织。因而，超声波在骨组织中的相速度和声阻抗都远远高于软组织。由于骨组织与软组织界面处声阻抗的差别较大，使得超声波在它们的界面处产生很强的反射。

血液由血细胞和血浆组成。对于超声波，血细胞的作用如同散射粒子，可用多普勒效应检测其流动速度（相应的设备称为 D 超）。由于血细胞的尺度比超声

波的波长小很多,相应的散射可视为瑞利散射。尽管每个血细胞的散射极为微弱,但由于血细胞的密度很大(大约为 5×10^6 个/mm³),总的散射功率是可观测的,这就使得用多普勒效应测量血液流速成为可能。

人们对生物软组织声学参量的测定已经做了大量的工作,但是由于在制作生物组织的标本时条件差异很大,导致测量值离散性也很大。尽管如此,为了给出一个量的概念,表 11.2 列出了由 Goss 等测定的部分生物组织的声学参量;表 11.3 给出了 Wells 近年来收集到的一些声学参量。

表 11.2　部分生物组织声学参量典型值

生物组织	密度/(kg/L)	声速/(m/s)	衰减系数/cm^{-1}
血	1.055	1580	0.034
骨	1.738	2770	1.5
脑	1.03	1460	0.06
乳房	—	1510	0.22
脂肪	0.937	1479	0.07
心机	1.048	1546	0.185
肾	1.04	1572	0.09
肝	1.064	1569	0.149
肺	0.4	658	4.3
肌肉	1.07	1566	0.15

表 11.3　部分介质声学参量典型值

生物组织	声速/(m/s)	声阻抗/(10^6 kg/(m² · s))	衰减系数/(dB/cm)
空气	330	0.0004	1.2
血	1570	1.61	0.2
脑	1540	1.58	0.9
脂肪	1450	1.38	0.6
肝	1550	1.65	0.9
肌肉	1590	1.70	1.5～3.5
头骨	4000	7.80	13
软组织	1540	1.63	0.6
水	1480	1.48	0.002

2) 超声波的衰减、吸收与散射

(1) 衰减:在超声波同物质相互作用过程中,不可避免地会存在能量损耗,这种现象称为衰减。广而言之,衰减是指超声波同物质作用过程中能量的分布与再分布。实际上,通常仅把与吸收有关的能量损耗才称为衰减。

(2) 吸收:物质吸收超声波的能量,而引起能量的衰减服从指数规律

$$E = E_0 e^{-\alpha x} \tag{11.52}$$

其中,E_0 为 $x=0$ 时的声波能量,α 为吸收系数,E 为传播至 x 时的声波能量。

(3) 散射:所谓散射就是指超声波与物质相互作用后,传播方向发生变化的现象。由超声成像原理可知,散射是超声扫描成像的最基本现象。正是由于散射波携带了被测介质的结构信息,才使我们能够根据它来重构物体内部介质的结构图。

根据散射物的大小,可将超声波在生物组织中的散射分为三类:当散射物体的尺寸远大于超声波长时,散射物可视为界面,这类散射就是指超声波在界面上的反射、折射和透射;当散射物体的尺寸远小于超声波长时,可视为瑞利散射;当散射物体的尺寸与超声波长的量级相当时,这种散射就是衍射。

参 考 文 献

[1] 黄嵩,何为. 电阻抗成像中变差正则化算法的研究. 生物医学工程学杂志,2006,23(6): 1153—1156.

[2] 罗辞勇,张占龙,王建,等. 电阻抗测量在脑水肿检测中的应用. 重庆大学学报,2005,28(2): 32—35.

[3] 田海燕,何为,杨浩. 电阻抗断层成像技术应用于脑血肿实时监测的仿真研究. 生物医学工程学杂志,2003,20(2):245—248.

[4] 徐管鑫,何为. 颅内血肿水肿成像研究仿真与模拟实验. 中国医学物理学杂志,2001,18(2): 74—76.

[5] 徐管鑫,何为,王平. 脑水肿与脑出血的动态阻抗测量和阻抗成像基础研究. 科学技术与工程,2004,4(1):15—20.

[6] 田海燕,何为,杨浩,等. 低频电流场颅内异物检测技术重建算法的研究. 生物物理学报,2002,18(4):429—433.

[7] 何为,苗德贵,田海燕. 电流场扰动方法和它在颅内异物成像中的应用. 中国医学物理学杂志,2001,18(1):20—22.

[8] 刘超. 超声层析成像的理论与实现[博士学位论文]. 杭州:浙江大学,2004.

第 12 章　声波与声子晶体

12.1　背　　景

声子晶体是典型的周期介质,讨论物质波同这些周期介质相互作用可以形成新的成像特征。

70 多年前,人们开始了弹性波与层状介质相互作用研究,弹性波与周期介质相互作用的研究还是近 20 来年才开始的。一种典型的周期介质就是声子晶体。弹性波同生物体相互作用可以归结为弹性波同层状介质相互作用。频率大于 20kHz 的弹性波就是所谓的超声波。同电磁波和德布罗依波相比,超声波的最大优点是无电离辐射,设备便宜,简单,对人体安全无害,在生物医学和工程技术等领域中有着广泛应用。特别是在生物医学中,如何利用超声波技术制造出高质量的像 X 射线和 CT 一样的成像设备已成了新一代超声工作者的追求目标。超声波的一个特点是在同物质相互作用时,对不同的物质结构敏感度高。如果是构件,可以对结构进行探测(伤);如果是生物体,可以探测体内异物。当然,也正是由于它的敏感度高,使得"有益"信息的提取变得比较困难和复杂。

12.2　声 子 晶 体

声子晶体概念的提出及其研究是 10 多年前才开始的 。同光子晶体相比,由于声子晶体涉及的参数比较多,理论研究困难以及声子晶体不容易获得等,使得声子晶体研究的进展显得比较缓慢。1992 年,Sigalas 和 Economou 第一次在理论上证实了球形散射体埋入某一基体材料中形成的三维周期性点阵结构具有弹性波禁带特性[1]。1993 年,Kushwaha 等第一次明确提出了声子晶体(phononic crystals)概念,并对柱形镍棒埋在铝合金基体中形成的二维声子晶体采用平面波方法进行了分析,发现在剪切极化方向上的弹性波有禁带存在[2,3]。1995 年,Martinez 和 Sala 等对西班牙马德里一座有 200 多年历史的雕塑"流动的旋律"进行了声学研究,第一次证实了弹性波禁带的存在。从此声子晶体的研究引起了人们关注[4~10]。对声子晶体的研究工作主要集中在理论上,实验研究也取得了一定进展,而应用研究还刚起步不久。

目前,人们对声子晶体的研究呈现出了两大趋势:①禁带形成机制和带隙计算。研究表明,声子晶体的带隙频率处在高频或超高频范围(频率高达几十万或上百万赫兹);②声子超晶格材料的制备及其应用。主要问题是带隙频率或带隙宽度难以满足低频振动与噪声控制的要求,使得声子晶体在这方面的应用受到限制。武汉大学和广东工业大学的研究小组取得了较好的成绩,国防科学技术大学光子/声子晶体研究中心也取得较好的进展。

电子晶体、光子晶体的一些研究方法对声子晶体也同样有用。一维声子晶体一般指两种或多种弹性系数不同的材料组成的周期性层状结构;二维声子晶体一般是指将彼此平行的柱体(或长方体)材料按一定方式埋入另一基体材料中所形成的周期超晶格,柱体的排列可以是正方形、三角形或六边形等;三维声子晶体则一般是将球形(或立方体)材料埋入某一基体材料中所形成的周期性点阵结构。周期点阵结构形式可以是体心立方、面心立方或六角密堆等。图 12.1 给出了一维、二维和三维声子晶体示意图。

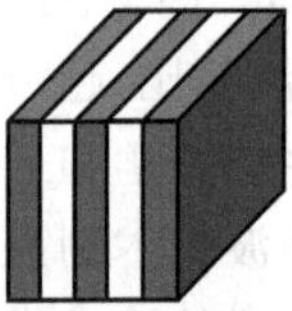

(a)一维声子晶体    (b)二维声子晶体 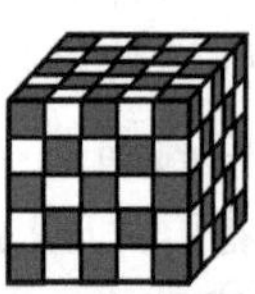   (c)三维声子晶体

图 12.1　声子晶体示意图

12.2.1　声子晶体的带隙形成机制

大量的理论和实验研究都证明了在声子晶体中传播的弹性波存在禁带。关于弹性波带隙形成机制有两种:布拉格散射机制和局域共振机制。布拉格散射机制源于晶体能带理论。这种机制导致禁带的原因主要是:声子超晶格与弹性波相互作用,使得某些频率的波在周期结构中没有对应的振动模式,从而产生了所谓禁带。当弹性波频率落在禁带范围内时,弹性波被禁止。研究表明,禁带的性质与组分的弹性常数、密度及声速、组分的填充比、晶格结构形式及尺寸有关。一般说来,非网络型晶格结构比网络型晶格结构更容易产生禁带;组分的弹性常数差异越大也越容易产生禁带。此外,布拉格散射形成的禁带波长与超晶格周期相当。布拉格散射机制较好地解释了高频声子晶体的禁带形成,对低频(尤其是在1kHz 以下)声子晶体的解释与应用还存在一定困难。武汉大学刘正猷等对黏弹性软材料包覆后的铅球埋在环氧树脂中形成的三维(简立方)声子晶体进行了研究,发现禁带波长远远大于晶格尺寸,而且当散射体并非严格周期分布,即使是随机分布,复合结构也同样可能有禁带存在,并成功地用弹性波禁带局域共振机制

进行了解释。局域共振机制认为,在特定频率的弹性波激励下,与单个散射体产生共振,并与入射波相互作用,阻止弹性波继续传播。禁带的产生主要取决于各个散射体本身的结构与弹性波的相互作用。禁带频率与禁带宽度与单个散射体固有振动有关,与声子超晶格周期及晶格常数关系不大,这就为声子晶体在低频段的理论描述与可能应用开辟了广阔前景。当存在点缺陷或线缺陷时,弹性波会被局域在点缺陷处,或只能沿线缺陷传播。

值得注意的是,无论是二维还是三维声子晶体,只有在一定的条件下才能产生带隙,这些条件包括两种组元的质量密度 ρ 之比、波速(纵波波速 c_l 和横波波速 c_t)之比、两组元在声子晶体中所占的体积比和晶格结构(排列和组元的形状)等。人们提出了好几种方法来研究声子晶体禁带的形成,其中用得比较多的有转移矩阵法、平面波展开法、时域有限差分法和多重散射法等。

12.2.2　声子晶体的研究方法

1. 转移矩阵法

转移矩阵法直接从弹性波波动方程出发,并注意到方程的线性特征,导出一维声子晶体在一个周期内的转移矩阵,然后借助边界条件把相邻两层的参数联系起来。如果我们只关心系统的稳定性,问题可大大简化。事实上,假设系统包含 N 个周期,声子在 N 个周期后的稳定性原则上可由一个周期后的行为来决定。而一个周期后的转移矩阵是很容易给出的。系统的稳定性则由转移矩阵的迹决定。该方法用于一维声子晶体(层状介质)的禁带计算非常简便。由于转移矩阵一般较小,计算量不大,而且过程与结果全是解析的,物理概念明确,理论价值大。但对于二维和三维问题就变得比较复杂。

2. 平面波展开法

平面波展开法的基本思想是将系统的波函数在倒空间中按平面波展开,并将展开式代入原方程,结果把微分方程转化为代数方程组,具体地说就是把微分方程问题转化为矩阵的本征值和本征矢问题。该方法常用于二维及三维声子晶体的禁带计算。一旦找到了本征频率与波矢之间的关系(色散关系),就找到了所谓的能带结构。求解本征值问题是一个数值方法问题,其中一个方法就是 Jacobian 旋转法。在计算固体-固体、液体(气体)-液体(气体) 等组成的各种声子晶体时,平面波展开法取得了很大成功,但是存在着收敛性问题。为了得到一个比较精确的结果,通常需要引入大量的平面波波数,而计算量又几乎与波数的立方成正比,这就带来了计算时间与计算准确度之间的矛盾。另外,对于固体-液体(气体)组成的声子晶体,由于在液体和气体中不存在横波,不能用这个方法来计算。再者,由于平面波法假设了声子晶体是无限大的,不能用来计算有限大小的板状声子晶体的透射系数和反射系数,而这两个系数又是实验中最常用的、最容易测量的物理量,且有重要的物理意义。

3. 时域有限差分法

研究声子晶体的另一种较常用的方法是时域有限差分法(finite difference time domain method,FDTD)。该方法的基本思想是将原始的波动方程直接在时间域和空间域离散,把微分方程化为差分方程;然后从某个初始场开始,让物理量(如速度和应力)随时间演化,再通过傅里叶变换,可以得到无限系统的带结构,也可计算有限大声子晶体(板状)的透射系数和反射系数。该方法是一种求解二维或三维声子晶体禁带的数值方法。注意到前面两种方法都只能用于线性系统,而该方法则不管系统是线性的还是非线性的,也不管介质是复杂的还是简单的、均匀的还是非均匀的、各向同性的还是各向异性的,均可直接模拟。问题是在计算声子晶体的瞬时非线性响应时,会出现计算的稳定性和收敛性问题,而且精确计算往往需要很大内存来支持。

4. 多重散射法

多重散射方法又称为 KKR(Korringa,Kohn,Rostoker)方法。这一方法首先用于电子晶体,并很快推广到电磁领域,而后又用于光子晶体的带结构。前不久,又成功移植到三维声子晶体。多重散射理论的基本思想是将波函数按球函数(三维)或柱函数(二维)展开,特别适合于球形或柱型散射体的计算。其物理实质是把入射到散射体上的波看成是外来波,并将它与其他散射体所散射的波相互叠加,把微分方程化为一个久期方程,求解这个久期方程,就可得到系统的本征值和本征函数。这个方法的优点是,基函数(球函数或柱函数)具有明确的物理意义,容易揭示过程的物理机制,即使对于低频极限情况,也能够比较精确地描述;其次,它不仅可以计算无限大声子晶体的带结构,还可以计算有限大声子晶体(板状)的透射系数和反射系数;第三,很容易处理由固体-液体(气体)组成的声子晶体,适用范围广。但是这个方法计算复杂,使用比较困难。

12.2.3　声子晶体的缺陷态

布拉格散射理论特别适合于理想周期性结构的声子晶体,但是对于有缺陷的声子晶体就不很方便了。所谓缺陷就是指对理想周期性结构的偏离。按维数的大小,缺陷可分为点缺陷、线缺陷和面缺陷。当声子晶体中存在任何一种缺陷时,便会在带隙中产生缺陷态。缺陷态的存在会对声子晶体的禁带特性产生很大影响。因此,对声子晶体缺陷态的研究有着重要意义。Sigalas 等研究了二维铅/环氧树脂声子晶体中存在点缺陷时的弹性波传播情况。该点缺陷是通过改变某个铅柱的直径来引入的。Kafesaki 等用时域有限差分法研究了这种情况,计算表明点缺陷对弹性波具有局域作用。线缺陷是通过移去声子晶体中的一行或一列铅棒获得的。研究表明弹性波只能沿线缺陷传播。在缺陷态的实验方面,Torres 等研究了二维水银/铝声子晶体中的表面态与界面态情况,发现在声子晶体界面上声波具有局域现象。同时还对 L 形线缺陷(移去部分水银柱形成的)和点缺陷(用压电振动器代替某个水银柱形成的)情况进行了实验研究,发现声波只能沿线缺陷传播或被局域在点缺陷处。实验和理论计算符合得很好。Psarobas 等研究了三维铅球在环氧树脂基体中以面心立方排列时,面缺陷的存在可以使声子晶体的带隙出现横波和纵波的局域现象。

对声子晶体缺陷态研究,大部分还停留在理论上,而计算方法也是常用的平面波方法、有限时域差分法、多重散射法等。声子晶体虽然只有点缺陷、线缺陷、面缺陷三种形式,但每种缺陷形式又可以有不同的结构。缺陷态的研究将对声子晶体的应用提供进一步的理论支撑。

12.2.4　声子晶体的应用

由于声子晶体具有禁带、缺陷态等特性,使得它在减振、降噪、声学器件等方面有着潜在的应用前景。在减振方面,利用声子晶体的禁带特性,可以为高精密机械加工系统提供一定频率范围内的无振动工作环境。在降噪方面,利用声子晶体的禁带特性,有可能设计和制造出一种全新的降噪材料。这种材料既可以在噪声的传播过程中被隔离,又可以在噪声源处予以控制。根据局域共振机理,如果声子晶体低频禁带的编织技巧能够突破,声子晶体将在潜艇的消声瓦、声纳等方面有着广阔的应用前景。正是由于缺陷态的存在,人们可以设计出新型的高效率、低能耗的声学滤波器,也可以设计出具有高聚焦特性、低能耗的声学透镜等。Diez 等在光纤中刻蚀声学光栅构成的一维声子晶体,实现了光纤的声光调制;Cervera 等采用弹性材料排列在空气中构成的二维声子晶体,实现了声学透镜的功能。随着声子晶体理论研究的日趋成熟,声子晶体的应用研究也受到了越来越多的关注。如何寻找一种人工编织周期性结构的方法是实现声子晶体从理论到应用的关键之一。

考虑到声子晶体的理论研究已经有了一定基础,而应用研究还刚刚起步;再考虑到低频振动与噪声控制是声学领域的一大难题,从振动与噪声控制,特别是低频振动与噪声控制的需要出发,目前,对声子晶体的研究进展比较快,且主要集中在:

(1)探索声子晶体在减振、降噪、声波换能器等方面的应用,并从低频振动与噪声控制的实际需要出发,编制出频率低且有一定带宽的周期性结构;

(2) 在理论上进一步寻找声子晶体禁带特性与各参数之间的关系,为人工编制不同禁带频率(特别是低频)的周期性结构提供理论依据;

(3) 引入阻尼项(或衰减项)来描述声子能量分布,进一步揭示声子晶体的带隙形成机制;

(4) 进一步研究缺陷态对弹性波传播的影响。

12.3 转移矩阵方法与一维声子晶体的带结构

由于原子的周期排列,电子在晶体中的运动问题就转化为电子在周期势场中的运动问题。量子力学证明,电子同周期势场相互作用会导致能级分裂,这就是20 世纪 30 年代 Bloch 等成功发展起来的固体能带理论。受电子能带理论的启发,1987 年 John 和 Yablovitchtich 提出了光子晶体概念,1993 年 Kushwsha 又提出了声子晶体概念。所谓光子晶体就是材料折射系数呈周期变化的晶体,而声子晶体则是指材料声阻抗呈周期变化的晶体。事实上,光子与物质相互作用可以归结为光子在不同折射率形成的"势场"中运动,当光子在周期折射率变化的"势场"中运动时,能量(频率)会分裂成带。类似地,声子与物质(如液体、气体或细长竿等)相互作用可以归结为声子在不同"声阻抗"场中运动,当声子在周期变化的"声阻抗"场中运动时,能量(频率)也分裂成带。光子晶体或声子晶体的能带特征决定了它们有着巨大的理论价值和应用前景,例如,声子晶体可有效地减振、降噪,在声波导、声滤波器、噪声隔离和精密仪器制造方面都有着广泛的应用前景。

目前,对一维声子晶体的禁带特征研究得比较多,转移矩阵方法是常用的方法之一,它是基于运动方程的线性特征发展起来的解析方法,最早用于加速器束流动力学。有人指出了用声学方法可以获得密度呈正弦平方规律变化的声子晶体,并讨论了光子在这种声子晶体中传播的能带结构。本节利用转移矩阵方法研究声子在一维周期变化的声阻抗场中的能带结构,讨论了系统的稳定性和禁带宽度等能带特征。结果表明,材料的禁带特征与其参数有关,只需适当选择介质或适当调节介质参数就可以得到不同声学性质的声子晶体。

12.3.1 运动方程

当声子在切变模量为零(如液体、气体或细长竿等),密度和杨氏模量为 x 函数的一维弹性介质中运动时,声速 c 可表示为

$$c(x)=\sqrt{\frac{E(x)}{\rho(x)}}=Z/\rho \tag{12.1}$$

其中,$E(x)$ 是介质杨氏模量;$\rho(x)$ 是介质密度;$Z=\rho c$ 是声阻抗。当介质密度 ρ 为

常数时,速度是弹性模量或声阻抗的函数。

令方程(11.18)具有如下形式的解:

$$p(x,t)=\mathrm{e}^{-\mathrm{j}\omega t}p(x) \tag{12.2}$$

并将其代入方程(11.18),可得

$$\frac{\mathrm{d}^2 p(x)}{\mathrm{d}x^2}+k^2 p(x)=0 \tag{12.3}$$

其中,$k=\omega/c$ 为变量分离常数(ω 为角频率),又称为波数。

12.3.2　转移矩阵方法

对于声速、弹性模量或声阻抗为阶跃型变化的一维声子晶体,k 为分段常数,且可表示为

$$k=\begin{cases} k_1=\dfrac{\omega}{c_1}=\dfrac{\omega\rho_1}{Z_1}, & 0\leqslant x<a, \quad \text{I 区} \\[3mm] k_2=\dfrac{\omega}{c_2}=\dfrac{\omega\rho_2}{Z_2}, & a\leqslant x<d, \quad \text{II 区} \end{cases} \tag{12.4}$$

而 $d=a+b$ 是声子超晶格周期,a、b 分别是 I 层和 II 层厚度。图 12.2 给出了一维声子超晶格示意图,描述了声子晶体波数 k(或声阻抗,或声速)的阶跃型周期变化。

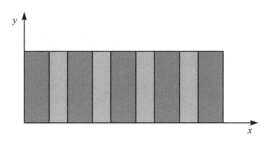

(a) 一维声子超晶格

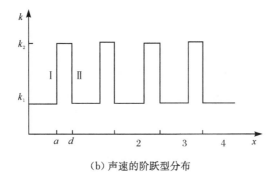

(b) 声速的阶跃型分布

图 12.2　一维声子超晶格及声速的阶跃型分布

在第Ⅰ区,方程(12.3)可表示为

$$\frac{\mathrm{d}^2 p_\mathrm{I}(x)}{\mathrm{d}x^2} + k^2 p_\mathrm{I}(x) = 0 \tag{12.5}$$

在第Ⅱ区,方程(12.3)可表示为

$$\frac{\mathrm{d}^2 p_\mathrm{II}(x)}{\mathrm{d}x^2} + k^2 p_\mathrm{II}(x) = 0 \tag{12.6}$$

方程(12.5)和方程(12.6)的解可以表示为

$$p_i(x) = A_i \cos k_i x + B_i \sin k_i x \tag{12.7}$$

其中,角标 $i = \mathrm{I}, \mathrm{II}$ 表示第一层和第二层的物理量。由式(12.2)和式(12.7)可得波动方程(12.3)的解:

$$p_i(x,t) = p_i(x)\mathrm{e}^{-\mathrm{j}\omega t} = (A_i \cos k_i x + B_i \sin k_i x)\mathrm{e}^{-\mathrm{j}\omega t} \tag{12.8}$$

对于超晶格,电子波函数的连续性条件要求它和它的导数在界面处连续;对于光子晶体,电场强度的连续性条件要求它和它的导数(磁场强度)在界面处连续;对于声子晶体,则要求声压和声振动速度在界面处连续。值得注意的是声振动速度由方程(11.23)给出。将式(12.8)对 x 求导,代入方程(11.23),再对 t 积分可求得声振动速度为

$$v_i(x,t) = \frac{\mathrm{j}}{Z_i}(A_i \sin k_i x - B_i \cos k_i x)\mathrm{e}^{-\mathrm{j}\omega t} \tag{12.9}$$

根据声压式(12.8)和声振动速度式(12.9)在界面处的连续性条件和前面描述的转移矩阵方法,可求得系统的色散关系:

$$\cos \Lambda d = \frac{1}{2}(M_{11} + M_{22}) = \cos k_2 b \cos k_1 a - \frac{1}{2}\left(\frac{Z_2}{Z_1} + \frac{Z_1}{Z_2}\right)\sin k_2 b \sin k_1 a \tag{12.10}$$

稳定性条件要求

$$|\cos \Lambda d| \leqslant 1 \tag{12.11}$$

其中

$$\Lambda = \frac{m\pi}{d} - \mathrm{j}\frac{\Lambda_i}{d}, \quad m = 1,2,3,\cdots \tag{12.12}$$

Λ 为复数,Λ_i 为实数,$m = 1,2,3,\cdots$ 分别称为第一禁带,第二禁带,第三禁带,$\cdots$。注意到 $\mathrm{e}^{-\mathrm{j}\Lambda d} = \mathrm{e}^{-\mathrm{j}m\pi - \Lambda_i}$ 是指数衰减的,说明在周期性介质中,Bloch 波不会穿透到介质内部,这种波称为迅衰波,相应的能带称为禁带。禁带的带边频率由以下条件给出:

$$\frac{1}{2}TrM = \left|\frac{M_{11} + M_{22}}{2}\right| = 1 \tag{12.13}$$

假设声子晶体是由环氧树脂和铅周期生长而成,它们的密度和声速分别为

$\rho_1 = 1180 \mathrm{kg/m^3}$, $\rho_2 = 11400 \mathrm{kg/m^3}$, $v_2 = 2160 \mathrm{m/s}$, 而厚度 $a = b = 25 \mathrm{nm}$。根据式 (12.10) 和式 (12.11) 分别计算了它的带结构, 如图 12.3 所示[8]。

图 12.3(a) 由式 (12.10) 给出, 图 12.3(b) 由式 (12.11) 给出。图中横坐标的单位由无量纲比 ω/ω_0 表示, $\omega_0 = 10^{-12}$。从图 12.3 可以看出, 该晶体有三条禁带, 带宽和中心频率分别由表 12.1 给出。

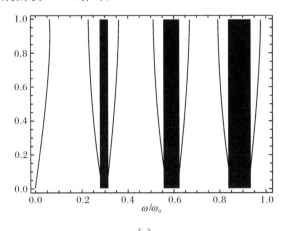

(a)

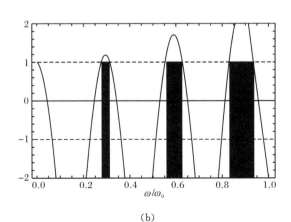

(b)

图 12.3　声子晶体带结构

表 12.1　一维声子晶体禁带特征

特征	第一禁带	第二禁带	第三禁带
中心频率(ω/ω_0)	0.29380	0.58855	0.88250
禁带宽度(ω/ω_0)	0.03640	0.07110	0.10400

12.4　折射率呈余弦变化的一维光子晶体带结构

　　光子晶体和声子晶体概念差不多是近 20 年才提出来的,由于其诱人的前景引起了人们的密切关注。在光子晶体和声子晶体研究中,常借用半导体的能带概念,把禁止光(声)通过的频率范围称为禁带,让光(声)通过的频率范围称为通带。一维光子晶体是最简单的一类光子晶体。利用分子束外延技术,可以把两种折射率不同的材料交替生长形成所谓超晶格,就可得到折射率呈阶跃型周期变化的光子晶体。折射率连续变化的光子晶体可以用声学方法获得。例如,让超声波在透明液体中传播时,就会引起液体密度(进而引起折射率)的空间分布呈周期变化;如果让超声波在盛满透明液体的封闭容器中传播,就会在容器内部形成驻波而构成另一类光子晶体[9]。本节首先描述如何用声学方法构造一个密度呈周期变化的声子晶体,并指出用一束电磁波与它相互作用时,声子晶体就转变为光子晶体。接着,对电磁波在折射系数呈余弦变化的一维光子晶体中的传播进行分析,结果表明,麦克斯韦方程退化为经典的 Mathieu 方程。对 Mathieu 方程的分析表明,在参数(δ, ε)平面上出现了一系列稳定区和不稳定区(禁带)。当$|\varepsilon| \to 0$时,这些不稳定区退化为一点,给出了禁带的中心频率,并用摄动法近似地求出了禁带宽度;而一阶不稳定区和二阶不稳定区(禁带)宽度 $\Delta\omega_1 = |\Delta\omega| = \dfrac{\omega \Delta n_m}{n_0}$ 和 $\Delta\omega_2 = \dfrac{\omega^2 \Delta n_m^2 \lambda^2}{2\pi^2 c^2}$ 与介质的参数和入射光子频率有关。适当选择这些参数,可以有效地调节光子晶体的带结构,并按需要得到不同性能的光子晶体。

12.4.1　弹性波波动方程

　　经典物理学指出,弹性波与物质相互作用可用下面的波动方程来描述:

$$\frac{\partial^2 u}{\partial t^2} - a^2 \nabla^2 u = 0 \tag{12.14}$$

其中,u 是位移;a 是与弹性介质有关的常数;∇是梯度算符,且$\nabla^2 = \nabla \cdot \nabla$。在直角坐标系中$\nabla^2 = \dfrac{\partial^2}{\partial x^2} + \dfrac{\partial^2}{\partial y^2} + \dfrac{\partial^2}{\partial z^2}$。用分离变量法求解波动方程(12.14),可得坐标相关的 Helmholtz 方程

$$\nabla^2 u + k^2 u = 0 \tag{12.15}$$

其中,k 是变量分离常数。当机械波在切变模量为零(如液体、气体或细长竿等)的一维弹性介质中传播时,三维问题退化为一维问题,而偏微分方程(12.15)退化为常微分方程

$$\frac{\mathrm{d}^2 u(x)}{\mathrm{d}x^2} + k^2 u(x) = 0 \qquad (12.16)$$

选择适当的初始条件,方程(12.16)的解可表示为

$$u(x) = A\sin kx \qquad (12.17)$$

其中,变量分离常数 $k = \dfrac{2\pi}{\lambda}$ 正是物理学中的波数,而 λ 是波长。

对于液体、气体或细长竿等,弹性波是纵波,方程(12.17)描写的是一维介质中的纵振动。如果对式(12.17)进行微商

$$\frac{\mathrm{d}u(x)}{\mathrm{d}x} = Ak\cos kx \qquad (12.18)$$

并注意到 $\rho\mathrm{d}x = \mathrm{d}m$,则式(12.17)可另外表示为

$$\rho(x) = \rho_m \cos kx \qquad (12.19)$$

于是,弹性波进一步转化为密度波,其中 $\rho_m = \left| \dfrac{\mathrm{d}m}{\mathrm{d}u} Ak \right|$ 是密度波在一维弹性介质中的幅值。图 12.4 给出了一维密度波示意图。引入平均密度 ρ_0,式(12.19)还可以一般地表示为

$$\rho(x) = \rho_0 + \Delta\rho_m \cos kx \qquad (12.20)$$

其中,$\Delta\rho_m$ 是偏离平均密度 ρ_0 的幅值。注意到折射系数与介质密度成正比,于是折射系数也可类似地表示为

$$n(x) = n_0 + \Delta n_m \cos kx \qquad (12.21)$$

其中,n_0 是平均折射率;Δn_m 是折射率变化的幅值。

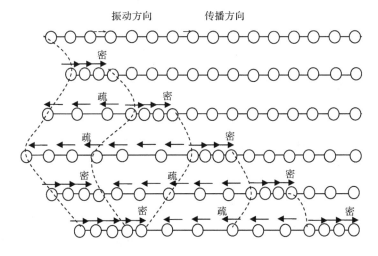

图 12.4　一维密度波示意图

12.4.2　电磁波动方程

从麦克斯韦方程出发,在介质无损耗、无电流、无磁性及各向同性假设下,当入射光是频率为 ω 的单色光时,对于一维周期介质,可导出电场强度 $E(x)$ 满足波动方程

$$\begin{cases} \dfrac{\mathrm{d}^2 E(x)}{\mathrm{d}x^2} + n^2(x)E(x) = 0 \\ n(x) = n(x + px), \quad p = 1, 2, 3, \cdots \end{cases} \tag{12.22}$$

其中,折射系数 n 由式(12.21)给出。在线性近似下, $n^2(x)$ 可以表示为

$$n^2(x) = n_0^2 + 2n_0 \Delta n_m \cos kx \tag{12.23}$$

将式(12.23)代入方程(12.22),可以看出方程(12.22)与一维薛定谔方程类似。如果引入无量纲长度 $X = \dfrac{\pi x}{\lambda}$,还可进一步将方程(12.22)化为

$$\frac{\mathrm{d}^2 E(X)}{\mathrm{d}X^2} + (\delta + 2\varepsilon \cos 2X)E(X) = 0 \tag{12.24}$$

其中

$$\delta = \frac{\omega^2 n_0^2 \lambda^2}{\pi^2 c^2} \tag{12.25}$$

$$\varepsilon = \frac{\omega^2 n_0^2 \Delta n_m \lambda^2}{\pi^2 c^2} \tag{12.26}$$

方程(12.24)是一个经典的 Mathieu 方程[9]。对于 Mathieu 方程, ε 可以大于零,也可以小于零。 ε 大于零对应于参数 (δ, ε) 平面上半平面的参数分布,而 ε 小于零则对应于下半平面的参数分布。Mathieu 方程的稳定区与不稳定区由图 12.5 给出。利用摄动法,可求得一阶不稳定区(禁带)宽度

$$\Delta \delta_1 = 2\varepsilon \tag{12.27}$$

和二阶禁带宽度

$$\Delta \delta_2 = \frac{\varepsilon^2}{2} \tag{12.28}$$

对于一阶不稳定区,由式(12.25)的差分给出,其中 $\delta = q^2$,由此可得一维光子晶体禁带中心频率

$$\omega_0 = \frac{\pi c q}{n_0 \lambda}, \quad q = 1, 2, 3, \cdots \tag{12.29}$$

当 $q = 1, 2$ 时的禁带宽度可由式(12.26)和式(12.27)给出。对式(12.25)微分,并结合式(12.16)和式(12.17),可得一阶不稳定区的宽度为

$$\Delta \omega_1 = |\Delta \omega| = \frac{\omega \Delta n_m}{n_0} \tag{12.30}$$

同样,对式(12.25)微分,并结合式(12.16)和式(12.17),可得二阶不稳定区

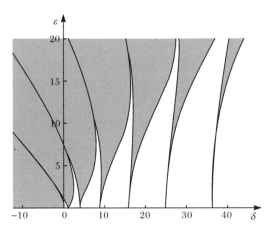

图 12.5　Mathieu 方程的稳定区(非阴影区域)与不稳定区(阴影区域)

的宽度为

$$\Delta\omega_2 = \frac{\omega\Delta n_m^2\lambda^2}{2\pi^2 c^2} \tag{12.31}$$

从式(12.30)和式(12.31)可以看出,不稳定区的宽度 $\Delta\omega_{1,2}$ 与介质的参数和入射光子频率有关。在入射光子频率一定时,Δn_m 越大,禁带宽度也越大。可见,只需适当选择这些参数,就可以有效地调节光子晶体的带结构,从而使光子晶体表现出不同的光电特征。

参 考 文 献

[1] Sigalas M M, Economou E N. Band structure of elastic waves in two dimensional systems. Solid State Communications,1993,86(3):141—143.

[2] Kushwaha M S, Halevi P, Dobrzynski L, et al. Acoustic band structure of periodic elastic composites. Physical Review Letters,1993,71(13):2022.

[3] Kushwaha M S, Halevi P. Band-gap engineering in Periodic Elastic composites. Applied Physics Letters,1994,64(9):1085—1087.

[4] Vasseur J O, Deymier P A, Frantziskonis G, et al. Experiment evidence for the existence of absolute acoustic band gaps in two-dimensional periodic composite media. Journal of Physics:Condensed Matter,1998,10(27):6051.

[5] Kushwaha M S, Halevi P. Stopbands for cubic arrays of spherical balloons. The Journal of the Acoustic Society of America,1997,101:619.

[6] 罗晓华. 弹性波与周期介质相互作用及声子晶体研究现状. 东莞理工学院学报,2008,15(5):66—71.

[7] 罗晓华. 光子在密度呈正弦变化的一维"声子晶体"中的传播. 东莞理工学院学报,2008,15(3):74—78.

[8] 罗晓华. 转移矩阵方法与一维声子晶体带结构. 东莞理工学院学报,2009,16(5):55—59.
[9] 罗晓华. 折射率呈现余弦变化的一维光子晶体带结构. 半导体光电,2008,29(6):896—899.

第 13 章　弹性波在介质中的传播成像及 NCB 法正则参数的选择

13.1　弹　性　波

弹性波同生物体相互作用可以归结为弹性波同层状介质相互作用。弹性波与物质相互作用可用 Helmholtz 方程来描写。齐次和非齐次 Helmholtz 方程描述了弹性波在均匀和非均匀介质中的传播行为。Helmholtz 方程的解可以用第一类和第二类 Fredholm 积分方程来表示。用矩量法将它离散,可把积分方程转化为矩阵(代数)方程。鉴于这个方程一般都是一个病态方程,需要对此方程正则化。正则化方法可以把病态(不适定)问题化为良态(适定)问题。正则化方法很多,常用的有 Tikhonov 方法、截断奇异值方法等。如何确定正则化参数是正则化方法的核心问题之一。可用 L-曲线方法、Burg 法和 K-S 检验等确定正则化参数。

在归一化累积周期图法(the normalized cumulative periodogram,NCP)求正则参数中,利用经典周期图法求噪声残量功率谱,再结合 K-S 判据(Kolmogorov-Smirnov test)确定最佳正则参数。本章利用现代谱估计中的 Burg 法求噪声残量功率谱,并将它与 K-S 判据相结合求最佳正则参数,且将它称为 NCB 法(the normalized cumulative burg power spectrum)[1,2]。注意到在 Burg 法中,对应于某个阶数 P 功率谱质量最好,只需在这个阶数附近进行调整,再根据 K-S 判据,求出噪声残量归一化累积功率谱的最小值,就是最佳 Tikhonov 正则参数。本章讨论弹性波与层状介质间的相互作用,在超声逆散射成像问题所采用的一般正则参数的选取方法,提出了一种新的正则参数选取方法 NCB,并在 NCB 方法的基础上,以图像恢复为例进行仿真,对采用几种不同正则参数所取得的图像降噪的效果进行了讨论。结果表明,用 NCB 法恢复图像比采用 NCP 经典谱估计 FFT 获得的图像质量和稳定性要好。

13.2　Fredholm 方程的离散化

用矩量法可以把 Fredholm 积分问题式(11.42)和式(11.43)离散化为如下形式的矩阵问题[3]:

$$\boldsymbol{p}^{(\mathrm{t})}(r)=(\boldsymbol{I}-\boldsymbol{CO})^{-1}\boldsymbol{p}^{(\mathrm{in})}(r) \tag{13.1}$$

$$\boldsymbol{p}^{(\mathrm{s})}=\boldsymbol{DO}\,\boldsymbol{p}^{(\mathrm{t})} \tag{13.2}$$

方程(13.1)是一个适定方程,方程(13.2)是一个不适定方程。其中,$\boldsymbol{p}^{\mathrm{t}}$、$\boldsymbol{p}^{\mathrm{i}}$分别是 $N\times1$ 维的全场和入射场矢量,N 是总的离散单元数;$\boldsymbol{p}^{\mathrm{s}}$ 是 $N\times1$ 维散射场矢量;$\boldsymbol{O}$ 是 $N\times N$ 阶对角矩阵,是反映物质结构的目标函数;$\boldsymbol{C}$ 是 $N\times N$ 阶系数矩阵;$\boldsymbol{D}$ 是 $qM\times N$ 维系数矩阵,M 是接收器数目,$q\leqslant M$ 是考察点的数目。这个矩阵方程是一个包含 N 个未知数、qM 个方程的超定方程组。于是,方程(13.1)可用矩阵表示为

$$\begin{bmatrix} p_1^{\mathrm{t}} \\ p_2^{\mathrm{t}} \\ p_3^{\mathrm{t}} \\ \vdots \\ p_N^{\mathrm{t}} \end{bmatrix} = \left\{ \begin{bmatrix} 1 & & & \\ & 1 & & \\ & & \ddots & \\ & & & 1 \end{bmatrix} - \begin{bmatrix} C_{11} & C_{12} & \cdots & C_{1,N} \\ C_{21} & C_{22} & \cdots & C_{2,N} \\ \vdots & \vdots & & \vdots \\ C_{qM,1} & C_{qM,2} & \cdots & C_{qM,N} \end{bmatrix} \right.$$

$$\left. \times \begin{bmatrix} O_{11} & & & \\ & O_{22} & & \\ & & \ddots & \\ & & & O_{N,N} \end{bmatrix} \right\}^{-1} \begin{bmatrix} p_1^{\mathrm{i}} \\ p_2^{\mathrm{i}} \\ \vdots \\ p_N^{\mathrm{i}} \end{bmatrix}$$

其中,矩阵元

$$C_{ij}=\frac{j}{2}\left[\pi k_0 a H_1^{(2)}(k_0 a)-2j\right], \quad i=j$$

$$C_{ij}=\frac{j\pi k_0 a}{2}J_1(k_0 a)H_0^{(2)}(k_0 R_{ij}), \quad i\neq j$$

而方程(13.2)也可用矩阵表示为

$$\begin{bmatrix} p_1^{\mathrm{s}} \\ p_2^{\mathrm{s}} \\ p_3^{\mathrm{s}} \\ \vdots \\ p_N^{\mathrm{s}} \end{bmatrix} = \begin{bmatrix} d_{11} & d_{12} & \cdots & d_{1,N} \\ d_{21} & d_{22} & \cdots & d_{2,N} \\ \vdots & \vdots & & \vdots \\ d_{qM,1} & d_{qM,2} & \cdots & d_{qM,N} \end{bmatrix} \begin{bmatrix} O_{11} & & & \\ & O_{22} & & \\ & & \ddots & \\ & & & O_{N,N} \end{bmatrix} \begin{bmatrix} p_1^{\mathrm{t}} \\ p_2^{\mathrm{t}} \\ \vdots \\ p_N^{\mathrm{t}} \end{bmatrix}$$

其中,矩阵元

$$d_{mj}=\frac{j\pi k_0 a}{2}J_1(k_0 a)H_0^{(2)}(k_0 R_{mj}), \quad m\neq j$$

J_1 是一阶 Bessel 函数;$H_0^{(2)}$、$H_1^{(2)}$ 是第二种零阶和一阶 Hankel 函数;a 为成像圆柱半径(假设研究对象是或近似圆柱体),$i,j=1,2,\cdots,N$,$m=1,2,\cdots,M$,$R_{ij}=|r_i-r_j|$。将考察对象进行分割(网格化),并对网格单元和接收器进行编号,如图

13.1 所示。取感兴趣区域（ROI）中心为坐标原点，则 $R_{i,j}$ 表示第 i 个单元与第 j 个单元之间的距离，而 $R_{m,j}$ 则表示第 m 个接收器与第 j 个网格单元之间的距离。图 13.1 给出了环形结构的 $R_{m,j}$、$R_{i,j}$ 以及它们的求法。

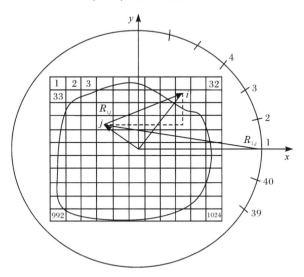

图 13.1　圆形实验装置与网格示意图

13.3　逆散射成像中的正则化方法

由于方程的不适定性，经常会出现发散问题。解决办法是把不适定方程转化为适定方程，这种思想称为正则化。下面介绍两种正则化方法：Tikhonov 方法和截断奇异值方法（TSVD）。

13.3.1　Tikhonov 方法

Tikhonov 指出[4]，如果

$$Ax = b \tag{13.3}$$

是一个不适定方程，从其法方程

$$A^{\mathrm{T}}Ax = A^{\mathrm{T}}b \tag{13.4}$$

出发，可构造一个适定方程：

$$(A^{\mathrm{T}}A + kI)x_k = A^{\mathrm{T}}q \tag{13.5}$$

其中，A^{T} 是 A 的转置矩阵；k 是正则化参数。而方程（13.5）的解可用最小二乘法求出

$$x_k = \sum_{i=1}^{n} \frac{\sigma_i^2}{\sigma_i^2 + k^2} \frac{\langle u_i, b \rangle}{\sigma_i} v_i \tag{13.6}$$

其中系数

$$f = \frac{\sigma_i^2}{\sigma_i^2 + k^2} \tag{13.7}$$

称为滤波因子。

注意到方程(13.2)是一个不适定方程,只需令式(13.3)中的 $\boldsymbol{b} = \boldsymbol{p}^\mathrm{s}$, $\boldsymbol{DO} = \boldsymbol{A}$, $\boldsymbol{p}^\mathrm{t} = \boldsymbol{x}$,根据方程(13.5),不适定方程(13.2)的法方程可表示为

$$((\boldsymbol{DO})^\mathrm{T}(\boldsymbol{DO}) + k\boldsymbol{I})\,\boldsymbol{p}^\mathrm{t} = \boldsymbol{A}^\mathrm{T} \boldsymbol{p}^\mathrm{s} \tag{13.8}$$

于是,方程(13.1)和方程(13.2)之间的迭代转化为方程(13.1)和方程(13.8)之间的迭代。方程(13.8)的解由最小二乘法给出:

$$\boldsymbol{p}^\mathrm{t} = \sum_{i=1}^{n} \frac{\sigma_i^2}{\sigma_i^2 + k^2} \frac{\langle u_i, b \rangle}{\sigma_i} v_i \tag{13.9}$$

在与方程(13.1)迭代时,每迭代一次求一次残差范数和解范数,并寻找二者之和最小,即

$$\min\{\,\|\,\boldsymbol{DO}\,\boldsymbol{p}_k^{\mathrm{t}i} - \boldsymbol{p}^\mathrm{s}\,\|_2^2 + k^2\,\|\,\boldsymbol{I}\,\boldsymbol{p}_k^{\mathrm{t}i}\,\|_2^2\,\} \tag{13.10}$$

其中, i 是迭代次数。判断条件(13.10)是否满足,如果不满足,将 $\boldsymbol{p}_k^{\mathrm{t}i}$ 代入方程(13.1),求出 $\boldsymbol{O}$,代入式(13.8),求出 $\boldsymbol{p}_k^{\mathrm{t}i}$,再判断式(13.10)是否满足。从式(13.10)可以看出,正则化方法的实质就是试图在残差范数和解范数之间寻找一种平衡。

13.3.2　截断奇异值方法

将方程(13.10)中的矩阵 $\boldsymbol{A}$ 按奇异值展开:

$$\boldsymbol{A}_k = \sum_{i=1}^{k} \boldsymbol{u}_i\,\boldsymbol{\sigma}_i\,\boldsymbol{v}_i^\mathrm{T} \tag{13.11}$$

并用适定方程

$$\boldsymbol{A}_k \boldsymbol{x} = \boldsymbol{b} \tag{13.12}$$

代替,其中 k 是正则化参数。令方程(13.12)中的 $\boldsymbol{b} = \boldsymbol{p}^\mathrm{s}$, $(\boldsymbol{DO})_k = \boldsymbol{A}_k$, $\boldsymbol{p}^\mathrm{t} = \boldsymbol{x}$,则方程(13.2)化为

$$(\boldsymbol{DO})_k\,\boldsymbol{p}_k^\mathrm{t} = \boldsymbol{p}^\mathrm{s} \tag{13.13}$$

其中,解 $\boldsymbol{p}_k^\mathrm{t}$ 可用最小二乘法求出

$$\boldsymbol{p}_k^\mathrm{t} = \sum_{i=1}^{k} \frac{\langle u_i, b \rangle}{\sigma_i} v_i \tag{13.14}$$

在与方程(13.2)迭代时,每迭代一次求一次残差范数和解范数,并寻找二者之和最小,即

$$\min\{\,\|\,\boldsymbol{DO}\,\boldsymbol{p}_k^{\mathrm{t}i}\,\| - \boldsymbol{p}^\mathrm{s}\,\|_2^2 + \|\,\boldsymbol{I}\,\boldsymbol{p}_k^{\mathrm{t}i}\,\|_2^2\,\} \tag{13.15}$$

其中,i 是迭代次数。迭代过程与上面一样。对应的 O 就是我们要求的目标函数。

13.3.3 L-曲线法

注意到,正则化方法的实质就是试图在残差范数和解范数之间寻找某种平衡,我们可选择解范数的对数为纵坐标,残差范数的对数为横坐标。对于给定的正则化参数,总可以在这个平面上找到一点与之对应。当正则化参数 k 从小到大变化时,这些点就落在一条类似于"L"的曲线上(见图 13.2),这就是 L-曲线法(LCM 方法)。可以看出,拐角对应的点就是我们寻找的点,而拐点就是曲率最大的点。曲线的曲率由下面公式给出:

$$\kappa(k) = \frac{2(p'q'' - p''q')}{((p')^2 + (q')^2)^{3/2}} \tag{13.16}$$

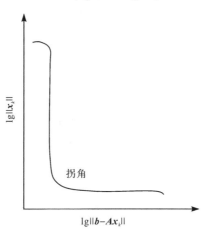

$\lg\|x_k\|$

拐角

$\lg\|b - Ax_k\|$

图 13.2 L-曲线法求正则参数示意图

其中,$p = 2\lg\rho$,$q = 2\lg\eta$,而 ρ 和 η 是系统残差范数和解范数,且 $\rho = \|b - Ax_k\|_2$,$\eta = \|x_k\|_2$。

式(13.16)的极值点就是要寻找的拐点,相应的 k 就是要寻找的正则化参数。字母右上角的一撇表示一阶导数,两撇表示两阶导数。

13.4 Burg 谱估计与 K-S 检验

逆散射问题是 20 多年来人们最感兴趣的问题之一,在医学成像和无损检测方面都有着成功应用。逆散射问题是典型的病态问题,准确的病态问题解与正则参数的选择密切相关,因此如何选择最佳正则参数是问题的关键。确定正则化参数的方法很多,通常的参数选取方法有离差原理法、广义交叉验证(GCV)法、L-曲线法和NCP法等。下面介绍新的正则参数选取方法,利用Burg频谱与K-S检验方法结合的新的方法——NCB法[2,5,6]。

对于电磁逆散射问题和超声逆散射问题,由于测量数据的噪声是预先不知道的,离差原理用得比较少;GCV法和L-曲线法都是经典的正则参数选取法,适合于信噪比未知的情况。NCP方法是Hansen为了求解第一类Fredholm问题而提出和发展起来的一种新的正则参数选取法,经过改进成功用到了大尺度电磁逆散射问题。基本思想是选取最佳的正则参数λ,使残差最接近白噪声。研究表明,当正则参数选得太大时,残差中将出现低频信号分量,这种情况称为过正则化;当正则参数选得太小时,残差中将出现高频信号分量,这种情况称为欠正则化。可见,当残差的谱分布从过正则化向欠正则化转化过程中,一定存在某个参数,使得残差类似于白噪声。这个参数就是要选择的正则参数。

频谱分析有经典谱估计和现代谱估计两种,Burg法便是现代谱估计方法之一。本章讨论了Burg谱的阶数依赖性,并将Burg谱估计与K-S判据相结合来确定最佳正则参数。首先,利用Burg法对残量进行谱分析,确定一个阶数P(Burg法初始阶数确定有很多算法),使得功率谱质量比较好,最佳阶数就应该在它附近。根据NCB方法,求出Burg谱估计的功率谱的累积频谱值,并将它的平均值与理论值进行比较,用K-S判据进行检验,求出Burg谱质量最好的阶数P作为初始正则参数;划定寻找次数,在P附近寻找n次后,其中偏差最小的参数就是最优正则参数λ。最后,以图像恢复为例进行仿真。正如预期一样,将Burg法与K-S检验相结合得到的恢复图像比经典谱估计(如FFT)的图像质量和稳定性要好。

经典谱估计方法由于无法实现功率谱原始定义中的求均值和求极限运算,于是周期图法假定了数据窗以外的数据全为零,而自相关法则假定了延迟窗以外的自相关函数全为零。因此,经典谱估计法存在方差性能较差、分辨率较低的缺点。而现代谱估计有所不同,例如,参数模型法就是把信号当做一随机输入序列与线性系统相互作用,通过建立数学模型来估计输出信号的功率谱,具有概念清楚、描述简单和物理意义明确等优点,成为现代谱估计中最重要、应用最广泛的方法之一。参数模型主要包含了自回归(AR)模型、移动平均模型以及二者相结合的混合模型。其中AR模型由线性方程描述,而另外两个模型则由非线性方程描述。常用的AR参数模型方法包含了自相关法和Burg法。与自相关法不同,Burg法是使序列$x(n)$的前后向预测误差功率之和最小:

$$\rho_p^{fb} = \frac{1}{N-P} \sum_{n=p}^{N-1} \{ |e_p^f(n)|^2 + |e_p^b(n)|^2 \} \tag{13.17}$$

其中,N是采样数;P是阶数;$e_p^f(n)$是前向误差;$e_p^b(n)$是后向误差。利用Burg法求解AR模型参数的基本步骤是:

第一步：由初始条件 $e_0^f = x(n)$ 和 $e_0^b(n) = x(n)$，根据公式

$$k_m = -2 \frac{\sum_{n=m}^{N-1} e_{m-1}^f(n) e_{m-1}^b(n-1)}{\sum_{n=m}^{N-1} (|e_{m-1}^f(n)|^2 + |e_{m-1}^b(n-1)|^2)} \tag{13.18}$$

求出反射系数 k_1。

第二步：根据序列 $x(n)$ 的自相关函数

$$r_x(0) = \frac{1}{N} \sum_{n=0}^{N-1} |x(n)|^2 \tag{13.19}$$

求出阶数 $m = 1$ 时的 AR 模型参数 $a_1(1) = k_1$ 与前后向预测误差之和

$$\rho_1^{fb} = (1 - k_1^2) r_x(0) \tag{13.20}$$

第三步：由公式

$$e_m^f(n) = e_{m-1}^f(n) + k_m e_{m-1}^b(n-1) \tag{13.21}$$

$$e_m^b(n) = k_m e_{m-1}^f(n) + e_{m-1}^b(n-1) \tag{13.22}$$

求出前向预测误差 $e_1^f(n)$ 与后向预测误差 $e_1^b(n)$，然后，由式(13.18)求出反射系数 k_2。

第四步：由 Levinsion 递推关系

$$a_m(k) = a_{m-1}(k) + k_m a_{m-1}(m-k) \tag{13.23}$$

$$a_m(m) = k_m \tag{13.24}$$

$$\rho_m^{fb} = (1 - k_m^2) \rho_{m-1}^{fb} \tag{13.25}$$

求出阶数 $m = 2$ 的 AR 模型参数 $a_2(1)$ 和 $a_2(2)$ 以及 ρ_2^{fb}。

第五步：重复上述过程，直到阶数 $m = P$。这样，就求出了所有的 P 阶模型参数。

Burg 法的递推过程是建立在数据序列基础上的，避开了序列的自相关函数估计，与自相关法相比，具有较好的分辨率。

我们对如下两个噪声污染的余弦信号进行仿真：

$$x(n) = \cos 2\pi f_1 n + \cos 2\pi f_2 n + u(n), \quad n = 1, 2, \cdots, 1000 \tag{13.26}$$

其中，$f_1 = 0.2$，$f_2 = 0.3$ 是两个归一化频率；$u(n)$ 为零均值、方差为 1 的白噪声。根据式(13.17)和式(13.18)，按上述步骤进行计算，结果表明，当 $P = 50$ 时，在归一化频率 $f_1 = 0.2$，$f_2 = 0.3$ 附近出现了两个尖锐的峰，如图 13.3 所示，Burg 谱比经典谱分辨率要好。但是，当阶数太小时或太大时功率谱出现谱退化和谱分裂。例如，当 $P = 5$ 时，Burg 法的功率谱很平坦；当 $P = 100$ 时，$f = 0.3$ 这条线变得尖锐，但虚假峰开始出现，且 $f = 0.2$ 的谱线出现分裂。可以定性估计，最佳阶数应当在 $P = 50$ 附近。

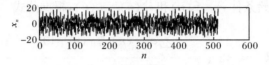

（a）加噪信号

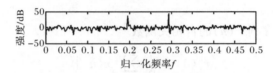

（b）经典周期图功率谱

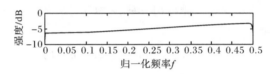

（c）$P=5$ 时的 Burg 功率谱

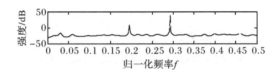

（d）$P=50$ 时的 Burg 功率谱

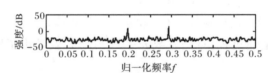

（e）$P=100$ 时的 Burg 功率谱

图 13.3　不同情况下的功率谱比较

13.5　求正则参数的归一化累积频谱 Burg 法

很多病态问题包括图像恢复问题可以用如下方程来描述：

$$b=Ax+e \tag{13.27}$$

其中，b、x、e 分别为降质图像、原图像和噪声。

Tikhonov 正则化就是使表达式 $\|Ax-b\|_2^2+\lambda^2\|x\|_2^2$ 的值最小，即

$$\min\{\|Ax-b\|_2^2+\lambda^2\|x\|_2^2\} \tag{13.28}$$

矩阵 A 的 SVD 奇异值分解

$$A = U\Sigma V^{\mathrm{T}} = \sum_{i=1}^{n} u_i \sigma_i v_i^{\mathrm{T}} \tag{13.29}$$

其中，$U \in \mathbf{R}^{m \times m}$，$\Sigma \in \mathbf{R}^{m \times n}$，$V \in \mathbf{R}^{n \times n}$。它的残量 r_λ 可用 SVD 分解项表示如下：

$$r_\lambda = U(I - \Psi_\lambda)U^{\mathrm{T}}b \tag{13.30}$$

K-S 检验是非参数检验。这个检验要求差值 $N(\lambda) = \| \omega_i - c(r_\lambda) \|$ 落在 K-S 范围内，并使这个差值偏离理论值最小。其中，λ 是正则参数，$\omega_i = i/d, d = q - 1$，$i = 1, \cdots, q, q$ 是一维信号 x 的长度，r_λ 为噪声残量，$c(x)_k = \dfrac{\| p_k(2:k+1) \|_1}{\| p_k(2:q) \|_1}, k = 1, \cdots, q - 1, p_k = \| \mathrm{burg}(x)_k \|^2, k = 1, \cdots, q$。正则参数 λ 的 K-S 检验的 MATLAB 计算表达式如下：

$$\lambda = \min\left(W - \mathrm{norm}\left(\frac{\mathrm{cumsum}(\mathrm{abs}(\mathrm{burg}(r_\lambda, P))^2)}{(\mathrm{sum}(\mathrm{abs}(\mathrm{burg}(r_\lambda, P))^2))}\right)\right) \tag{13.31}$$

其中

$$W = (1:q)'/q \tag{13.32}$$

cumsum 为累积频谱；burg 为 Burg 法；sum 为求和；norm 为求范数；min 为取最小值；r_λ 为噪声残量；q 是样本数；P 是 Burg 谱的阶数，且 $q/3 \leqslant P \leqslant q/2$。对于一维向量，$q = n - 1, n$ 是一维向量的长度；对于二维向量，$q = m - 1, m$ 是 $m \times n$ 矩阵的行数，n 是列数，且 $1 \leqslant k \leqslant n$。

正则化结果

$$x_\lambda = V\Psi_\lambda \Sigma^+ U^{\mathrm{T}}b \tag{13.33}$$

由式(13.31)求出的正则参数 λ 就是 Tikhonov 最优正则化参数，而相应的维数就是截断奇异值分解(TSVD)的最优正则化参数。对式(13.31)进行全程跟踪，差值最小的参数就是最佳正则参数，如图 13.4 所示。

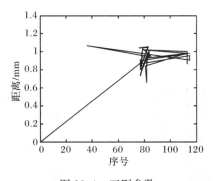

图 13.4　正则参数

图 13.4 对式(13.31)进行全程跟踪，最小值对应最佳正则参数。非齐次

Helmhotz 方程的解可用第一类 Fredholm 积分方程来表示,而离散的第一类 Fredholm 问题就是一个典型的病态问题,图像恢复也不例外。下面以图像恢复为例进行讨论。病态方程的求解可以表述为式(13.21)。

如果矩阵 A 是非奇异的,可以得到精确的数值解

$$x = x^{exact} = A^{-1} b^{exact} \tag{13.34}$$

注意到图像处理的数学问题是一个卷积型方程,图像处理的正问题就是解卷积问题,而图像恢复问题则是盲解卷积的逆问题。由于图像恢复问题的卷积核 A 通常是点扩散矩阵,因此,图像恢复问题本质上也是如何利用正则化方法来求解的病态问题。注意到 NCP 方法的基本思想是选取最佳的正则参数 λ 使残差最接近白噪声。换句话说,寻找病态问题正则解的过程就是不断从残差中去掉信号的过程,当残差中的信号分量一个个被去掉的时候,剩下的残差就越来越接近白噪声,最接近白噪声的正则参数就是要选择的最佳正则参数。具体做法是首先用经验或者 AIC 等算法确定一个阶数 P,可得到相应噪声残量 r_λ 的 Burg 功率谱,然后将 r_λ 的归一化累积频谱值和"理论值"(或平均值)进行比较,要求二者的差值 $N(\lambda) = \| v_i - c(r_\lambda) \|_1$ 落在 K-S 范围内,并使这个差值偏离理论值最小。我们选择如下一组参数进行仿真。

假设信噪比为 SNR=0.03,信号为 $f = 0.03 \times randn(m) + b$,其中 $b = 2, m$ 为随机数。我们对随机数 $m = 1, 2, \cdots, 10$ 进行了计算,并将它们进行了比较。结果表明,图像质量与随机数的选择关系不大,说明图像比较稳定,也表明用 Burg 法得到的图像质量比经典谱分析法(FFT)要好。图 13.5 给出了 $m = 5$、像素为 256×256 的恢复图像:(a)图为原图像,(b)图为噪声污染图像,(c)图为用 NCB 法恢复的图像,(d)图为用 NCP 法恢复的图像。注意到利用 Burg 法进行谱分析时,如果阶数 P 选择过小,Burg 谱比较平坦,信号被噪声掩盖;阶数 P 选择过大,虚假峰会出现,功率谱质量退化。可以断定一定存在某个阶数 P,使得功率谱的质量最好,而 Burg 谱的这个阶数 P 就可作为初始正则参数 λ。调整 P 值大小,可获得不同质量的噪声残量归一化累积功率谱,再利用 K-S 判据进行检验就可给出最佳正则参数 λ。

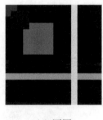

(a) 原图

(b) 噪声数据

 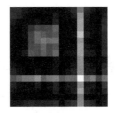

　　(c) NCB 法恢复的图像　　　　　　　　　(d) NCP 法恢复的图像

图 13.5　$m=5$ 时的恢复图像

参 考 文 献

[1] Hansen P C. Analisis of discrete ill-posed problem by means of the L-carve. SIAM Review, 1992,34(4):561—580.

[2] Hansen P C,Kilmer M E,Kjeldsen R H. Exploiting residual information in the parameter choise for discrete ill-posed problems. BIT Numerical Mathematics,2006,46:41—59.

[3] 刘超. 超声层析成像的理论与实现[博士学位论文]. 杭州:浙江大学,2004.

[4] Tikhonov A N,Arsenin V Y. Solution of Ill-posed Problem. Washington D. C. :Winston, 1977.

[5] 罗晓华. 现代谱估计与 K-S 检验相结合的正则参数选择. 东莞理工学院学报,2010,17(5): 54—58.

[6] 罗晓华. Burg 谱的阶数依赖性与最佳正则化参数的选择. 东莞理工学院学报,2010,17(3): 51—54.

第 14 章　NCB 正则化 Lanczos 超声反卷积大规模逆成像

Lanczos 混合法（Lanczos-hybrid）是求解大规模逆问题的一个有效方法，Lanczos 方法可将解严格限制在 Krylov 子空间，但是 Lanczos 方法的半收敛性是一个难题，为了确保算法的有效性、稳定性和精确度，Lanczos 方法混合法应用一个正则参数选择法解决了这个问题。2006 年，Hansen 为了求解第一类 F 问题而提出的基于噪声残量的正则化参数选取方法 NCP[1]，经改进我们得到一个新的算法 NCB，即利用 Burg 功率谱代替 NCP 中的经典周期图法[2]，能较好地克服 Lanczos 半收敛性，降低结果对迭代参数的敏感性，经反演超声射频（RF）信号进行成像，该方法能够稳定、准确地得到大规模反卷积病态问题的解。

反卷积技术常用于求解信号复原和系统辨识问题，在很多学科包括电子学、光学、光谱学以及能谱学等都有着广泛的研究和应用[3~8]。注意到观测和记录的实际信号通常是一些离散的时间采样数值序列，人们借助信号处理技术，先后提出了几种数值反卷积算法，如反演法、迭代法、直接求解法、傅里叶变换法、Z 变换法等。但是，它们都存在自身的不足。一方面，由于问题本身和计算的复杂性，这些方法本身还不够自洽，例如，为了避免计算机溢出和出现边界效应，还需对输入序列进行重组、零元填充，对结果进行延迟修正、滤波等，要求有较丰富的个人经验；另一方面，由于问题本身是严重病态的，当信号存在噪声（误差）污染时，操作比较繁琐，反卷积效果不理想。而超声波的 RF 信号正是噪声很强的非周期信号，其时间信息也正是最受关注的物理信息之一。本章设计了一种新的反卷积方法，即 Lanczos-NCB 混合法，并将其用于信号复原。结果表明，在正则参数选取的平均错误率和错误次数上要优于 GCV，更适用于时间幅度连续信号处理。该方法不需因输入序列首元为零或很小而重组，结果直观，不需要延迟修正，实现和使用方便。

14.1　超声解卷面临的问题

解卷问题是数字信号处理的一个基本问题。结合超声图像来说，由于图像是二维信号，理论上应该采用二维解卷算法。但是这样做的计算量很大。因此，一般是分别考虑纵向（沿声束方向）解卷和横向（垂直于声束方向）解卷，而后者比前

者更关键。因为纵向分辨率主要决定于发射脉冲的宽度,容易人为控制;横向分辨率主要决定于声速宽度,难以作得很窄。在超声成像仪器中横向分辨率总是比纵向分辨率差。虽然,在原理上,二者并无本质区别,但前者是沿声束方向的时域解卷,可以在回波数据存入图像存储器之前进行;后者则主要是对回波数据的空间解卷,必须在存入整幅图像后才能操作,而且需要有关于声速剖面强度分布的先验知识。另一个值得注意的问题是,不少文献都是针对检波后的幅度包络进行解卷;只有少数工作是直接对射频回波进行的。但理论与实践都证明,对包络信号解卷只在声场中存在单一目标时才可行。在多目标情况下,由于检波是一种高度非线性处理,各目标回波的相位干涉使得合成回波的包络信号不再是各目标回波包络信号的线性叠加。因此,对包络信号进行解卷是有条件的。看起来,它虽然也能提高分辨率,但成像的相对位置将发生变化。再注意到直接对 RF 信号进行反卷积时,如果采用最小二乘法(LSQR)对双对角矩阵求最小二乘问题 $\min \| Ax-b \|_2$,在没有正则化的情况下,Lanczos 存在半收敛性问题;鉴于结果对参数的敏感性,且可能不收敛,本书设计了 Lanczos-NCB 混合法。

14.2　Lanczos-NCB 混合法解卷

14.2.1　卷积问题的离散化

对一个冲击响应函数为 $h(t)$ 的线性时不变因果系统,输入信号函数 $x(t)$ 与输出信号函数 $y(t)$ 之间的关系可用卷积表示为

$$y(t) = x(t) * h(t) = \int_0^t x(\tau)h(t-\tau)\mathrm{d}\tau \tag{14.1}$$

对 $h(t)$、$x(t)$、$y(t)$ 进行周期为 $\Delta\tau$ 的采样,可得到这个系统的输出序列 $y(n)$ 与输入序列 $x(n)$ 和冲击响应序列 $h(n)$ 的卷积关系:

$$y(n) = y(n\Delta\tau) \tag{14.2}$$

$$x(n) = x((n-1/2)\Delta\tau) \tag{14.3}$$

$$h(n) = \int_{(n-1)\Delta\tau}^{n\Delta\tau} h((n-1/2)\Delta\tau)\mathrm{d}\tau = h((n-1/2)\Delta\tau)\Delta\tau \tag{14.4}$$

将式(14.1)离散化,可得到离散化卷积关系:

$$y(n) = x(n) * h(n) = \sum_{k=1}^{n} x(k)h(n-k+1), \quad n = 1,\cdots,N \tag{14.5}$$

其中,$F_s = 1/\Delta\tau$ 是采样频率。理论上 $\Delta\tau$ 越小越好,但通常会受到仪器或工作条件的限制。式(14.5)可用矩阵形式表示为

$$Y = HX$$

即

$$\boldsymbol{y}(n) = \begin{bmatrix} y_1 \\ y_2 \\ y_3 \\ y_4 \\ \vdots \\ y_n \end{bmatrix} = \begin{bmatrix} h_1 & 0 & 0 & 0 & \cdots & 0 \\ h_2 & h_1 & 0 & 0 & \cdots & 0 \\ h_3 & h_2 & h_1 & 0 & \cdots & 0 \\ h_4 & h_3 & h_2 & h_1 & \cdots & 0 \\ \vdots & \vdots & \vdots & \vdots & & \vdots \\ h_n & h_{n-1} & h_{n-2} & h_{n-3} & \cdots & h_1 \end{bmatrix} \times \begin{bmatrix} x_1 \\ x_2 \\ x_3 \\ x_4 \\ \vdots \\ x_n \end{bmatrix} \tag{14.6}$$

上述问题的逆命题就是反卷积问题。对实际物理问题,方程(14.6)是一个病态方程。当系数矩阵和常向量有微小变化时,结果的误差将被放大,表现出不稳定性。考虑到 RF 信号采样数据很大,可用 Lanczos 混合法进行处理。但因向量 $\boldsymbol{Y}$ 的行数与矩阵 $\boldsymbol{H}$ 的行数相等,方程不是超定的。所以,我们将首先对原采样超声 RF 信号序列进行 d 倍采样插值,而后再进行抽样来做超定处理[6]:

$$\boldsymbol{y}(n) = \begin{bmatrix} y_1 \\ y_2 \\ y_3 \\ y_4 \\ \vdots \\ y_n \end{bmatrix} = \begin{bmatrix} h_1 & 0 & 0 & 0 & \cdots & 0 \\ h_2 & h_1 & 0 & 0 & \cdots & 0 \\ h_3 & h_2 & h_1 & 0 & \cdots & 0 \\ h_4 & h_3 & h_2 & h_1 & \cdots & 0 \\ \vdots & \vdots & \vdots & \vdots & & \vdots \\ h_n & h_{n-1} & h_{n-2} & h_{n-3} & \cdots & h_1 \\ \vdots & \vdots & \vdots & \vdots & & \vdots \\ h_{d1} & 0 & 0 & 0 & \cdots & 0 \\ h_{d2} & h_{d1} & 0 & 0 & \cdots & 0 \\ h_{d3} & h_{d2} & h_{d1} & 0 & \cdots & 0 \\ \vdots & \vdots & \vdots & \vdots & & \vdots \\ h_{dn} & h_{d(n-1)} & h_{d(n-2)} & h_{d(n-3)} & \cdots & h_{d1} \end{bmatrix} \times \begin{bmatrix} x_1 \\ x_2 \\ x_3 \\ x_4 \\ \vdots \\ x_n \end{bmatrix} \tag{14.7}$$

注意到,对不同的参数选取方法,得到的正则参数 λ 稳定性是不同的,这就决定了在 Lanczos 方法中,可能存在能否有效地、稳定地解决 Lanczos 双对角化(LBD)的半收敛问题;又注意到,即使传统的 Lanczos 混合法可以避免这些问题,其稳定性和精度也与正则参数的选取方式有关[7,8]。对大规模超声 RF 信号超精度恢复时,如果矩阵 $\boldsymbol{A}$ 的规模太大且系统是病态时,对它进行奇异值分解(SVD)的成本也太大。NCP 方法是正则参数选取方法的一种,在正则参数选取中 NCP 法是一个决定正则参数的有效方法,稳定性比广义交叉验证法(GCV)要好。本章在传统的 NCP 基础上,采用现代谱估计中的 Burg 法代替 NCP 中的经典周期图法,即 NCB 法,对功率谱质量做了进一步改进,功率谱质量提高的同时稳定性也相应提高。注意到 Lanczos 法是投影法,它是将大规模矩阵投影到较小的子空间进行处理,有效地回避了大尺度问题。但是,即使在小尺度空间进行奇异值分解,也必须找到稳定而有效的正则参数选取方法。下面就对 Lanczos 混合法做简要描述。

14.2.2　Lanczos 混合法求解大规模逆问题

首先,将式 $Y=HX+n$ 改写成 $b=Ax+e$ 的形式,其中输出序列 $y(n)$ 是输入序列 $x(n)$ 和冲击响应序列 $h(n)$ 的卷积。LBD 的迭代分解可表示为矩阵 $A \in \mathbf{R}^{m \times n}$,不失一般性,设 $m > n$。假设存在正交矩阵 $U \in \mathbf{R}^{m \times m}$ 和 $V \in \mathbf{R}^{n \times n}$,使得 $U^{\mathrm{T}}AV=B$ 为双对角矩阵,其中 U 和 V 是正交矩阵,B 是下双对角矩阵。LBD 的第 k 次迭代给出了矩阵 U 和 V 的第 k 列和矩阵 A 的第 $k+1$ 列。对于 $k=1,\cdots,n$ 次迭代,可得到一个 $m \times (k+1)$ 维的矩阵 U_k、一个 $n \times k$ 维的矩阵 V_k、一个 $n \times 1$ 维的向量 y_{k+1} 和一个 $(k+1) \times k$ 维的双对角矩阵 B_k。迭代过程如下:

$$A^{\mathrm{T}} U_k = V_k B_k^{\mathrm{T}} + \alpha_{k+1} y_{k+1} e_{k+1}^{\mathrm{T}} \tag{14.8}$$

$$A V_k = U_k B_k \tag{14.9}$$

其中,e_{k+1} 表示 $k+1$ 维单位矩阵的最后一列;α_{k+1} 是矩阵 B_{k+1} 的第 $k+1$ 个对角矩阵元,矩阵 U_k 和 V_k 列正交,而 U_k 的第一列是 $b/\|b\|$。最小二乘由下式给出:

$$\min_{x} \| b - Ax \|_2$$

投影的最小二乘 LS 问题的解可表示为

$$\min_{x \in R(Y_k)} \| b - Ax \|_2 = \min_{f} \| U_k^{\mathrm{T}} b - B_k f \|_2 = \min_{f} \| \beta e_1 - B_k f \|_2$$

其中,$\beta = \| b \|$,近似解是 $x_k = V_k f$。LBD 每一次迭代的最小二乘解中都包含一个双对角矩阵 B_k。如果问题是良态的,在用 LSQR 计算矩阵 U_k、V_k 和 B_k 时,可有效地计算和更新几个矩阵和向量,LBD 的缺陷还不会显现。但是,如果问题是病态的情况就不同了。在 LBD 的迭代中再使用 LSQR 将会出现迭代不收敛。如果原问题是病态的,计算出的 B_k 可能变得更加病态。因此,在计算下式时:

$$f_\lambda = \beta B_{k,\lambda}^+ e_1 \tag{14.10}$$

必须使用有效的正则化方法。注意到 B_k 的维数比 A 小得多,我们使用了基于 SVD 的过滤方式去计算 f_λ。这种方法的特点是在每次迭代中都寻找一次正则参数 λ。Bjorck 提出用截断奇异值分解(TSVD),再借助 GCV 选取正则参数来解决这个问题,O'Leary 和 Simmons 指出可用 Tikhonov 正则化方法解决这个问题。本章设计了一种正则化方法,将 TSVD 方法或 Tikhonov 方法与 NCP 和 NCB 方法相结合来选取正则参数。下面就 NCP 方法和 NCB 方法做简要说明。

14.2.3　正则 NCB 方法

注意到很多病态问题(包括图像恢复问题)均可用如下方程来描写:

$$b = Ax + e \tag{14.11}$$

其中,b、x、e 分别为降质图像、原图像和噪声。Tikhonov 正则化就是求下面表达式的最小值:

$$\min\{\parallel Ax-b \parallel_2^2 + \lambda^2 \parallel x \parallel_2^2\} \tag{14.12}$$

矩阵 A 的 SVD 为

$$A = U\Sigma V^{\mathrm{T}} = \sum_{i=1}^{n} u_i \sigma_i v_i^{\mathrm{T}} \tag{14.13}$$

其中,$U \in \mathbf{R}^{m \times m}$,$\Sigma \in \mathbf{R}^{m \times n}$,$V \in \mathbf{R}^{n \times n}$,它的残量 r_λ 可用 SVD 项表示为

$$r_\lambda = U(I - \Psi_\lambda)U^{\mathrm{T}}b \tag{14.14}$$

14.3　算法实现与模拟

下面给出 Lanczos 采用 NCB 正则参数选择法在不插值、插值情况下与 B 模式超声波成像的效果对比。

仿真平台是丹麦理工大学快速超声成像(FUI)实验室提供的 Field Ⅱ 仿真平台。根据 Field Ⅱ,我们将仿真参数设置为:超声波的中心采样频率 f_c = 100MHz,声速 c=1540m/s,采样数 50,用 MATLAB 编制了相应的计算程序。结果表明,对于加性噪声,本章设计的 Lanczos-NCB 方法,反卷积算法总是有解存在,并具有较强的误差抑制作用。可见,Lanczos-NCB 混合法能够较好地解决反卷积病态问题,并可获得比其他算法更稳定、更准确的结果,如图 14.1 所示。图 14.1(a)给出了不插值 NCB 反卷积成像,图 14.1(b)给出了 Lanczos-NCB 反卷积一次插值成像,而图 14.1(c)给出了 Field Ⅱ 的 B 模式成像。从图 14.1 可以看出,对于加性噪声,Lanczos-NCB 一次插值成像比 B 模式效果好。但是,对于斑点(speckle),二者都显得无能为力,因为斑点属于乘性噪声,需采用其他方法解决。

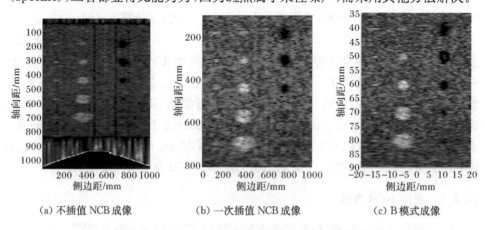

(a) 不插值 NCB 成像　　(b) 一次插值 NCB 成像　　(c) B 模式成像

图 14.1　Lanczos-NCB 反卷积成像与 B 模式成像的比较

　　正则参数选取的稳定性是解决 LBD 迭代问题的关键。本章将 NCB 法和 GCV 法分别就 baart、shaw、wing 等病态问题做了比较,结果表明,在正则参数选取的平均错误率和错误次数上 NCB 法要优于 GCV 法,更适用于时间幅度连续信号处理。该方法不需因输入序列首元为零或很小而重组,结果直观,不需要延迟修正,且实现和使用也很方便。通过 MATLAB 实现和模拟,表明这种反卷积算法有较强的误差抑制作用,能较好地解决反卷积病态问题。

参 考 文 献

[1] Hansen P C,Kilmer M E,Kjeldsen R H. Exploiting residual information in the parameter choise for discrete ill-posed problems. BIT Numerical Mathematics,2006,46:41—59.

[2] 罗晓华. Burg 谱的阶数依赖性与最佳正则化参数的选择. 东莞理工学院学报,2010,17(3): 51—54.

[3] Elliott D F,Rao K R. Fast Fourier Transforms:Algorithms, Analyses, Applications. New York:Academic Press,1982:321—330.

[4] Bennia A,Riad S M. An optimization technique for iterative of frequency domain deconvolution. IEEE Trans. Instrum. Meas. ,1990,39(4):358—362.

[5] Dhaene T,Martens L. Extended benniariad criterion for iterative frequency domain deconvolution. IEEE Trans. Instrum. Meas. ,1994,42(2):176—180.

[6] 刘明亮,蔡永泉,饶敏,等. 用卷积运算实现反卷积. 电子学报,2000,28(5):111—112.

[7] Li R C. Sharpness in rates of convergence for the symmetric Lanczos method. Math. Comp. , 2010,79:419—453.

[8] Mojiabi M,LoVetri J. Adapting the normalized cumulative periodogram parameter-choice method to the Tikhonov regularization of 2-D/TM electromagnetic inverse scattering using Born iterative method. Progress in Electromagnetics Research M,2008,1:111—138.

第 15 章　基于光流的超声心动图
心肌运动与变形分析

近年来,超声医学是声学、医学和电子工程技术相结合的一门新兴学科,在现代临床医学中占有重要地位。超声检查以其无损伤、无痛苦、无辐射、实时、快捷、方便等特点在临床诊断中占有举足轻重的地位。在最近的十几年里,有关超声成像技术的研究在医学成像领域至少占 25% 以上的份额。超声波图像散斑运动和视频计算已成为计算机视觉领域里一个新的研究热点。

本章利用鲁棒性光流法分析了超声心动图的心肌运动与变形。本章提出一种改进的鲁棒性光流法。鲁棒性光流法是一种基于 Horn-Schunck 全局罚函数的中值过滤高阶光流估计方法,是一种基于多分辨率的光流场方法。为了能很好地消除阶梯效应,在全变差的计算中加入高阶项,将中值公式应用于图像扩散模型,有效地提高了计算效率,增加了算法的鲁棒性。在图像像素位移较大的情况,在心肌声学造影(MCE)的定量分析中取得了很好的实验结果。利用这种方法研究了超声心动图的心肌运动与变形问题。超声散斑的运动实际上代表了组织内各体元的运动,通过散斑追踪(speckle tracking),就可以对组织内各点的运动情况做出估计。

超声散斑的运动实际上代表了组织内各体元的运动,为了快速准确跟踪估计散斑的位移,必须通过全局运动估计,才可获得帧间的像素相关性,全局运动估计是散斑位移运动信息分析的基础。有了散斑的准确位移估计,才能对心室的扭转力矩进行无创性测量和 MCE 图像定量分析之前心肌 ROI 区域的帧间校准问,精确的散斑位移估计对计算扭转力矩定量评价心室收缩功能的重要指标,临床研究证实扭转力矩是一个比射血分数更为敏感、可早期反映心肌纤维收缩功能变化的定量指标,对其准确测量具有重要的生理及病理意义。

对于散斑普遍存在着两种不同的观点:一种观点认为它是一种斑点噪声,斑点噪声影响了图像的清晰度与质量,人们提出同态维纳滤波、自适应中值滤波、基于局部统计特征的低通滤波、各向异性扩散滤波、非线性小波变换等各种医学超声图像降噪方法来平滑这种斑点,我们提出的全变差方式就是一种全局光流噪声抑制的一种平滑方法。随着人们对于客观事物认识的变化,出现了另外一种观点,认为散斑也并非是完全有害的现象,而是一种结构性的信号,散斑模式反映了组织局部特性。因为散斑模式与组织的微观结构密切相关。从 20 世纪 90 年代初期开始,国外很多研究机构将散斑跟踪技术普遍应用于组织运动估计、血流速度计算及应力应变率计算等领域。这两种观点从不同的角度提出,尽管差异很大,但其目的是一致的,即为了更好地进行病灶识别、定位、诊断与治疗。本章针对传统基于 Horn-Schunck 光流方程所存在的问题,提出了一种新的光流计算方法,来提高光流计算的精度和鲁棒性:

(1) 提出了改进的鲁棒性光流法——基于全局的罚函数中值过滤高阶光流估计;

(2) 应用中值公式计算离散化的改进的鲁棒性光流法,提高了计算速度;

(3) 为了消除"梯度"现象引入了光滑项(高阶项),并且在超声心动图分析处理问题上得到了应用,对光流计算中已有问题的解决有较大理论价值和实际应用价值;

(4) 采用 ρ 函数解决遇到的异常值问题。

需要注意的是引入平滑项消除"梯度"的方式在前面章节已经介绍。

通过上面的对经典的 Horn-Schunck 光流场计算的改进后,增加了算法的鲁棒性和精确性,在图像像素位移较大的情况,其在 MCE 的定量分析中取得了很好的实验结果。实验结果表明该方法实现了对心室斑点准确性位移估计和无创性测量,具有良好的临床应用前景。

15.1　光流的基本概念

15.1.1　光流

计算机视觉中运动分析是一个重要的研究方向,可分为四种情况:摄像机与物体均静止,此时图像中亮度变化由光照改变引起;摄像机静止,物体运动,这是研究较多的一种情况;摄像机运动,物体静止;摄像机运动,物体也运动,这是最为复杂的一种情况,对其研究富有挑战性。早期的运动分析技术多基于背景减法或帧差法来研究静止背景中的物体运动,而对于摄像机运动的情况,则需要借助光流来进行分析。一个运动物体在空间产生一个三维的速度场,运动前后空间对应点在图像上的投影形成一个二维运动场,空间一特定点和它的图像对应点满足针孔模型的投影方程。光流场是指图像亮度模式的表面运动,其概念最早由心理学家 Gibson 于 1950 年提出在理想情况下,光流场和运动场互相吻合,但实际上并非如此。考虑一个均匀球在恒定光源照射下在摄像机前旋转,此时运动场不为零,但由于球是均匀的,图像中观察不到亮度随时间的变化,因此光流场处处为零。再考虑球不动而光源移动的情况,此时运动场为零,而图像中可观察到亮度随时间的变化,因此光流场不为零。这是两种极端的情况,说明运动场和光流场并不都是一样的,计算所能得到的是图像亮度随时间的变化,即光流场。通常情况下,希望运动场和光流场的差异不大,研究光流场的目的就是为了从图像序列中近似计算不易直接得到的运动场。

15.1.2　运动场与光流

给图像中的每一像素点赋予一个速度向量,就形成了图像运动场(motion field)。在运动的一个特定时刻,图像上某一点 p_i 对应三维物体上某一点 P_0,这种对应关系可以由投影方程得到。在透视投影情况下,图像上一点与物体上对应一点的连线经过光学中心,该连线称为图像点连线(point ray),如图 15.1 所示。

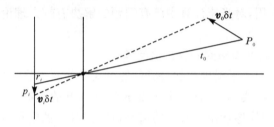

图 15.1　三维物体上一点运动的二维投影

设物体上一点 P_0 相对于摄像机具有速度 v_0,从而在图像平面上对应的投影点 p_i 具有速度 v_i。在时间间隔 δt 时,点 P_0 运动了 $v_0\delta t$,图像点 p_i 运动了 $v_i\delta t$。速度可由下式表示:

$$v_0 = \frac{\mathrm{d}r_0}{\mathrm{d}t}, \quad v_i = \frac{\mathrm{d}r_i}{\mathrm{d}t} \tag{15.1}$$

其中,r_0 和 r_i 之间的关系为

$$\frac{1}{f'}r_i = \frac{1}{r_0 \cdot \hat{z}}r_0 \tag{15.2}$$

其中,f' 表示图像平面到光学中心的距离,$\hat{z}$ 表示 z 轴的单位矢量。式(15.2)只是用来说明三维物体运动与在图像平面投影之间的关系,但我们关心的是图像亮度的变化,以便从中得到关于场景的信息。

当物体运动时,在图像上对应物体的亮度模式也在运动。光流(optical flow)是指图像亮度模式的表观(或视在)运动(apparent motion)。使用“表观运动”这个概念的主要原因是光流无法由运动图像的局部信息唯一地确定,例如,亮度比较均匀的区域或亮度等值线上的点都无法唯一地确定其点的运动对应性,但运动是可以观察到的。与光流同义的另一个常用术语是图像流(image flow)。

在理想情况下,光流对应于运动场,但这一命题不总是对的。图 15.2 所示的是一个非常均匀的球体,由于球体表面是曲面,因此在某一光源照射下,亮度呈现

一定的空间分布或叫明暗模式。当球体在摄像机前面绕中心轴旋转时,明暗模式并不随着表面运动,所以图像也没有变化,此时光流在任意地方都等于零,然而,运动场却不等于零。如果球体不动,而光源运动,明暗模式运动将随着光源运动。此时光流不等于零,但运动场为零,因为物体没有运动。一般情况下可以认为光流与运动场没有太大的区别,因此允许我们根据图像运动来估计相对运动。

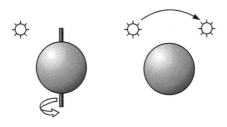

图 15.2　光流与运动场差别示意图

15.1.3　光流的梯度约束方程

设 $I(x,y,t)$ 是图像点 (x,y) 在时刻 t 的照度,如果 $u(x,y)$ 和 $v(x,y)$ 是该点光流的 x 和 y 分量,假定点在 $t+\delta t$ 时运动到 $(x+\delta x,y+\delta y)$ 时,照度保持不变,其中,$\delta x=u\delta t$,$\delta y=v\delta t$,即

$$I(x+u\delta t,y+v\delta t,t+\delta t)=I(x,y,t) \tag{15.3}$$

这一约束还不能唯一地求解 u 和 v,因此还需要其他约束,例如,运动场处处连续等约束。

如果亮度随 x、y、t 光滑变化,则可以将上式的左边用 Taylor 级数展开:

$$I(x,y,t)+\delta x\frac{\partial I}{\partial x}+\delta y\frac{\partial I}{\partial y}+\delta t\frac{\partial I}{\partial t}+e=I(x,y,t) \tag{15.4}$$

其中,e 是关于 δx、δy、δt 的二阶和二阶以上的项。式(15.4)两边的 $I(x,y,t)$ 相互抵消,两边除以 δt,并取极限 $\delta t \to 0$,得到

$$\frac{\partial I}{\partial x}\frac{\mathrm{d}x}{\mathrm{d}t}+\frac{\partial I}{\partial y}\frac{\mathrm{d}y}{\mathrm{d}t}+\frac{\partial I}{\partial t}=0 \tag{15.5}$$

式(15.5)实际上是下式的展开式:

$$\frac{\mathrm{d}I}{\mathrm{d}t}=0$$

设

$$I_x=\frac{\partial I}{\partial x},\quad I_y=\frac{\partial I}{\partial y},\quad I_t=\frac{\partial I}{\partial t}$$

$$u=\frac{\mathrm{d}x}{\mathrm{d}t},\quad v=\frac{\mathrm{d}y}{\mathrm{d}t}$$

则由式(14.17)得到空间和时间梯度与速度分量之间的关系：

$$I_x u + I_y v + I_t = 0 \tag{15.6}$$

或

$$\nabla I \cdot v + I_t = 0 \tag{15.7}$$

上述方程称为光流约束方程。在上面的方程中，I_x、I_y 和 I_t 可直接从图像中计算出来。

　　实际上，上述光流约束方程产生的是恒值亮度轮廓图像运动的法向分量 $v_n = sn$，其中 n 和 s 分别是法向运动分量的方向和大小：

$$n = \frac{\nabla I}{\| \nabla I \|}, \quad s = \frac{-I_t}{\| \nabla I \|}$$

15.1.4　孔径问题

　　基本光流中有两个未知数 u 和 v，但只有一个方程，因此，只使用一个点上的信息是不能确定光流的。人们将这种不确定问题称为孔径问题（aperture problem）。

$$\nabla I(x,t) v^T + I_t(x,t) = 0 \tag{15.8}$$

　　由式(15.8)的光流梯度约束方程给出了光流求解的一个约束，但仅有一个方程是无法求解两个未知数 u 和 v 的，这使得光流求解问题成为一个不适定问题，称为"孔径问题"。

　　式(15.8)可以看成是向量 $[f_x, f_y]^T$ 和 $[u,v]^T$ 点积，即

$$[f_x, f_y] \cdot [u,v]^T = -f_t \tag{15.9}$$

沿梯度方向的光流大小为 $f_t / \sqrt{f_x^2 + f_y^2}$，则光流梯度约束方程可以看成是速度平面上的一条直线，可以看出，基本方程确定的只是如图15.3所示的一条约束线，无法定解，为了求得光流分量，必须附加其他的约束条件。

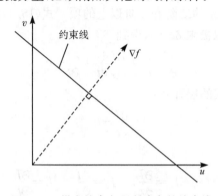

图 15.3　梯度约束方程所确定的约束线

　　各国的研究者均在探索求解该不适定问题的方法,其间出现了许多克服不适定问题的算法,Horn 和 Schunck 使用光流在整个图像上光滑变化的假设来求解光流,即运动场既满足光流约束方程又满足全局平滑性。Lucas 和 Kanade 假设在一个小的空间邻域 Ω 上运动矢量保持恒定,然后使用加权最小二乘方(weighted least-squares)估计光流。Nagel 使用二阶导数(second-order derivatives)来估计光流。光流场计算基本公式的导出过程中,应用了泰勒级数展开,因此这实际隐含着认为灰度变化以及速度场的变化都是连续的。但在实际情况中,图像中的灰度变化以及速度场都可能出现不连续。日本学者 Mukawa 引入一个修正因子对光流场计算基本等式修正,其中修正因子可以有物体的运动和投影模型求出,很好地解决了光流基本等式的不连续问题。

　　从理论上分析,我们仅能沿着梯度方向确定图像点的运动,即法向流(normal flow)。假定物体的运动方向为 r,如图 15.4 所示。如果基于一个局部窗口(即孔径 1)来估计运动,则无法确定图像是沿着边缘方向还是垂直边缘方向运动,其中沿着垂直边缘方向的运动就是法向流。但是,如果我们再来观察孔径 2,就有可能确定正确的运动,这是由于图像在孔径 2 中的两个垂直边缘方向上都有梯度变化。这样,在一个包含有足够灰度变化的像素块上有可能估计图像运动。当然,这里隐含着一个假设,那就是像素块里的所有像素都具有相同的运动矢量。

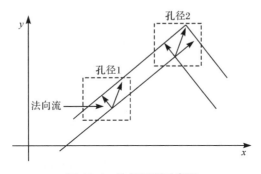

图 15.4　孔径问题示意图

15.2　光　流　法

　　光流的概念是 20 世纪 50 年代由 Gibson 首先提出[1,2],直到 1981 年,才由 Horn 与 Schunck 提出了一种有效的计算方法,该文献第一次将光流从概念变为实用技术,是光流场计算发展史上的里程碑。随后的二十多年里,人们陆续开发了众多的光流计算方法,Balron 在其 1994 年的经典论文里,将这些算法分为四大类,即基于梯度的方法(微分法)、基于区域的方法(匹配法)、基于能量的方法(能量法)和基于相位的方法(相位法),这些方法构成了早期光流计算技术的主体。光流法是运动图像分析的重要方法。

　　由于孔径问题的存在,仅通过光流约束方程而不使用其他信息是无法计算图像平面中某一点处的图像流速度,本节将讨论如何克服孔径问题,并求出图像流的几种方法,包括局部方法和全局方法。

1. 局部法 Lucas-Kanade 方法

　　Lucas 和 Kanade 假设在一个小的空间邻域 Ω 上运动矢量保持恒定,然后使用加权最小二乘方(weighted least-squares)估计光流。在一个小的空间邻域 Ω 上,光流估计误差定义为

$$\sum_{(x,y\in\Omega)} W^2(x)\,(I_x u + I_y v + I_t)^2 \tag{15.10}$$

其中,$W(x)$表示窗口权重函数,它使邻域中心部分对约束产生的影响比外围部分更大。设 $v=(u,v)^T$,$\nabla I(x)=(I_x,I_y)^T$,式(15.10)的解由下式给出:

$$A^T W^2 A v = A^T W^2 b \tag{15.11}$$

其中,在时刻 t 的 n 个点$x_i\in\Omega$,且

$$A=[\nabla I(x_1),\cdots,\nabla I(x_n)]^T$$
$$W=\mathrm{diag}(W(x_1),\cdots,W(x_n))$$
$$b=-(I_t(x_1),\cdots,I_t(x_n))^T$$

　　式(15.11)的解为 $v=(A^T W^2 A)^{-1} A^T W^2 b$,其中当$A^T W^2 A$为非奇异时可得到解析解,因为它是一个 2×2 的矩阵:

$$A^T W^2 A = \begin{bmatrix} \sum W^2(x)I_x^2(x) & \sum W^2(x)I_x(x)I_y(x) \\ \sum W^2(x)I_y(x)I_x(x) & \sum W^2(x)I_y^2(x) \end{bmatrix} \tag{15.12}$$

其中,所有的和都是在邻域 Ω 上的点得到的。

　　式(15.10)和式(15.11)也可认为是从法向速度(normal velocities)$v_n=sn$ 得到的估计 v 的加权最小二乘估计,即(15.10)等于

$$\sum_{x\in\Omega} W^2(x)w^2(x)(v \cdot n(x) - s(x))^2 \tag{15.13}$$

2. 全局法

1) 全局 Nagel 方法

Nagel 使用二阶导。和 Horn-Schunck 法一样,Nagel 也使用了全局平滑约束来建立光流误差测度函数,与 Horn-Schunck 测度函数不同,Nagel 提出的一种面向平滑的约束(oriented-smoothness constraint),并不是强加在亮度梯度变化最剧烈的方向(即边缘方向)上,这样做的目的是为了处理遮挡(occlusion)问题。该方

法的误差测度函数为

$$\iint (I_x u + I_y v + I_t)^2 + \frac{\alpha^2}{\parallel \nabla I \parallel_2^2 + 2\delta} \big[(u_x I_y - u_y I_x)^2 \qquad (15.14)$$
$$+ (v_x I_y - v_y I_x)^2 + \delta (u_x^2 + u_y^2 + v_x^2 + v_y^2) \big] dx dy$$

相对于 v 求式(15.14)的极小化会削弱垂直于梯度方向上的光流变化。建议取 $\delta = 1.0, \alpha = 0.5$。

使用 Gauss-Seidel 迭代,式(15.14)的解可表示为

$$u^{k+1} = \xi(u^k) - \frac{I_x \big[I_x \xi(u^k) + I_y \xi(v^k) + I_t \big]}{I_x^2 + I_y^2 + \alpha^2}$$
$$v^{k+1} = \xi(v^k) - \frac{I_y \big[I_x \xi(u^k) + I_y \xi(v^k) + I_t \big]}{I_x^2 + I_y^2 + \alpha^2} \qquad (15.15)$$

其中,k 表示迭代次数,$\xi(u^k)$ 和 $\xi(v^k)$ 由下式给出:

$$\xi(u^k) = \bar{u}^k - 2 I_x I_y u_{xy} - \boldsymbol{q}^{\mathrm{T}} (\nabla u^k)$$
$$\xi(v^k) = \bar{v}^k - 2 I_x I_y v_{xy} - \boldsymbol{q}^{\mathrm{T}} (\nabla v^k) \qquad (15.16)$$

其中

$$\boldsymbol{q} = \frac{1}{I_x^2 + I_y^2 + 2\sigma} \nabla \boldsymbol{I}^{\mathrm{T}} \left[\begin{bmatrix} I_{yy} & -I_{xy} \\ -I_{xy} & I_{xx} \end{bmatrix} + 2 \begin{bmatrix} I_{xx} & I_{xy} \\ I_{xy} & I_{yy} \end{bmatrix} \boldsymbol{W} \right]$$

u_{xy}^k 和 v_{xy}^k 表示 v^k 的偏导数的估计;$\bar{u}^k$ 和 $\bar{v}^k$ 是 u^k 和 v^k 的局部邻域的平均;$\boldsymbol{W}$ 为加权矩阵:

$$\boldsymbol{W} = (I_x^2 + I_y^2 + 2\sigma)^{-1} \begin{bmatrix} I_y^2 + \sigma & -I_x I_y \\ -I_x I_y & I_x^2 - \sigma \end{bmatrix}$$

在实现中,所有的速度初值都可设为 0。图像序列使用了一个在时空上标准差均为 1.5 像素的高斯核进行滤波预处理。亮度导数使用四点中心差算子计算,在不同的方向上层叠以得到另一个导数(second derivatives)。一阶速度导数用两点中心差核(0.5, 0, −0.5)计算,而二阶导数通过层叠一阶导数计算而得。

2) 全局 Horn-Schunck 方法

Horn 和 Schunck 使用光流在整个图像上光滑变化的假设来求解光流,即运动场既满足光流约束方程又满足全局平滑性。根据光流约束方程,光流误差为

$$e^2(\boldsymbol{x}) = (I_x u + I_y v + I_t)^2 \qquad (15.17)$$

其中,$\boldsymbol{x} = (x, y)^{\mathrm{T}}$。对于光滑变化的光流,其速度分量平方和积分为

$$s^2(\boldsymbol{x}) = \iint \left[\left(\frac{\partial u}{\partial x} \right)^2 + \left(\frac{\partial u}{\partial y} \right)^2 + \left(\frac{\partial v}{\partial x} \right)^2 + \left(\frac{\partial v}{\partial y} \right)^2 \right] dx dy \qquad (15.18)$$

将光滑性测度同加权微分约束测量组合起来,其中加权参数控制图像流约束微分和光滑性微分之间的平衡:

$$E = \iint \{ e^2(\boldsymbol{x}) + \alpha s^2(\boldsymbol{x}) \} dx dy \qquad (15.19)$$

其中，α 是控制平滑度的参数，α 越大，则平滑度就越高，则估计的精度也越高。使用变分法将上式转化为一对偏微分方程：

$$\alpha \nabla^2 u = I_x^2 u + I_x I_y v + I_x I_t$$
$$\alpha \nabla^2 v = I_x I_y u + I_y^2 v + I_y I_t \tag{15.20}$$

用有限差分方法将每个方程中的拉普拉斯算子换成局部邻域图像流矢量的加权和，并使用迭代方法求解这两个差分方程。

下面只考虑离散的情况。在一点 (i,j) 及其四邻域上，根据光流约束方程，光流误差的离散量表示式为

$$e^2(i,j) = (I_x u(i,j) + I_y v(i,j) + I_t)^2 \tag{15.21}$$

光流的平滑量也可由点 (i,j) 与其四邻域点的光流值差分来计算：

$$s^2(i,j) = \frac{1}{4}\big[(u(i,j) - u(i-1,j)^2 + (u(i+1,j) - u(i,j))^2$$
$$+ (u(i,j+1) - u(i,j))^2 + (u(i,j) - u(i,j-1))^2 \tag{15.22}$$
$$+ (v(i,j) - v(i-1,j)^2 + (v(i+1,j) - v(i,j))^2$$
$$+ (v(i,j+1) - v(i,j))^2 + (v(i,j) - v(i,j-1))^2\big]$$

则极小化函数为

$$E = \sum_i \sum_j (e^2(i,j) + \alpha s^2(i,j)) \tag{15.23}$$

E 关于 u 和 v 的微分是

$$\frac{\partial E}{\partial u} = 2(I_x u + I_y v + I_t)I_x + 2\alpha(u - \bar{u})$$
$$\frac{\partial E}{\partial v} = 2(I_x u + I_y v + I_t)I_y + 2\alpha(v - \bar{v}) \tag{15.24}$$

其中，$\bar{u}$ 和 $\bar{v}$ 分别是 u 和 v 在点 (i,j) 处的平均值。当式（15.24）为零时，得到

$$(I_x u + I_y v + I_t)I_x + \alpha(u - \bar{u}) = 0$$
$$(I_x u + I_y v + I_t)I_y + \alpha(v - \bar{v}) = 0 \tag{15.25}$$

从上面两个方程可以求出 u 和 v。实际中，经常将求解 u 和 v 表示成迭代方程

$$u^{n+1} = \bar{u}^n - I_x \frac{I_x \bar{u}^n + I_y \bar{v}^n + I_t}{\alpha + I_x^2 + I_y^2}$$
$$v^{n+1} = \bar{v}^n - I_y \frac{I_x \bar{u}^n + I_y \bar{v}^n + I_t}{\alpha + I_x^2 + I_y^2} \tag{15.26}$$

其中，n 是迭代次数，u^0 和 v^0 是光流的初始估值，一般取为零。当相邻两次迭代结果的距离小于预定的公差值，迭代过程终止。

图 15.5 是超声心动图序列。图 15.6 是对连续两帧超声心动图采用全局 Horn-Schunck 法和局部 Lucas-Kanade 法获得的光流图。

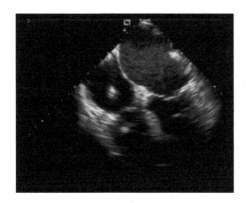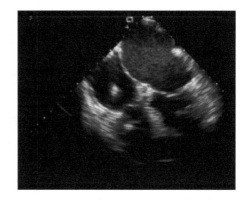

（a）第一帧　　　　　　　　　　　　　　（b）第二帧

图 15.5　超声心动图序列

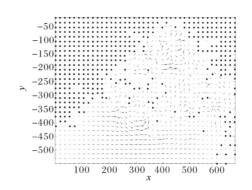

（a）全局 Horn-Schunck 法

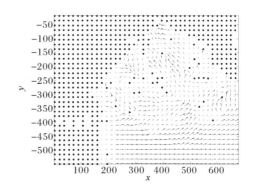

（b）局部 Lucas-Kanade 法

图 15.6　光流实验结果

（图像大小为 500×500 像素）

15.3　不同模型光滑项选择

　　采用图像扩散的变分方法可以有效地设计边缘保持或增强的图像恢复模型。传统的模型往往基于图像强度的梯度,所得到的结果在本该光滑的区域具有明显的阶梯效应。为此,提出了基于梯度和拉普拉斯算子的图像扩散变分模型,以期实现在对图像进行噪声去除的同时,保持或增强图像的边缘,并消除单纯基于梯度模型导致图像光滑区域的阶梯效应。基于变分方法或偏微分方程的图像扩散方法成为图像噪声去除的主流方法之一。图像扩散的变分模型首先建立由数据项和扩散项构成的能量泛函,然后通过变分方法得到图像扩散的偏微分方程,通过求解所得到的偏微分方程可以得到不同程度噪声去除的新图像。

　　假设含噪声的图像是由噪声和清晰图像叠加构成的,图像扩散的能量泛函形式为

$$E(u) = E_D(u) + \lambda E_S(u) \tag{15.27}$$

其中,$E_D(u)$ 为数据项,表达扩散前后图像的接近程度,其最常用的形式为

$$E_D(u) = \int_\Omega (u - u_0)^2 \mathrm{d}x\mathrm{d}y \tag{15.28}$$

其中,u_0 为含噪声图像强度;u 为经过扩散后的图像强度;Ω 表示图像空间,以后用 $\partial\Omega$ 表示图像边界。式(15.27)中,$E_S(u) = E_S(\nabla u, \nabla^2 u, \cdots)$ 为光滑项,其中的参数为图像强度的各阶空间导数,对于一阶导数通常采用图像强度的梯度,二阶导数通常采用图像强度的拉普拉斯算子。λ 为权参数,其取值控制图像的光滑程度。图像扩散能有效地去除噪声,但必须设计合理的扩散项以保持图像的边缘等特征,有时还需要对边缘进行增强,这也是光滑项设计的主要工作。早期的图像扩散变分模型源于 Tikhonov、Arsenin 的病态反问题的计算,其光滑项为

$$E_S(u) = \int_\Omega \left| \nabla u \right|^2 \mathrm{d}x\mathrm{d}y \tag{15.29}$$

相应模型称为 Tikhonov 模型。该模型对图像扩散后的结果实际上是对图像进行扩散得到与高斯卷积相同的结果,图像的噪声和图像边缘均变得光滑。但该模型成为事实上变分图像扩散研究的基础。1992 年,Rudin、Osher 和 Fatemi 将光滑项改为总变差的形式,即 $E_S(u) = \int_\Omega \left| \nabla u \right| \mathrm{d}x\mathrm{d}y$,相应模型称为 ROF 模型或 TV (total variation)模型。该模型能有效地扩散光滑的图像区域,并能保持图像的边缘特征,在工程和学术界得到了广泛的研究和应用。但该模型对图像扩散后使得在本该光滑的区域出现阶梯效应。在图像扩散领域另一个颇具影响的模型是 Perona 和 Malik 提出的 PM 模型。与该模型对应的扩散项为 $\int_\Omega \mu^2 \ln\left(1 + \dfrac{\left| \nabla u \right|^2}{\mu^2} \right)$

dxdy。其中 $\mu > 0$ 为阈值，$|\nabla u| > \mu$ 时像素点得到增强，$|\nabla u| < \mu$ 时像素点得到减弱，$|\nabla u| = \mu$ 时像素点无变化。该模型具有良好的自适应特点。为克服模型 TV 模型的阶梯效应，Blomgren、Mulet 和 Chan 提出如下自适应光滑项：$E_S(u) = \int_\Omega |\nabla u|^{q(|\nabla u|)} \mathrm{d}x\mathrm{d}y$，当 $|\nabla u| \to 0$ 时，$q|\nabla u| \to 2$；$|\nabla u| \to \infty$ 时，$q|\nabla u| \to 1$。即在光滑的区域采用 Tikhonov 光滑项，在边缘区域采用 TV 光滑项。改善阶梯效应的另一个策略是在变分模型中使用基于二阶导数的光滑项。Lysaker、Lundervold 和 Tai 提出两个变分模型，即 $E_S(u) = \int_\Omega (|u_{xx}| + |u_{yy}|) \mathrm{d}x\mathrm{d}y$，$E_S(u) = \int_\Omega (|u_{xx}|^2 + |u_{yy}|^2 + |u_{xy}|^2 + |u_{yx}|^2)^{1/2} \mathrm{d}x\mathrm{d}y$。You 和 Kaveh 提出了基于拉普拉斯算子的光滑项，即：$E_S(u) = \int_\Omega \varphi|\nabla u| \mathrm{d}x\mathrm{d}y$。Chan、Marquina 和 Mulet 则提出基于一阶导数和二阶导数的光滑项，即 $E_S(u) = \int_\Omega \left(\alpha|\nabla u| + \beta \dfrac{\zeta(u)^2}{|\nabla u|^3} \right) \mathrm{d}x\mathrm{d}y$，其中，$\zeta(u)$ 为椭圆算子，文献选 $\zeta(u) = |\nabla u|$。Zhu 和 Xia 提出了基于梯度和梯度逼真度的混合光滑项，$E_S(u) = \int_\Omega (\alpha\varphi|\nabla u| + \beta|\nabla u - \nabla(G_\sigma * u_0)|^2) \mathrm{d}x\mathrm{d}y$，其中，$G_\sigma$ 为高斯核函数。Li、Shen 和 Fan 的基于梯度和二阶导数的混合光滑项为 $E_S(u) = \int_\Omega ((1-g)|\nabla u| + g|\nabla^2 u|) \mathrm{d}x\mathrm{d}y$，其中，$g$ 为边缘检测函数。Shen、Esedoglu 和 Park 在图像分解的变分模型中引入下列项以降低光滑图像成分中的阶梯效应，$E_S(u) = \int_\Omega |\nabla u|^2 \mathrm{d}x\mathrm{d}y$。对相同的问题，Shen、Esedoglu 和 Park 引入形式同 TV 项的基于散度的光滑项，$E_S(u) = \int_\Omega |\nabla u| \mathrm{d}x\mathrm{d}y$。对于基于一阶导数的变分模型，Aubert 和 Vese 提出了如下一般形式的扩散项：

$$E_S(|\nabla u|) = \int_\Omega \varphi(|\nabla u|) \mathrm{d}x\mathrm{d}y \tag{15.30}$$

由式(15.28)、式(15.29)构成的能量泛函采用变分方法，可得到式(15.30)等价的图像扩散方程，实现了变分扩散模型与基于偏微分方程的图像扩散模型的统一。从而可以使得在通用扩散模型的基础上研究向前扩散、向后扩散、边缘保持与边缘增强的扩散函数 $g(|\nabla u|)$：

$$\frac{\partial u}{\partial t} = \nabla \cdot \left(\frac{\phi'|\nabla u|}{|\nabla u|} \nabla u \right) \equiv \nabla \cdot (g(|\nabla u|)\nabla u) \tag{15.31}$$

图像强度 u 的二阶导数包含 u_{xx}、u_{xy}、u_{yy} 等成分，相应二阶导数的模可取 $|\Delta u|^2$、$|\nabla^2 u|$、$|\Delta u|$、$|u_{xx}| + |u_{xy}| + |u_{yx}| + |u_{yy}|$ 等多种形式。为改善基于梯度的图像扩散变分模型引起的阶梯现象，并参照式(15.30)的形式，在其能量泛函

的光滑项中引入 Chan、Marquina 和 Mulet 提出的基于一阶导数和二阶导数的光滑项,即 $E_S(u) = \int_\Omega \left(\alpha |\nabla u| + \beta \dfrac{\zeta(u)^2}{|\nabla u|^3} \right) dx dy$,该项对应的扩散方程为

$$\frac{\partial u}{\partial t} = -\Delta \left(\frac{\phi'|\Delta u|}{|\Delta u|} \Delta u \right) \equiv -\Delta(g(|\Delta u|)\Delta u) \tag{15.32}$$

不同 TV 模型下对加性噪超声心动图降噪效果比较如图 15.7 所示。

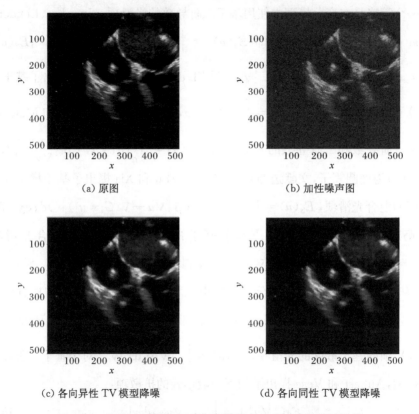

(a) 原图   (b) 加性噪声图

(c) 各向异性 TV 模型降噪   (d) 各向同性 TV 模型降噪

图 15.7 不同 TV 模型下对加性噪超声心动图降噪效果比较

(图像大小为 500×500 像素)

15.4　中值公式

15.4.1　以 TV 模型为基础的中值公式计算

2008 年,对于 TV 模型其对应的偏微分方程计算效率非常低。Li、Osher 提出了基于中值公式的凸能量泛函变分模型的快速解法。由针对传统的 TV-L_2 变

分图像扩散模型介绍的中值公式,并将其应用于 TV-L_1 变分模型,然后将中值公式推广到基于散度的高阶图像扩散模型。

基于总变差的经典 TV 的变分图像扩散模型 $E(\mu) = \int_\Omega |\nabla u| \mathrm{d}x\mathrm{d}y + \lambda \int_\Omega (u - f)^2 \mathrm{d}x\mathrm{d}y$ 取极小值为如下形式:

$$u = \arg \min_u \left\{ \int_\Omega |\nabla u| \mathrm{d}x\mathrm{d}y + \lambda \int_\Omega (u - f)^2 \mathrm{d}x\mathrm{d}y \right\} \tag{15.33}$$

其对应各向异性模型极小值为

$$u = \arg \min_u \left\{ \int_\Omega (|u_x| + |u_y|) \mathrm{d}x\mathrm{d}y + \lambda \int_\Omega (u - f)^2 \mathrm{d}x\mathrm{d}y \right\} \tag{15.34}$$

当考虑基于简单四邻域像素点的离散模型时,式(15.34)等价于

$$u = \arg \min_u \{ |u - u_{i+1,j}| + |u - u_{i-1,j}| + |u - u_{i,j+1}|$$
$$+ |u - u_{i,j-1}| + \lambda (u - f)^2 \} \tag{15.35}$$

当仅考虑一个邻接点时,式(15.35)变为

$$u = \arg \min_u \{ |u - u_1| + \lambda (u - f)^2 \} \tag{15.36}$$

其解为

$$u = f - \frac{1}{2\lambda} \frac{u - u_1}{|u - u_1|} = \begin{cases} f - \dfrac{1}{2\lambda}, & f - u_1 > \dfrac{1}{2\lambda} \\ f + \dfrac{1}{2\lambda}, & f - u_1 < -\dfrac{1}{2\lambda} \\ u_1, & |f - u_1| \leqslant \dfrac{1}{2\lambda} \end{cases} \tag{15.37}$$

当 $u_1 = 0$ 时,式(15.36)变为

$$u = \arg \min_u \{ |u| + \lambda (u - f)^2 \} \tag{15.38}$$

式(15.37)为

$$u = \mathrm{shrink}\left(f, \frac{1}{2\lambda} \right) = \begin{cases} f - \dfrac{1}{2\lambda}, & f > \dfrac{1}{2\lambda} \\ f + \dfrac{1}{2\lambda}, & f < -\dfrac{1}{2\lambda} \\ 0, & |f| \leqslant \dfrac{1}{2\lambda} \end{cases} \tag{15.39}$$

其中,shrink 为收缩算子,如图 15.8 所示:

$$\mathrm{shrink}(f, u) = \begin{cases} f - u, & f > u \\ 0, & -u \leqslant f \leqslant u \\ f + u, & f < -u \end{cases} \tag{15.40}$$

从而

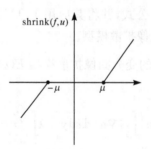

$$\text{图 15.8　收缩算子}$$

$$\text{shrink}\left(f,\frac{1}{2\lambda}\right)=\text{median}\left(f-\frac{1}{2\lambda},0,f+\frac{1}{2\lambda}\right) \tag{15.41}$$

考虑如下极小值问题:

$$\min_{u} E(u) = \sum_{i} w_i\,|u-u_i| + F(u) \tag{15.42}$$

定理 15.1　设 w_i 是非负的,u_i 是按非降序排列,即 $u_1 \leqslant u_2 \leqslant \cdots \leqslant u_n$,$F$ 为严格凸可微函数,F' 可逆,那么满足式(15.42)的解为如下中值公式:

$$u_{\text{opt}}=\text{median}\{u_1,u_2,\cdots,u_n,p_0,p_1,\cdots,p_n\} \tag{15.43}$$

其中,$p_0=(F')^{-1}(w_n+\cdots+w_1)$,$p_i=(F')^{-1}(w_n+\cdots+w_{i+1}-w_i-\cdots-w_1)$,$i=1,2,\cdots,n$,$p_0 \geqslant p_1 \geqslant p_2 \geqslant \cdots \geqslant p_{n-1} \geqslant p_n$。

定理 15.2　若 u_i 是按非降序排列,则

$$u_{\text{opt}}=\text{median}\{u_1,u_2,\cdots,u_n,p_0,p_1,\cdots,p_n\} \tag{15.44}$$

可由以下 $2n$ 次比较实现:定义 $T(p,q,u)=\min\{p,\max\{q,u\}\}$,$T_1=T(p_0,p_1,u_1)$,$T_m=T(T_{m-1},p_m,u_m)$,那么

$$\text{median}=\{u_1,u_2,\cdots,u_n,p_0,p_1,\cdots,p_n\}=T_n \tag{15.45}$$

15.4.2　图像离散的中值公式计算

1. $|\nabla u|$ 图像离散计算方式

图像离散包括四邻域、八邻域、十六邻域等离散表示方式,如图 15.9～图 15.11所示。

十六邻域有三个群体白、灰、黑,四邻域、八邻域和十六邻域,$|\nabla u|$ 离散化的计算公式如下:

$$|\nabla u| = \sum_{i=1}^{4} |u-u_i^{\text{white}}|$$

$$|\nabla u| = \sum_{i=1}^{4} |u-u_i^{\text{white}}| + \frac{1}{\sqrt{2}}\sum_{i=1}^{4} |u-u_i^{\text{gray}}|$$

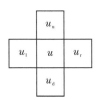

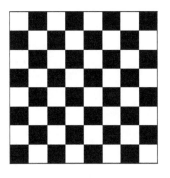

图 15.9　图像像素强度四邻域符号表示法　　　　图 15.10　图像中四邻域的黑白表示

　　　　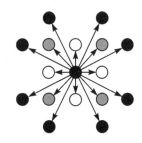

（a）白色四邻域　　　　（b）灰色白色八邻域　　　　（c）灰色白色黑色十六邻域

图 15.11　图像中不同灰度的不同邻域表示法

$$|\nabla u| = 0.26 \sum_{i=1}^{4} |u - u_i^{white}| + 0.19 \sum_{i=1}^{4} |u - u_i^{gray}| + 0.06 \sum_{i=1}^{8} |u - u_i^{black}|$$

2. 四邻域系统下的图像离散

经典 TV-L_2 模型能量泛函为

$$E(u) = \int_{\Omega} (|\nabla u|) \mathrm{d}x\mathrm{d}y + \lambda \int_{\Omega} (u - f)^2 \mathrm{d}x\mathrm{d}y \qquad (15.46)$$

当采用如图 15.12 所示的四邻域离散时,式(15.44)取最小值时对应的解可近似为

$$u_{opt} = \{|u - u_{i+1,j}| + |u - u_{i-1,j}| + |u - u_{i,j+1}| + |u - u_{i,j-1}| + \lambda(u - f)^2\} \qquad (15.47)$$

其中,$f(u) = \lambda(u - f)^2$,$f'(u) = 2\lambda(u - f)$。若将 $u_{i-1,j}$、$u_{i+1,j}$、$u_{i,j-1}$、$u_{i,j+1}$ 依非递减序排列为 $u_1 \leqslant u_2 \leqslant u_3 \leqslant u_4$,设 $w_1 = w_2 = w_3 = w_4 = 1$,则由定理 15.1 可得

$$p_0 = f + \frac{2}{\lambda}, \quad p_1 = f + \frac{1}{\lambda}, \quad p_2 = f, \quad p_3 = f - \frac{1}{\lambda}, \quad p_4 = f - \frac{2}{\lambda}$$

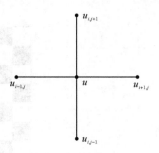

图 15.12　四邻域系统

那么(15.42)取最小值时对应的解为如下中值公式：

$$u_{\mathrm{opt}}=\mathrm{median}\left\{u_1,u_2,u_3,u_4,f+\frac{2}{\lambda},f+\frac{1}{\lambda},f,f-\frac{1}{\lambda},f-\frac{2}{\lambda}\right\}$$

$$(15.48)$$

3. 八邻域系统下的图像离散

当采用如图 15.13 所示的八邻域系统时，式(15.46)取最小值时对应的解可近似为

$$
\begin{aligned}
u_{\mathrm{opt}}=&|u-u_{i-1,j}|+|u-u_{i+1,j}|+|u-u_{i,j-1}|\\
&+|u-u_{i,j+1}|+\frac{1}{\sqrt{2}}|u-u_{i-1,j-1}|+\frac{1}{\sqrt{2}}|u-u_{i-1,j-1}|\\
&+\frac{1}{\sqrt{2}}|u-u_{i-1,j+1}|+\frac{1}{\sqrt{2}}|u-u_{i+1,j+1}|+\lambda(u-f)^2
\end{aligned}
$$

$$(15.49)$$

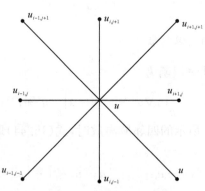

图 15.13　八邻域系统

若将 u 的八个邻接点处图像强度值以非降序排列为：$u_1\leqslant u_2\leqslant\cdots\leqslant u_8$，而 w_i 取值分别为 $1,1,1,1,\dfrac{1}{\sqrt{2}},\dfrac{1}{\sqrt{2}},\dfrac{1}{\sqrt{2}},\dfrac{1}{\sqrt{2}}(i=1,2,\cdots,8)$。令 $n=8$，$w_0=w_{n+1}=0$，则由

定理 15.1 可得

$$p_j = f + \frac{1}{2\lambda} \Big(\sum_{i=j+1}^{n+1} w_i - \sum_{i=0}^{j} w_i \Big) \tag{15.50}$$

那么式(15.46)取最小值时对应的解为如下中值公式：

$$u_{\mathrm{opt}} = \mathrm{median}\Big\{ u_1, u_2, \cdots, u_8, f + \frac{\sqrt{2}+2}{\lambda}, f + \frac{\sqrt{2}+1}{\lambda}, f, f + \frac{\sqrt{2}}{\lambda}, f + \frac{\sqrt{2}-1}{\lambda}, $$
$$f + \frac{\sqrt{2}-2}{\lambda}, f + \frac{\sqrt{2}-4}{2\lambda}, f - \frac{2}{\lambda}, f - \frac{\sqrt{2}+4}{2\lambda}, f - \frac{\sqrt{2}+2}{\lambda} \Big\}$$

15.5　经典 Horn-Schunck 鲁棒性 ρ 函数光流估计

为了提高求解系统能量最小化问题的鲁棒程度,在求解最小化问题时,早期解决此类问题都是采用的最小二乘法,在不牺牲图像的亮度和空间连贯性情况下,这里我们采用 ρ 函数解决遇到的异常值问题,鲁棒性 ρ 函数是一个强有力的分析方法,与传统的线性处理方式处理不连续问题紧密相关,经典 Horn-Schunck 光流法的鲁棒性 ρ 函数离散递归方程如下:

$$E(U,V) = \sum_{i,j} \{ \rho_{\mathrm{D}}(I_1(i,j) - I_2(i+u_{i,j}, j+v_{i,j})) + \lambda[\rho_{\mathrm{S}}(u_{i,j} - u_{i+1,j})$$
$$+ \rho_{\mathrm{S}}(u_{i,j} - u_{i,j+1}) + \rho_{\mathrm{S}}(u_{i,j} - v_{i+1,j}) + \rho_{\mathrm{S}}(v_{i,j} - v_{i,j+1})] \}$$

$$\tag{15.51}$$

其中,U 和 V 是图像 I_1 和 I_2 的水平和垂直方向的光流估计;λ 是正则化参数;ρ_{D} 和 ρ_{S} 是空间罚函数。

空间罚函数 ρ 有如下几种:①二次项罚函数 $\rho(x) = x^2$;②Charbonnier罚函数 $\rho(x) = \sqrt{x^2 + \varepsilon^2}$,是可微的 L_1 范数的变体,是鲁棒性最强的凸函数;③Lorentzian 罚函数 $\rho(x) = \lg(1 + x^2/2\sigma^2)$,是非凸的鲁棒性罚函数,如图 15.14 所示。

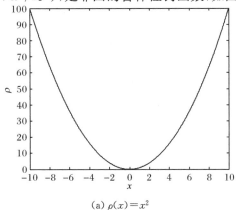

(a) $\rho(x) = x^2$

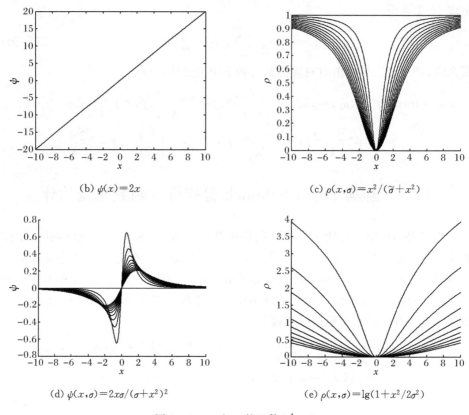

(b) $\psi(x)=2x$

(c) $\rho(x,\sigma)=x^2/(\tilde{\sigma}+x^2)$

(d) $\psi(x,\sigma)=2x\sigma/(\sigma+x^2)^2$

(e) $\rho(x,\sigma)=\lg(1+x^2/2\sigma^2)$

图 15.14　ρ 和 ψ 的函数($\rho'=\psi$)

15.6　离散中值滤波高阶 TV 模型的计算

15.6.1　ρ 函数光流估计的全变差中值滤波离散方程

自从 Horn-Schunck 的光流方程建立以来已经有很多新的和改进的光流算法出现,下面介绍的算法是对 Horn-Schunck 光流法的改进算法。中值滤波有助于优化目标函数获得较低的能量和更精确的估计,不同于经典公式,下面是经典 Horn-Schunck 鲁棒性 ρ 函数光流估计目标方程模型离散化加上全变差 TV-L_1 中值项的改进公式:

$$E(U,V,\hat{U},\hat{V})=\sum_{i,j}\{\rho_\text{D}(I_1(i,j)-I_2(i+u_{i,j},j+v_{i,j}))+\lambda[\rho_\text{S}(u_{i,j}-u_{i+1,j})$$
$$+\rho_\text{S}(u_{i,j}-u_{i,j+1})+\rho_\text{S}(v_{i,j}-v_{i+1,j})+\rho_\text{S}(v_{i,j}-v_{i,j+1})]\}$$

$$+\lambda_1(\|U-\hat{U}\|^2+\|V-\hat{V}\|^2)$$
$$+\sum_{i,j}\sum_{(i',j')\in N_{i,j}}\lambda_3(|\hat{u}_{i,j}-\hat{u}_{i',j'}|+|\hat{v}_{i,j}-\hat{v}_{i',j'}|)$$

(15.52)

其中,在面积一定时,$\hat{U}$ 和 $\hat{V}$ 是辅助光流场;$N_{i,j}$ 是像素点 (i,j) 的邻接点集;λ_1 和 λ_3 是权重因子;$\sum_{i,j}\{\rho_D(I_1(i,j)-I_2(i+u_{i,j},j+v_{i,j}))+\lambda[\rho_S(u_{i,j}-u_{i+1,j})+\rho_S(u_{i,j}-u_{i,j+1})+\rho_S(v_{i,j}-v_{i+1,j})+\rho_S(v_{i,j}-v_{i,j+1})]\}$ 是数据项,即经典光流能量场的离散形式。被优化的经典 Horn-Schunck 模型离散化公式比经典 Horn-Schunck 光流法的鲁棒性离散递归方程多出两项,其中 $\lambda_1(\|U-\hat{U}\|^2+\|V-\hat{V}\|^2)$ 是耦合项,耦合项促使 $\hat{U}$、$\hat{V}$ 和 U、V 趋于相同。$\sum_{i,j}\sum_{(i',j')\in N_{i,j}}\lambda_3(|\hat{u}_{i,j}-\hat{u}_{i',j'}|+|\hat{v}_{i,j}-\hat{v}_{i',j'}|)$ 是非局部项,非局部项假设在一个指定的区域中的施加一个特定的辅助平滑光流场流 $\hat{U}$、$\hat{V}$。

15.6.2　阶梯效应的消除

变分方法已成为计算机视觉和图像处理等的主流方法之一。而基于全变差的 TV 模型不仅是该领域的奠基性工作,并在图像扩散、图像修复、光流计算、图像分割等方面已取得成功应用。基于 $TV\text{-}L_2$ 和 $TV\text{-}L_1$ 能量泛函的极小值问题对图像扩散能有效去除图像噪声。经典 TV 模型能有效地保持图像边缘,但该类模型所得到的结果具有明显的阶梯效应,其改进的方案之一是在能量泛函中增加高阶项,本书是在 TV 模型中增加图像梯度的散度项,下面对改进的经典 Horn-Schunck 鲁棒性 ρ 函数光流估计的全变差过滤方程增加高阶项,提出基于 $TV\text{-}L_2$ 和 $TV\text{-}L_1$ 的高阶图像离散的中值公式。实验证明高阶 TV 模型能很好地消除阶梯效应[3~6],将中值公式应用于图像离散模型,提高了计算效率。

改进的 Horn-Schunck 光流算法主要思想是对经典的 Horn-Schunck 方程附加的两项作为中间的媒介,一项是耦合项,另外一项是非局部项,这两项符合全变差 TV 模型,全变差方程的计算方法很多,这里我们利用中值公式对离散后优化公式计算是一种快速计算方法,采用启发式的算法,在利用两项依次与目标函数结合计算最小能量泛函,在对大位移的估计中采用由粗到细的金字塔方式。

假设一幅无纹理的图像 u,受加性噪声 ξ 破坏后,实际观测到的图像为 f,则

$$f(x,y)=u(x,y)+\xi(x,y)$$

(15.53)

并且上述问题可转化为如下 $TV\text{-}L_2$ 和 $TV\text{-}L_1$ 能量泛函的极小值问题:

$$E(u) = \int_{\Omega} (|\nabla u|) \mathrm{d}x\mathrm{d}y + \lambda \int_{\Omega} (u-f)^2 \mathrm{d}x\mathrm{d}y$$

$$E(u) = \int_{\Omega} (|\nabla u|) \mathrm{d}x\mathrm{d}y + \lambda \int_{\Omega} |u-f| \mathrm{d}x\mathrm{d}y$$

(15.54)

该模型对图像离散后的结果即为对观测图像的 Gauss 卷积，其结果使得图像被光滑离散的同时，图像的边缘特征被光滑破坏。针对上述问题，Rudin、Osher、Fatemi 于 1992 年提出了经典 TV 的变分图像离散模型。

全变差方程的计算方法很多，离散后用中值公式是一种快速计算方法：

$$E(u) = \int_{\Omega} (|\nabla u|) \mathrm{d}x\mathrm{d}y + \lambda \int_{\Omega} (u-f)^2 \mathrm{d}x\mathrm{d}y \qquad (15.55)$$

其中，总变差项为

$$\int_{\Omega} (|\nabla u|) \mathrm{d}x\mathrm{d}y = \int_{\Omega} \sqrt{(u_x)^2 + (u_y)^2} \mathrm{d}x\mathrm{d}y$$

经典 TV 模型能有效地保持图像边缘，但该类模型所得到的结果具有明显的"阶梯"效应。阶梯效应是所有低阶非线性扩散方法所固有的，原因如下：线性图像的二阶（偏）导数为零，所以在图像区域为无穷大的理想情况下，低阶非线性扩散方法使图像最终演变为线性结果。实际处理中，图像区域是有限的，而且为保证边界处理的稳定，通常设定对称边界条件，边界梯度为零。在这样的条件下，图像演化趋于恒值结果。同时低阶方法在同质区域的演化速度要明显高于特征区域，因此最终的处理结果是原图像的分段恒定近似，这些恒定区域的边界可能和目标边缘重合，也可能在同质区域内部，形成"阶梯"。其改进的方案之一是在能量泛函中增加高阶项，本书是在 TV 模型中增加图像梯度的散度项：

$$E(u) = \int_{\Omega} (|\nabla u|) \mathrm{d}x\mathrm{d}y + \int_{\Omega} (|\Delta u|) \mathrm{d}x\mathrm{d}y + \lambda \int_{\Omega} (u-f)^2 \mathrm{d}x\mathrm{d}y \quad (15.56)$$

但由于该类模型为典型的非线性模型，其数值计算效率的提高一直是计算机视觉领域追求的目标。近年来，为提高 TV 模型的计算效率，Goldfarb、Yin 提出了基于其离散模型的二阶锥方法（second-order cone programming），Frohn-Schauf 等、Savage 等[7,8]应用多网格（multigrid）计算，Darbon、Sigelle 应用图割方法（graph cut），但这些方法的实现需较复杂的数据管理，尽管计算效率有较大改善，但实现复杂计算困难。

对于 TV 模型对应的偏微分方程计算效率非常低的状况，Li、Osher 提出了基于中值公式的凸能量泛函变分模型的快速解法。首先对于式（15.55）的离散化如下：

$$E(\hat{U}) = \lambda_2 \| U - \hat{U} \|^2 + \sum_{i,j} \sum_{(i',j') \in N_{i,j}} \lambda_3 |\hat{u}_{i,j} - \hat{u}_{i',j'}| \qquad (15.57)$$

$$E(\hat{V}) = \lambda_2 \| V - \hat{V} \|^2 + \sum_{i,j} \sum_{(i',j') \in N_{i,j}} \lambda_3 |\hat{v}_{i,j} - \hat{v}_{i',j'}| \qquad (15.58)$$

上面两式就是方程(15.52)的耦合项和非局部项。

对式(15.57)和式(15.58)增加高阶项,离散化形式如下:

$$E(\hat{U}) = \lambda_1 \| U - \hat{U} \|^2 + \lambda_2 \left| u - \sum_{(i',j') \in N_{i,j}} |\hat{u}_{i,j} - \hat{u}_{i',j'}| \right|$$
$$+ \sum_{i,j} \sum_{(i',j') \in N_{i,j}} \lambda_3 |\hat{u}_{i,j} - \hat{u}_{i',j'}|, \quad \lambda_2 = 1/4 \qquad (15.59)$$

$$u_{\text{opt}} = \arg \min_u \Big\{ |u_{i,j} - u_{i-1,j}| + |u_{i,j} - u_{i+1,j}| + |u_{i,j} - u_{i,j-1}| + |u_{i,j} - u_{i,j+1}|$$
$$+ 4 \left| u_{i,j} - \frac{u_{i+1,j} + u_{i-1,j} + u_{i,j+1} + u_{i,j-1}}{4} \right| + \sum_{i,j} \sum_{(i',j') \in N_{i,j}} \lambda_3 |\hat{u}_{i,j} - \hat{u}_{i',j'}| \Big\}$$
$$(15.60)$$

$$E(\hat{V}) = \lambda_2 \| V - \hat{V} \|^2 + \lambda_2 \left| v - \sum_{(i',j') \in N_{i,j}} |\hat{v}_{i,j} - \hat{v}_{i',j'}| \right|$$
$$+ \sum_{i,j} \sum_{(i',j') \in N_{i,j}} \lambda_3 |\hat{v}_{i,j} - \hat{v}_{i',j'}|, \quad \lambda_2 = 1/4 \qquad (15.61)$$

$$u_{\text{opt}} = \arg \min_u \Big\{ |v_{i,j} - v_{i-1,j}| + |v_{i,j} - v_{i+1,j}| + |v_{i,j} - v_{i,j-1}| + |v_{i,j} - v_{i,j+1}|$$
$$+ 4 \left| v_{i,j} - \frac{v_{i+1,j} + v_{i-1,j} + v_{i,j+1} + v_{i,j-1}}{4} \right| + \sum_{i,j} \sum_{(i',j') \in N_{i,j}} \lambda_3 |\hat{v}_{i,j} - \hat{v}_{i',j'}| \Big\}$$
$$(15.62)$$

因此改进的增加高阶项经典 Horn-Schunck 鲁棒性 ρ 函数光流估计的全变差过滤方程如下:

$$E(U, V, \hat{U}, \hat{V}) = \sum_{i,j} \{ \rho_{\text{D}}(I_1(i,j) - I_2(i + u_{i,j}, j + v_{i,j})) + \lambda [\rho_{\text{S}}(u_{i,j} - u_{i+1,j})$$
$$+ \rho_{\text{S}}(u_{i,j} - u_{i,j+1}) + \rho_{\text{S}}(v_{i,j} - v_{i+1,j}) + \rho_{\text{S}}(v_{i,j} - v_{i,j+1})] \}$$
$$+ \lambda_1 \| U - \hat{U} \|^2 + \lambda_2 \left| u - \sum_{(i',j') \in N_{i,j}} |\hat{u}_{i,j} - \hat{u}_{i',j'}| \right|$$
$$+ \sum_{i,j} \sum_{(i',j') \in N_{i,j}} \lambda_3 |\hat{u}_{i,j} - \hat{u}_{i',j'}| + \lambda_1 \| V - \hat{V} \|^2$$
$$+ \lambda_2 \left| v - \sum_{(i',j') \in N_{i,j}} |\hat{v}_{i,j} - \hat{v}_{i',j'}| \right| + \sum_{i,j} \sum_{(i',j') \in N_{i,j}} \lambda_3 |\hat{v}_{i,j} - \hat{v}_{i',j'}|$$
$$(15.63)$$

15.6.3　改进的 ρ 函数光流估计与中值公式的计算

改进的增加高阶项经典 Horn-Schunck 鲁棒性 ρ 函数光流估计的全变差过滤方程(15.63)的中值滤波计算,利用中值滤波计算最小化 U 值,有两点不同:首先,利用非局部项计算出中心点和它周围所有光流值之间的最小 L_1 值;其次,方程式

(15.58)数据项信息通过耦合项获取,包含关于数据项的信息可通过耦合方程获得,因此中值过滤忽略数据项。

式(15.57)和式(15.58)的中值公式计算方法可以从 Li 和 Osher 的文章看到,计算方法如下:

$$\hat{u}_{i,j}^{(k+1)} = \text{median}(\text{Neighbors}^{(k)} \bigcup \text{Data}) \tag{15.64}$$

其中,$\text{Neighbors}^{(k)} = \{\hat{u}_{i',j'}^{(k)}\}$,$(i',j') \in N_{i,j}$,并且 $\hat{u}^{(0)} = u$ 以及

$$\text{Data} = \left\{ u_{i,j}, u_{i,j} \pm \frac{\lambda_3}{\lambda_1}, u_{i,j} \pm \frac{2\lambda_3}{\lambda_1}, \cdots, u_{i,j} \pm \frac{|N_{i,j}|\lambda_3}{2\lambda_1} \right\} \tag{15.65}$$

$|N_{i,j}|$ 表示 (i,j) 的邻接点数(偶数)。式(15.65)中的数据集 Data 包含的数值数与 $u_{i,j}$ 周围的相等并且等于数据项包含的 $u_{i,j}$ 数。重复计算式(15.64)可以快速收敛获得结果。

Data 数据集中 λ_3/λ_1 项是递增的,$u_{i,j}$ 邻接点的加权值随邻接值得移动而相互抵消。当这种情况发生时,方程(15.64)在中值公式第一次迭代的近似式如下:

$$\hat{u}_{i,j}^{(1)} \approx \text{median}(\text{Neighbors}^{(0)} \bigcup \{u_{i,j}\}) \tag{15.66}$$

实际上耦合项中的权重因子 λ_1 常常是从小稳定的增加,对优化目标函数(15.63)进行有选择性的最小化:

$$
\begin{aligned}
E_O(U,V) = &\sum_{i,j} \rho_D(I_1(i,j) - I_2(i+u_{i,j}, j+v_{i,j})) + \lambda[\rho_S(u_{i,j} - u_{i+1,j}) \\
&+ \rho_S(u_{i,j} - u_{i,j+1}) + \rho_S(v_{i,j} - v_{i+1,j}) + \rho_S(v_{i,j} - v_{i,j+1})] \\
&+ \lambda_1(\|U - \hat{U}\|^2 + \|V - \hat{V}\|^2) + \lambda_2 \left| v - \sum_{(i',j') \in N_{i,j}} |\hat{v}_{i,j} - \hat{v}_{i',j'}| \right| \\
&+ \lambda_2 \left| u - \sum_{(i',j') \in N_{i,j}} |\hat{u}_{i,j} - \hat{u}_{i',j'}| \right|
\end{aligned}
\tag{15.67}
$$

$$
\begin{aligned}
E_M(\hat{U}, \hat{V}) = &\lambda_1(\|U - \hat{U}\|^2 + \|V - \hat{V}\|^2) + \lambda_2 \left| v - \sum_{(i',j') \in N_{i,j}} |\hat{v}_{i,j} - \hat{v}_{i',j'}| \right| \\
&+ \lambda_2 \left| u - \sum_{(i',j') \in N_{i,j}} |\hat{u}_{i,j} - \hat{u}_{i',j'}| \right| \\
&+ \sum_{i,j} \sum_{(i',j') \in N_{i,j}} \lambda_3(|\hat{u}_{i,j} - \hat{u}_{i',j'}| + |\hat{v}_{i,j} - \hat{v}_{i',j'}|)
\end{aligned}
\tag{15.68}
$$

交替优化策略,首先保持 $\hat{U}$、$\hat{V}$ 固定,最小化方程(15.67)求出 U、V,然后固定 U、V 的最小化方程(15.68)得到 $\hat{U}$、$\hat{V}$。重复计算方程(15.64)可以得到式(15.59)、式(15.61)和式(15.68)的最小化值。我们用这个方式进行 5 次迭代,在每个金字塔执行 10 步交替优化并且改变 λ_1 的对数值从 10^{-4} 到 10^2,在第一次和

第二次 GNC 阶段,在每一个降取样阶段,我们设置 U、V 逐步接近 $\hat{U}$、$\hat{V}$(这有助于获得更低的能量和 EPE)。

15.6.4　对高阶项模型的改进方式

中值公式作为一个启发式的目标函数过滤模型,正如我们已经看到的那样,虽然在一个大邻域中计算有其很大优势,但是它也有问题。我们也可以找到一些方法来改善它。在一个主要是由角点或薄的结构为中心的邻域中,中值公式计算的结果过于平滑。从非局部项提出的解决方案中,对一个给定像素,如果我们知道在该区域的其他像素属于相同的表面,就可以给予更高的权重。因此对目标函数的修改是引入一个权重因子加入非局部项:i'、j' 是以像素点 i、j 为中心邻域的点,$\omega_{i,j,i',j'}$ 表示点 i'、j' 属于这个区域相似度的权重

$$\min_{\hat{u}_{i,j}} \sum_{(i',j')\in N_{i,j}\cup\{i,j\}} \omega_{i,j,i',j'} \left| \hat{u}_{i,j} - u_{i',j'} \right| \tag{15.69}$$

虽然我们不知道 $\omega_{i,j,i',j'}$,但可以近似地获得,根据空间距离、色彩值距离、咬合状态来定义其权重因子

$$\omega_{i,j,i',j'} \propto \exp\left\{ -\frac{|i-i'|^2+|j-j'|^2}{2\sigma_1^2} - \frac{|I(i,j)-I(i',j')|^2}{2\sigma_2^2} \right\} \frac{o(i',j')}{o(i,j)} \tag{15.70}$$

为获得 $\hat{U}$、$\hat{V}$,方程(15.60)的近似解可以用如下加权中值问题表示:

$$\min_{\hat{u}_{i,j}} \sum_{(i',j')\in N_{i,j}\cup\{i,j\}} \omega_{i,j,i',j'} \left| \hat{u}_{i,j} - u_{i',j'} \right| \tag{15.71}$$

改进的中值过滤的结果如图 15.15 所示。

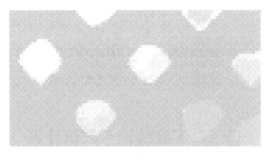

(a) 中值过滤

(b) 未中值过滤

(c) 未改进的中值过滤过于平滑

(d) 经过改进的非局部项加权细节保存得很好

图 15.15 改进的中值过滤的结果

15.7 实验结论与数值计算

超声散斑跟踪关键在于光流的准确计算,本节将分别进行两组实验来验证新算法的有效性。

实验 1 主要衡量算法精度,并与一些已有算法进行比较。我们用经典的 HS 方法和本书提到的 HS 改进算法进行比较,将计算得到的光流方向与真实光流方向差异的均值和标准差,以及平均等级及平均终点错误指标,作为光流计算精度的定量描述。

实验的超声心动图来自于重庆第三军医大学,如图 15.16 所示。

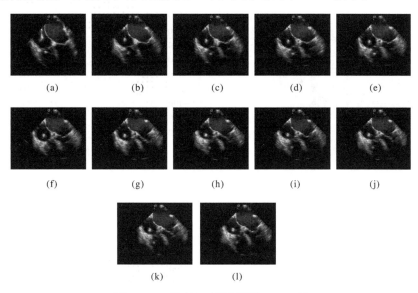

(a)　　　　(b)　　　　(c)　　　　(d)　　　　(e)

(f)　　　　(g)　　　　(h)　　　　(i)　　　　(j)

(k)　　　　(l)

图 15.16　超声心动序列图的 1~12 帧

我们分别用 HS 方法和改进的 HS 方法分别做实验进行比较,依不同取帧的顺序做不同比较,方法如下:

首先我们用间隔为 0 的序列图像计算光流,即 1 和 2、2 和 3 依次比较计算光流。

用相隔为 2 的序列计算光流,即 1 和 4、4 和 7 依次比较计算光流。

这样做实验主要是比较大位移情况下的 HS 光流法和改进的 HS 光流法的鲁棒性和准确性。

间隔为 0 的光流如图 15.17 所示。

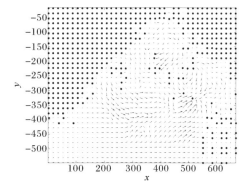

(a)

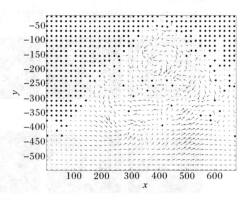

(b)

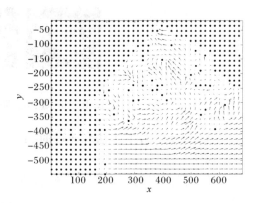

(c)

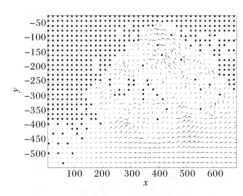

(d)

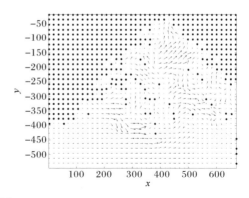

(e)

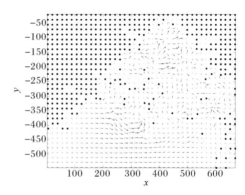

(f)

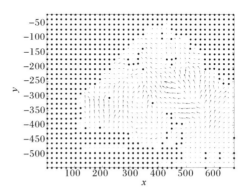

(g)

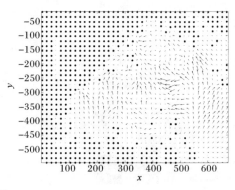

(h)

图 15.17　间隔 0 取样的光流图

((a)、(b)、(c)、(d)为改进的 HS 法,(e)、(f)、(g)、(h)为 HS 法)

间隔为 2 的光流如图 15.18 所示。

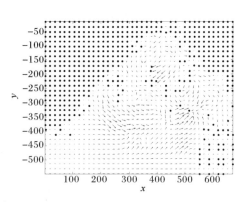

(a)

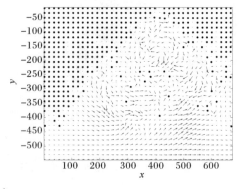

(b)

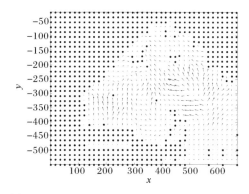

(c)

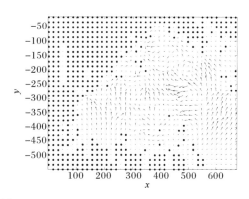

(d)

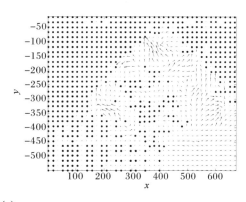

(e)

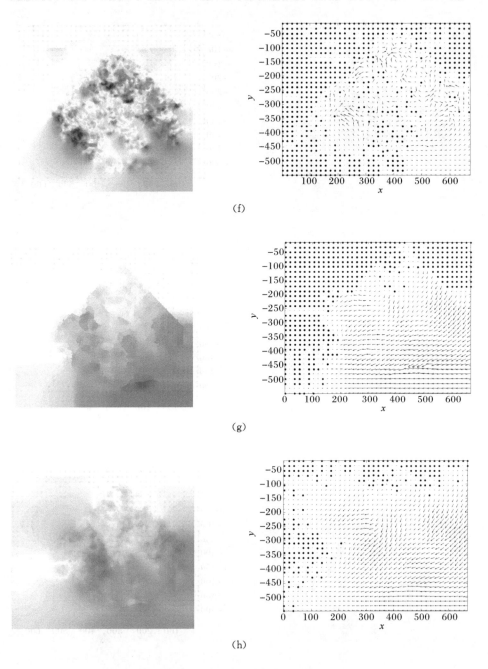

图 15.18　间隔 2 取样的光流图

((a)、(b)、(c)、(d)为改进的 HS 法,(e)、(f)、(g)、(h)为 HS 法)

改进方法与经典方法的误差比较如表 15.1 所示。

表 15.1　改进方法与经典方法的误差比较

误差的计算方法		平均等级	平均终点错误指标	均值	标准差
间隔为 0 的取样	经典 HS 光流法	24.6	0.501	10.34	16.20
	改进 HS 光流法	14.9	0.408	5.7	9.3
间隔为 2 的取样	经典 HS 光流法	35.5	0.75	13.401	18.401
	改进 HS 光流法	17.7	0.551	6.93	10.91

表 15.1 将计算得到的光流方向与真实光流方向差异的均值和标准差,以及平均等级和平均终点错误指标作为光流计算精度的定量描述。由表 15.1 可知取样间隔越大,两个算法误差都相应扩大,但经典 HS 光流的误差增速明显大于改进的 HS 光流算法并且错误率高。因此改进方法比经典方法在精度和鲁棒性方面都有很大提高。

参 考 文 献

[1] Chan T F,Shen J. Image Processing and Analysis,Variational,PDE,Wavelet and Stochastic Methods. Philadelphia:SIAM,2005.

[2] Aubert G,Kornprobst P. Mathematical Problems in Image Processing:Partial Differential Equations and the Calculus of Variations. New York:Springer,2002.

[3] Didas S. Higher Order Variational Methods for Noise Removal in Signals and Images[Diploma Thesis]. Saarbrücken:Saarland University,2004.

[4] Li F,Shen C,Fang J,Shen C. Image restoration combining a total variational filter and a fourth-order filter. Journal of Visual Communication and Image Representation,2007,18:322—330.

[5] Chan T F,Esedoglu S,Park F. A fourth order dual method for staircase reduction in texture extraction and image restoration problems. UCLA CAM Report 05-28,2005.

[6] Chan T F,Marquina A,Mulet P. High-order total variation-based image estoration. SIAM J. Sci. Comput. ,2000,22(2):503—516.

[7] Rudin L,Osher S,Fatemi E. Nonlinear total tvariation based noise removal algorithms. Physica D,1992,60:259—268.

[8] Li Y,Osher S. A new median formula with applications to PDE based denoising. Commun. Math. Sci. ,2009,7(3):741—753.

[9] Adelson E H,Anderson C H,Bergen J R,et al. Pyramid methods in image processing. RCA Engineer,1984,29(6):33—41.